津波堆積物の科学

藤原 治 ――[著]

東京大学出版会

The Science of Tsunami Deposits

Osamu Fujiwara

University of Tokyo Press, 2015
ISBN 978-4-13-060761-2

はじめに

　「津波堆積物」は，津波が跡に残した堆積層に対して提唱された用語である．その種類は多様で，大きな岩塊から砂層，粘土層，生物遺骸，人工物の残骸までを含む．津波堆積物が現在のように地震・津波の履歴解明の手段として研究されるようになったのは，最近 20 年余りのことである．それ以前にも津波による土砂移動や堆積現象は知られてはいたが，ごく一部の研究者の間に限られていた．津波堆積物がより広く認知されたきっかけは 2004 年インド洋大津波である．この地震・津波までの津波堆積物の研究は，藤原ほか編（2004）や Shiki *et al.* eds.（2008）に垣間見ることができる．これらには津波による堆積作用（流体力学的説明も含む）から津波堆積物の特徴まで，多角的な切り口の論文が収録されている．

　その後，2011 年東北地方太平洋沖地震に関連して，津波堆積物の認知度は一気に高まった．それまで津波堆積物とは無関係だった研究者や，行政や企業関係者までもが津波堆積物を扱い始めた．この結果，津波堆積物に関する論文や報告は急増した．また，津波堆積物が過去の津波の証拠であることが理解されてくると，次には堆積物から巨大地震と津波の規模や再来間隔までもわかるのではないかという当然の期待が，一般市民のみならず一部の専門家の間でも高まってきた．

　しかし，この期待に応えるには未だ早いと言わざるを得ない．津波堆積物の研究は歴史が 20 年ほどの若い研究分野である．地層に残された過去の津波堆積物をどのように調査するか，また，洪水など津波以外の堆積層とどう区別するかなどの基礎的な技術さえ研究中のことが多く，発展の途上にある．地震・津波の再来間隔の推定にしても課題は多い．過去に起こった津波がすべて堆積物として記録されるわけではないし，仮に保存されていてもそれが津波堆積物であると認定することは容易ではない．さらに，過去の津波の規模を復元するには，解決すべき問題，構築すべき技術はまだ多い．たとえば

津波がどこまできたか（遡上範囲）を推定するにも，津波発生時の地形条件や堆積物の保存条件などがあって，単純には解決しない．しかし，そうした課題を乗り越える研究も進んでいる．最も成功した例では，津波堆積物から推定される遡上範囲を元にして，地球物理学などの研究者とも連携して津波遡上計算を行い，津波を起こした地震の震源域や規模を想定した研究もある．

2011年東北地方太平洋沖地震以降，長足の進歩を遂げつつある津波堆積物の研究について，どこまで進んでいるのか，何がわかって何がわかっていないのか，本書ではそのことをまとめてみたいと思う．津波堆積物の野外調査（基礎研究）から，津波規模の復元，そして実社会への応用までを一通り示してみたい．本書で解説する「津波の堆積学」は，もちろん津波堆積物研究の全貌を示すものではない．津波堆積物とは何か，それを堆積学・古生物学の目からどのように調査するか，そこから何がわかるのか，という部分に重点がある．水流が作る堆積層の特徴に関する基礎知識や分析手法等については，日本語で書かれた良書が多数ある．たとえば，公文・立石編 (1998)，フリッツ・ムーア (1999)，平 (2004) は，いずれも津波堆積物の研究にとっても基礎的な知識を得ることができる．そうした基礎的な部分の解説は，本書では必要最低限にとどめた．また，津波遡上計算などは著者の知識の枠外にあり，本書では研究事例をごく短く紹介するに留めた．本書は10章から構成されるが，その内容には上記のような偏りがあることを予め断っておく．

実際に津波堆積物の調査・研究に取り組んでいる研究者・事業者から，たまたま扱った地層中に津波堆積物（らしきもの）が見つかり，その対処方法を検討する機会があるような，たとえば考古学研究者の方まで，多少なりとも津波堆積物に興味を持たれた方に読んでいただきたい．

本書で用いた写真は，著者自身が撮影したものが大半だが，一部を撮影者のご厚意により借用した（キャプションに氏名等を記載）．2011年東北地方太平洋沖地震による津波の高さに関する情報は，特に断らない限り，東北地方太平洋沖地震津波合同調査グループによる速報値（2012年12月29日版）に基づく（http://www.coastal.jp/ttjt/）．

本書の完成までには多くの方々にお世話になった．すべての方のお名前を

ここにあげることはできないが，改めて感謝する次第である．同志社大学（当時は大阪大学）の増田富士雄教授には，20年前に津波堆積物の研究を始めるきっかけを作って頂いた．その成果を基にして，小笠原憲四郎名誉教授にお世話頂き，筑波大学より博士（理学）の学位を頂いた．秋田大学の鎌滝孝信准教授の協力がなければ，著者の津波堆積物研究は進展しなかっただろう．2005年に産業技術総合研究所に異動して以降は，津波堆積物研究に専念する時間を得て，研究所の上司・同僚との協力と議論を通じて研究を発展させることができた．本書は故小池一之先生（駒澤大学名誉教授）のご推薦を頂いて執筆を始めたが，先生は2013年に急逝され，この本をお届けできなかったのは残念である．野外調査などのため家を空けることが多く，家族には迷惑をかけてきたが，本書の完成を持って多少は恩返しになるかと思っている．東京大学出版会の小松美加さんには，本書の企画段階から大変お世話になった．

引用文献

藤原　治・池原　研・七山　太編（2004）地震イベント堆積物—深海底から陸上までのコネクション．地質学論集，**58**，169p.
ウィリアム・J・フリッツ，ジョニー・N・ムーア著，原田憲一訳（1999）層序学と堆積学の基礎．愛智出版，386p.
公文富士夫・立石雅昭編（1998）新版 砕屑物の研究法．地学双書29，地学団体研究会，399p.
Shiki, T., Tsuji, Y., Minoura, K. and Yamazaki, T. eds.（2008）Tsunamiites—Features and Implications. Elsevier, 432p.
平　朝彦（2004）地質学2　地層の解読．岩波書店，441p.

目次

はじめに

1 津波堆積物とは……………………………………………………………1

1.1 津波堆積物とは何か　1
1.2 津波堆積物の形成と保存　3
　1.2.1 津波堆積物の形成プロセス　3
　1.2.2 現世津波堆積物から古津波堆積物へ　5
1.3 イベント堆積物としての津波堆積物　7
1.4 津波堆積物の研究が注目されるようになったわけ　9
　1.4.1 off-fault paleoseismology　10
　1.4.2 より長く，より確かな記録を目指して　11
コラム1　津波の観測　14
　第1章引用文献　15

2 津波堆積物の研究史……………………………………………………16

2.1 1980年代以前　16
2.2 1983年日本海中部地震以降　17
2.3 2004年インド洋大津波以降　21
2.4 2011年東北沖津波以降　23
　第2章引用文献　25

3　地震と津波······29

3.1　海溝型地震と津波　29
　　3.1.1　津波の発生　29
　　3.1.2　津波の伝播　32
　　3.1.3　津波とほかの波との違い　32
　　　　1）長い波長　2）反射と屈折　3）浅水効果
　　　　4）海面から海底までの水が一緒に動く
3.2　津波による災害　38
　　3.2.1　2011年東北沖地震と津波災害　38
　　　　1）波力による災害と被害　2）浸水による災害と被害　3）火災　4）その他
　第3章引用文献　45

4　津波による侵食と堆積······46

4.1　津波による侵食　46
4.2　津波による堆積　50
　　4.2.1　くさび形の断面　50
4.3　津波が作るベッドフォーム　54
　　4.3.1　ベッドフォームを考慮する理由　54
　　4.3.2　空から見た津波堆積物のベッドフォーム　55
　　　　1）遡上流によるベッドフォーム　2）戻り流れによるベッドフォーム
　　　　3）津波による侵食の痕跡
　　4.3.3　2011年東北沖津波の堆積物で多く見られたベッドフォーム　64
　　　　1）カレントリップル　2）バルハン　3）多角形リップル
　　　　4）その他のベッドフォーム
　　4.3.4　津波堆積物に特徴的な内部構造　69
　　　　1）多重級化構造
4.4　津波堆積物の地層への保存　72
　　4.4.1　津波堆積物が保存されやすい場所　72
　　　　1）津波堆積物が保存される自然条件
　　　　2）地形・地質的条件と津波堆積物の層厚　3）人為的影響
　　4.4.2　時代による津波堆積物の違い　79

4.5 津波堆積物の発掘と古地震・津波研究　80
　　4.5.1　地震考古学　80
　　4.5.2　津波考古学へ向けて　81
　　4.5.3　津波堆積物の年代推定　82
コラム2　堆積構造から古流向を復元する　84
コラム3　流れの停滞と再開—マッドドレイプはなぜ保存されるか　86
　第4章引用文献　88

5　津波堆積物の調査 … 91

5.1　調査地の選定　91
5.2　古津波堆積物の観察　94
　　5.2.1　イベントの認定　94
　　5.2.2　地層の記載　95
　　　　1）掘削地点の古地形などの情報　2）コアの記載
5.3　津波堆積物を識別する指標　102
　　5.3.1　遡上流の痕跡　103
　　　　1）堆積構造からの古流向復元
　　　　2）群列ボーリングによるくさび形の断面形の確認
　　　　3）海から運ばれた物質の検出
5.4　津波堆積物の識別　112
　　5.4.1　遡上距離や遡上高に基づく識別　112
　　　　1）長い遡上距離　2）大きな遡上高
　　5.4.2　堆積構造やベッドフォームに基づく識別　114
　　　　1）マッドドレイプ－流れの停滞と再開
　　　　2）一連の堆積物を示す上方細粒化・薄層化　3）津波に特有な変形構造
　　5.4.3　地震を示すほかの情報との組み合わせ　117
　　　　1）地震性地殻変動との同時性　2）津波に起因する環境変化
　　5.4.4　肉眼で識別が難しい津波堆積物　124
コラム4　地層の剥ぎ取り試料　125
　第5章引用文献　127

6 さまざまな津波堆積物 …… 130

6.1 火山噴火による津波堆積物　131

6.1.1 1994年ラバウル火山の噴火，および1640年北海道駒ヶ岳噴火による津波堆積物　131
6.1.2 1883年クラカタウ大噴火による津波堆積物　133
6.1.3 鬼界アカホヤ噴火による津波堆積物　134
1）横尾貝塚からの発見　2）K-Ahの水平分布　3）K-Ahの内部構造
4）K-Ahの堆積プロセス　5）津波の到達タイミング　6）津波の規模と起源

6.2 津波石　141

6.2.1 2004年インド洋大津波による津波石　141
6.2.2 2011年東北沖津波による津波石　143
6.2.3 歴史津波による津波石　144

6.3 生物遺骸の集積からなる津波堆積物　145

6.3.1 貝殻の集積した津波堆積物　146

6.4 縄文時代の内湾（溺れ谷）に堆積した津波堆積物　148

6.4.1 古巴湾の津波堆積物　149
1）湾口部の津波堆積物　2）湾口から湾中央部へ至る途中の津波堆積物
3）湾中央部の津波堆積物

6.5 海底地すべりによる津波堆積物　158

6.6 1495年明応関東地震を示唆する津波堆積物　159

コラム5　恐竜は超巨大津波を見たか？　163

第6章引用文献　164

7 津波の古生物学 …… 170

7.1 津波による貝類の打ち上げと集積　170

7.1.1 1933年昭和三陸津波と1983年日本海中部地震津波　171
7.1.2 1945年インド洋北西部の津波と1956年エーゲ海の津波　171
7.1.3 2011年東北沖津波　172
1）種構成の特徴　2）深い海の生物は含まれるか
3）貝殻の修復痕が示すイベント発生時期

7.2　沼層の津波堆積物に含まれる貝類群集　176
　　7.2.1　化石の産状　177
　　7.2.2　急速な堆積を示す貝殻集積層　178
　　7.2.3　レンズ状に浮かぶ貝殻集積層　180
　　7.2.4　貝化石の集積密度　181
　　7.2.5　貝類の生活型から見た津波堆積物の特徴　182
　　7.2.6　貝類の生息環境から見た津波堆積物の特徴　184
　　7.2.7　深い海から運ばれた種　185
　　7.2.8　溺れ谷での津波による化石集積層の形成プロセス　185
　　7.2.9　ストームなどによる貝殻集積層との違い　186
　　7.2.10　津波による生物礁の破壊と生成　187
7.3　津波堆積物中の微化石　192
　　7.3.1　有孔虫　193
　　　　1）底生有孔虫　2）浮遊性有孔虫
　　7.3.2　貝形虫　199
　　　　1）現世津波堆積物からの報告
　　　　2）三浦半島の津波堆積物：外洋から内湾への流入イベント
　　　　3）古巴湾の古津波堆積物：深海からの流入と混合群集の形成
　　7.3.3　珪藻　207
　　　　1）群集組成と保存状態
　　　　2）遡上した津波の証拠としての珪藻化石群集
コラム6　津波で形成された化石層　213
　第7章引用文献　215

8　津波による堆積モデル　221

8.1　垂直方向のモデル―津波の波形に注目する　221
8.2　海－陸方向のモデル　223
8.3　水底の津波堆積物　225
8.4　湾内での水平変化　227
8.5　似て非なる堆積物　228
　　8.5.1　波浪による打ち上げ堆積物（ウォッシュオーバー堆積物）　229
　　8.5.2　浅海底の波浪堆積物（HCS砂層）　230

8.5.3　潮汐堆積物　231
　　　8.5.4　洪水氾濫の堆積物　233
　　　8.5.5　土石流堆積物　235
　　　8.5.6　ハイパーピクナル流堆積物　236
　　第8章引用文献　237

9　津波の規模の復元　…………………………………………………240

　9.1　津波の高さなどの定義　240
　9.2　古津波の規模を推定する　242
　　9.2.1　遡上範囲の推定と地震・津波規模の復元　242
　　　1）千島海溝における連動型地震　2）869年貞観津波
　　9.2.2　地形の復元が必要なわけ　246
　　　1）海岸の前進　2）海岸砂丘の成長　3）津波規模のバリエーション
　　9.2.3　遡上高の推定　251
　　9.2.4　流速や浸水深の推定　253
　　　1）流速の推定　2）浸水深の推定
　コラム7　津波堆積物の層厚は津波規模を表すか？―元禄と大正の関東地震による津波堆積物の例　257
　　第9章引用文献　258

10　津波堆積物研究の今後　……………………………………………261

　10.1　分布と年代に関するデータの整備　261
　　10.1.1　調査地点の確保　264
　10.2　津波堆積物の識別　266
　10.3　最大クラスの地震・津波　267
　　10.3.1　津波規模の新たな復元方法　268
　　　1）化石データからのアプローチ
　　10.3.2　見逃してきた古津波堆積物の再発見　272
　　　1）遡上限界を示す津波堆積物　2）研究資源の拡大
　10.4　より正確な震源や地震規模の復元へ向けて　274

第 10 章引用文献　275

推薦図書　277

索引　280

1
津波堆積物とは

まず,「津波堆積物とは何か?」という話から始めよう.そうすることで,次に述べる「なぜ津波堆積物の研究が注目されているのか」がわかりやすくなるだろう.

1.1 津波堆積物とは何か

津波堆積物は津波が後に残した堆積層の総称である.図1.1は2011年東北地方太平洋沖地震津波(以下,2011年東北沖津波と略)の後の仙台空港周辺の様子である.津波の前には区画された畑や水田が広がっていたが,津波で運ばれた砂などがそれを覆って堆積した.砂の厚く堆積した部分が写真では白っぽく見えている.この地面を覆う地層が津波堆積物である.この周辺での津波の浸水深(後述)は3-4 m,遡上する速さは4 m/s程度と推定されている(Goto et al., 2011).

津波堆積物は陸上だけでなく,池,川,海の底にも形成される.津波堆積物が何からできているか,またどのような層相を示すかについては,具体的には後段で紹介するが,ここで少し解説しよう.津波堆積物を構成する物質は,主には砂・礫などの砕屑物粒子であるが,津波が起きた時代や場所の特徴によって多様である.2011年東北沖津波を例に取ると,図1.1の仙台平野のように砂浜が広がった地域では砂質の津波堆積物が形成されやすい.

一つの平野でも海岸からの距離によって津波堆積物の層相は大きく変わる.津波は侵食と堆積を繰り返しつつ流れていくので,上流側から下流側へと津波堆積物の構成物が変化する.たとえば,流れの強かった海岸近くでは海岸

図 1.1 仙台空港周辺の畑や水田を覆う主に砂層からなる津波堆積物（Google Earth の衛星画像，2011 年 4 月 6 日）
海は左手にあり，画像は海岸から約 550-1250 m の範囲．海岸に平行に掘られた貞山堀が画面右寄りを縦断する．右上には仙台空港が見える．

から運ばれた砂層からなる津波堆積物が卓越するが，流れが弱まった内陸部では砂の代わりに粘土層が厚く堆積する．津波で破壊されたさまざまな人工物（瓦礫）も津波堆積物の材料となる．瓦礫や植物片など津波に浮かんで運ばれ定置した物は「デブリ」と呼ばれる．2011 年東北沖津波ではこうした瓦礫も広く堆積した．津波の遡上端にはデブリが集まって，帯状に分布することが多い．また，海岸の場所によっては貝殻などの生物遺骸が集積して津波堆積物を構成している場合もある．実際の層相や層厚分布はより複雑なパターンを取るが，それについては第 4 章や第 6 章で解説する．

　砂浜が発達せず礫浜が広がる地域では，礫質の津波堆積物が形成されやすい．また，低緯度地域のサンゴ礁が発達する海岸では，大きなサンゴ塊などが津波で打ち上げられることもあり「津波石」と呼ばれる．これについては"tsunami boulder"の名称が提案されている（たとえば，後藤，2009）．こうした津波の痕跡は，その一部が地層に埋もれて保存され，将来に津波の履歴を伝えることになる．ただし，保存されるまでには風雨による侵食や変形などを受けるので，すべての津波堆積物が地層に記録されるわけではない．保存

のされやすさには，後段で解説するようにいろいろな条件がある．

さてここで，2011 年東北沖津波のような今まさに起こったばかりの津波と，歴史時代やさらに古い地質時代に起こった津波の痕跡を，いずれも「津波堆積物」という用語で一括りにしてよいかという疑問があるかもしれない．同じ生物種を扱う場合でも，生きているとき（死後しばらくも）と化石になってからでは，生物学と古生物学という異なる研究分野があり，用語が違う場合もあるのと同じである．本書では形成された時代にかかわらず，「津波堆積物」の用語を用いる．区別が必要な場合のみ，津波直後に見られる津波堆積物を「現世津波堆積物」と呼ぶことにする．これに対して過去に起こった津波で形成され，地層中に保存された津波堆積物を「古津波堆積物」と呼ぶことがある．

堆積層としての英語名称は tsunami deposit が一般的に使われる．tsunamiite という用語も使われることがあるが，用例はあまり多くはないようである．固結した岩石のような語感があるからかも知れない．若い時代の未固結の堆積層については，tsunami deposit の方が馴染みやすいのではなかろうか．

1.2 津波堆積物の形成と保存

1.2.1 津波堆積物の形成プロセス

筆者は 2011 年 3 月 11 日の東北地方太平洋沖地震（以下，2011 年東北沖地震と略）の翌日から，同僚とともに茨城県と千葉県で津波の緊急調査に出かけたが，その際に津波堆積物の形成をリアルタイムで観察する機会があった．それは 3 月 13 日の夕方で津波警報は解除になっており，九十九里海岸の中部を流れる真亀川の河口付近で津波の遡上痕の調査をしていたときであった．本震から 2 日以上が経っていたが，まだ小規模な津波が続いており，そのために数十分ごとに河川では満ち潮と引き潮が起きていた．

図 1.2 A は津波による引き潮の様子で，左奥に見える海へ向かう流れが河床にある杭や橋桁にぶつかって逆立っている．河口では通常の流れはゆったりしていてこのような荒々しい状況にはならないが，このときは津波による

図 1.2 2011年東北沖津波による堆積物の形成過程（2011年3月13日夕方，千葉県山武郡九十九里町真亀川河口付近にて撮影）
A：津波による引き潮．B：リップルの発達した中洲が露出．C：中洲に見られるデューンとカレントリップル．カレントリップルの波長は長いところで15 cm．海側の急斜面が影になって暗く見えている．D：津波の遡上．津波の先端が水道橋の橋脚に到達しており，中洲は水面下になってしまった．

引き波のために流れが速くなっている．観察を続けていると，10分程度かけて水位が次第に下がって川底が現れ，砂でできた中洲が見えるようになった（図1.2B）．その中洲には一面に瓦を葺いたような「カレントリップル」が形成されていた（図1.2C）．リップルの波長は数 cm～15 cmである．写真中央部にはカレントリップル（第4章コラム2参照）より大型のメガリップル（あるいはデューン*1）も見られ，デューンの上にリップルが重ね描きされた構造になっている．図1.2Cでは画面下側が海側であるが，リップルやデューンは海側の急斜面が陰になって暗く見えている．このことから，すべ

---

*1 デューン（砂堆，dune）：波形のベッドフォームのうち，一般に波長が60 cm以上のものをデューン，それ以下のものをリップルと呼び分けている．デューンは規模だけでなく，小型のリップルより構成粒子の径も大きい傾向がある．

て海側へ向かう引き波による構造であることが確認できる.

　中洲が広く現れていたのは10-20分ほどで，その後は再び津波の遡上が始まり，この中洲は水没してしまった．この遡上流で中洲にできていた引き潮によるリップルやデューンの一部は壊され，それを覆って遡上流による堆積層が形成された．この堆積物の断面を調べれば，津波による押し波・引き波の繰り返しが地層の累積としてどのように残るか，など津波堆積物の保存条件についての情報が得られたはずである．

1.2.2　現世津波堆積物から古津波堆積物へ

　現世津波堆積物の形成から，それが地層中に保存されて古津波堆積物とな

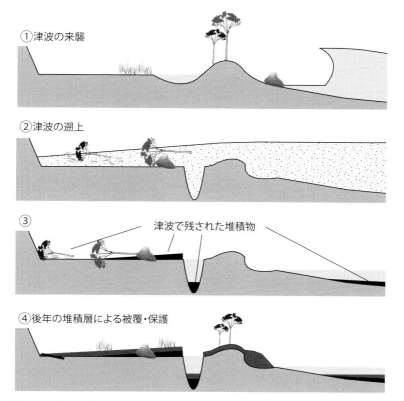

図1.3　津波堆積物形成の模式図

るまでを図 1.3 に示した．ここでは海岸の地形を断面で示している．①は津波が到達する前の様子である．自然状態の海岸には普通，砂丘などの高まりがあり，通常の波がこれを越えて内陸へ侵入することはない．砂丘などの高まりの背後には，水が堰き止められた湿地や湖沼ができていることが多い．さらにその背後に平地が広がり，陸側の丘陵などへつながっていく．②は津波が砂丘を越えて遡上したところである．津波は海岸の地層を削り取り，それを内陸へ運び込む．沿岸に生息していた生物も内陸へ運ばれることがある．③は津波が引いた後の様子で，津波で運ばれた堆積層が地表や海底に残されている．現世津波堆積物とはこの状態のことである．

　津波堆積物が地層に埋もれて保存されるまでには，ある程度の時間がかかる．その間に津波堆積物は自然や人の活動によってさまざまな変形などを受ける．こうした過程を経て，津波後に堆積した地層によって偶然に保護され

　図 1.4　2011 年東北沖津波による堆積物の変遷（宮城県亘理郡山元町，阿部匡憲氏撮影）
　　　　津波から 1 年 3 カ月で水田が復旧されている．写真右手が谷の下流側．

ると，④のように津波堆積物が地層中に保存される．これが「古津波堆積物」である．風雨にさらされにくい湖沼の底や通常時に堆積速度が速い場所では，津波堆積物が保存されやすい．

　図1.4は2011年東北沖津波の堆積物を，同じ場所で1年3カ月余り観察し続けた例である．左上は津波から3週間後の様子で，表面にカレントリップルが残っている．左下の写真（津波から4カ月後）では，復旧工事のためにブルドーザーで地表がならされてしまった．表面に見える波模様はキャタピラの跡である．右上は津波から1年3カ月後の様子で，復旧された水田で耕作が始まっている．右下はさらに3週間後の様子で苗が育ち始めている．ずっと先の将来に，この田圃を訪れた人がいたとして，ここに2011年東北沖津波の堆積物があったことを理解できるだろうか？　古津波堆積物についても同様のことが言えて，元々は明瞭だった津波堆積物がさまざまな変形を受けて，一部だけが地層に保存されているのである．そうした情報をいかにして読み解き，過去の津波に関する情報を引き出すことができるかが本書の狙いである．

1.3　イベント堆積物としての津波堆積物

　地質学的に非常に短期間の間に急速に堆積した地層をイベント堆積物と呼ぶ．これは時間の短さだけではなく，通常とは異なる突発的な「地学的事件」で堆積した地層という意味でもある．その例としては，津波，洪水，台風，土砂崩れなどによる堆積物がある．「地学的事件」が起きていないときには，その場の環境に応じた堆積が続いている．こうした通常の堆積現象が背景としてあり，そこに何らかの事件が時折起こるというのが自然界での堆積プロセスである．

　たとえば図1.3に示した海浜で，砂丘の背後の湿地や湖沼を考えてみよう．通常は水の流れが静かなので，砂などの大きな粒子の移動は起こっていない．こうした場所では水に浮遊したシルトや粘土の粒子，空から降下してきた塵，周辺に生育していた植物の遺体などが静かに沈殿して，有機物に富む粘土層や泥炭層などが堆積している．そこに津波などのイベントが起きると，急に

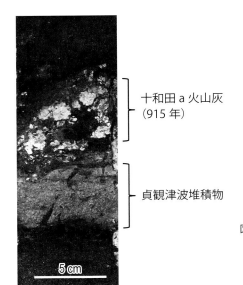

図 1.5 869 年貞観津波の堆積物(宮城県石巻市.コア試料は産業技術総合研究所(産総研)の宍倉正展博士提供)
十和田 a 火山灰(915 年)のすぐ下にある白っぽい砂層.

粗粒な堆積物が運び込まれ,通常とは異なるイベント堆積物が形成される.

イベント堆積物と下位の地層(地学的事件が起きる前の地層)との境界はたいていの場合,明瞭である.それは侵食面のこともあるし,粒径や色合いが異なる堆積層の境界として見られることもある.イベントによる流速が遅い場合には侵食面ができないこともある.また,後年のさまざまな擾乱によって,イベント堆積物と背景の通常時堆積物の境界がわかりにくくなっている場合も少なくない.

津波堆積物は,沿岸域において代表的なイベント堆積物の一つである.津波が起きると数十分程度の周期で大きな波が何度も押し寄せる.津波による海面の変動は,半日あるいはそれ以上続く.明瞭な堆積層を作るような大きな波が繰り返すのは,津波の第 1 波の到達から数時間以内で,その後は小規模な波が続くことが多い.つまり,津波堆積物の主な部分は数十分から,せいぜい数時間の間に形成されることになる.津波堆積物の上部には,津波が収まった後から静かに沈殿した粘土層やデブリの層が重なることが多いが,これらを合わせても,津波堆積物は地質学的には一瞬で形成される.

津波堆積物を視覚的に判別しやすい代表的な例としては，上記の沿岸湿地に津波が突入してできた砂層がある．この場合は，通常時の堆積物である粘土層や泥炭層を削り込んで，津波で運ばれた海浜砂の層などが堆積する（図1.5）．砂層が石英や長石に富む場合には，特に白っぽい色を示すので，背景である暗色の有機質粘土層や泥炭層とコントラストが明瞭になる．しかし実際には，津波堆積物の層相（色，粒径，堆積構造，層厚など）は，構成物や堆積時の水流の特徴や堆積場の地形などを反映して多様である．たとえば湿地に堆積した場合でも，津波堆積物が泥分に富む場合などは，背景となる地層と区別がつきにくいこともある．

　イベント堆積物の原因としては，津波よりも洪水などの気象現象の方が頻繁に起こる現象である．地層中には洪水などによる堆積層の方が津波堆積物よりも頻繁に挟まっていると考えた方がよい．そして，津波堆積物や洪水堆積物などは，流水で形成されたという共通点があり，お互いに類似した堆積学的な特徴を持つ．このため，古津波堆積物を洪水などによる堆積物から区別することは困難を要することが多い．津波堆積物をほかの堆積物と誤認すると，津波の履歴や規模の復元が曖昧になってしまう．このことが津波堆積物の研究において，その信頼性にかかわる重要問題となっており，その識別方法自体が重要な研究課題となっている．ほかのイベントから津波堆積物を識別するにはどういう視点や方法が必要かを解説することも，本書の大きな目的である．

1.4　津波堆積物の研究が注目されるようになったわけ

　津波堆積物を研究する理由は，純粋に科学の対象としての意味もあるが，海溝周辺で起こる地震・津波の想定と，防災対策に役立てることを目指している．特に，2004年インド洋大津波や2011年東北沖津波による巨大災害を経験して以後は，防災面での重要性が強調されている．世界には日本をはじめ，プレート沈み込み境界に面した長い海岸線を持ち，しかも海岸の低地に産業や人口が集中している国が多数ある．こうした国では海溝型地震と津波は重大な自然災害要因である．実際，日本の歴史記録には多くの海溝型地震

と津波に関する記述が残っている．このような国では，いつどのような規模の海溝型地震と津波が起こるかを想定し，それに備えた対策を立てていくことは重要な政策課題である．

日本では，「全国地震動予測地図」が政府の地震調査研究推進本部から毎年出されている（http://www.jishin.go.jp/main/p_hyoka04.htm）．これは今後30年以内に震度6弱以上の揺れに襲われる確率を色で示したもので，色が濃いところほどその確率が高いことを示す．それを見ると，内陸の大規模な活断層の周辺だけでなく，海岸に沿って色が濃い場所が帯状に広がっている．これは千島海溝・日本海溝・相模トラフ・駿河トラフ・南海トラフで発生が予測される海溝型地震による揺れを考慮しているからである．この図からも日本の防災上，海溝型地震と津波の重要性がよくわかる．こうした想定の基礎となるのが，過去にどこで，いつ，どのような規模の地震と津波が起こったかという情報である．これに関して古津波堆積物の研究は主に2つの重要性を持っている．

1.4.1 off-fault paleoseismology

古津波堆積物の重要性の一つは，海溝型地震が発生する場所と関係している．海溝型地震はその名の通り，深海にある海溝の周辺で発生する．このため，地震の発生時期などを知るには，陸上の活断層とは異なる調査方法が必要である．図1.6は活断層のトレンチ調査の様子である．地形などの情報から活断層が通っていそうな場所の見当をつけ，そこに大きな溝（トレンチ）を掘削し，活断層で変形した地層を観察することによって，1回の地震でどのくらい地層がずれ動いたか，また断層活動が何回生じているかなどを解読する．地層から採取した試料の年代測定を行うことで，断層活動がいつ発生したかをある程度推定することもできる．こうした情報を集積して活断層の活動履歴を明らかにし，活断層からどのような規模の地震が，どのような時間間隔で起こるか，などを推定する．トレンチ調査に代表される断層の直上や直近で地震の痕跡を探る研究は on-fault paleoseismology と呼ばれる．

ところが海溝型地震は震源が深海底にあるので，トレンチ調査のように震源となった断層を直接見ることはほぼ不可能である．そのために，震源から

図 1.6 活断層のトレンチ調査の様子（2005 年 10 月，新潟県魚沼市小平尾地区，産総研の吉岡敏和博士撮影）

離れた場所で得られた津波の観測データや陸上に残された津波の痕跡から，間接的に津波やそれを起こした海溝型地震の特徴を探ることが行われる．このように震源から離れた場所で，間接的に地震の痕跡を探る研究分野は off-fault paleoseismology と呼ばれる．

1.4.2 より長く，より確かな記録を目指して

津波堆積物を研究するもう一つの意義は，過去の履歴に関する記録の長さである．巨大地震のより正確な予測のためには，できる限り古い時代までさかのぼって多くの情報を収集し，それに基づいて繰り返しや規模についての特徴を調べる必要がある．海溝型巨大地震の発生する頻度を一つの震源域について見ると，プレートの沈み込み速度（地震を起こすひずみエネルギーが蓄積する速さと関係）から推定して，短くても数十年，たいていは 100 年から 200 年程度である．これは人の一生と比べると，かなりまれな現象ということになる．

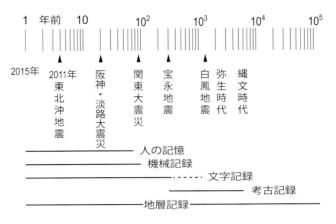

図 1.7 巨大地震と津波の記録を遡れる時間の長さ
時間は対数目盛.

　巨大地震と津波について，過去の情報がどの程度得られているかを図 1.7 で説明しよう．横軸には片対数で時間が刻んである．本書を執筆している 2015 年の 4 年前に 2011 年東北沖地震が起こった．阪神・淡路大震災（兵庫県南部地震）が起きたのは 1995 年で，20 年前である．大学で集中講義をする機会に阪神・淡路大震災について質問してみると，この大事件を覚えている学生は非常に僅かになった．小学校に上がる前の記憶なのだから仕方ないであろう．西日本の大学で講義をした際に 2011 年東北沖地震のことをどのくらい知っているか聞いたことがあるが，震源から遠隔地にあり，地震の揺れが小さかった地域では，「あまり印象にない」という返事を聞いて驚いた．
　関東大震災（大正関東地震）は 1923 年に発生した．この地震の発生した 9 月 1 日は防災の日として毎年全国で避難訓練などが行われるので，学生に質問しても知識がある人の割合が高い．この頃には初期的な地震計が開発されており，まだ数は少ないが地震の揺れが観測されていた．日本で地震計による地震観測が始まったのは 1870 年代である．同じ頃には潮位の観測も始まり，日本で取られた津波の波形記録としては，1894 年根室半島南東沖地震による津波を宮城県の鮎川で観測した例が最も古いと思われる．このように機械による地震・津波の観測記録の長さは 120 年余りしかない．

12──1　津波堆積物とは

約300年前の1707年には南海トラフの巨大地震である宝永地震（M 8.6-8.7）が起こった．これは2011年東北沖地震が起きるまでは，日本史上最大の地震であった．文字による記録は，南海トラフで起こった巨大地震と津波について，過去1300年以上をカバーしている．最古の例は684年に起きた白鳳地震で，日本書紀に地震と津波を示唆する記述がある．南海トラフの例は世界で最も長く，詳細な地震の繰り返しを記した文字記録である．ただし，古い時代ほど信憑性の高い記録は少なくなり，中世以前では歴史記録の数自体が激減する．信頼できる記録が豊富になるのは江戸幕府による統制が完成した17世紀以降である．日本の古代・中世の地震と噴火および関連事象については，文献史料（文書・記録・典籍に記された記事）について史料学的・理学的検討を加えた「［古代・中世］地震・噴火史料データベース（β版）」が公開されており（http://sakuya.ed.shizuoka.ac.jp/erice/），地震や津波に関する情報を得ることができる．

ここまでを整理してみると，巨大地震や津波についてさかのぼれるのは，人の記憶は10年オーダー，機械による観測記録があるのは100年程度，正確な古文書の記録があるのは400年程度となる．これを海溝型巨大地震の再来間隔と比較すると，個々の震源域については近代的な観測記録はおおむね1回，信頼のおける文字記録に限っても数回程度のイベントをカバーしているに過ぎない．歴史記録は古地震や津波について重要な情報を提供するが，なかには不確かな情報もあり，地域的あるいは時期的に情報が欠損している場合もある．このため，機械記録や歴史文書だけでは海溝型地震や津波の繰り返しや規模などを明らかにし，将来の地震や津波を予測するには不十分である．

一方，津波堆積物は，津波が確かにそこまできたという証拠であり，過去の津波が残した指紋のようなものである．津波堆積物は人の残した記録を越えて古い時代まで，巨大地震や津波の情報を記録している．また，歴史記録の少ない時期について情報を補ったり，文字記録を検証したりすることにも使われる．長期間にわたる津波の繰り返しを復元することで，将来を予測する際の確からしさを高めていくことになる．

遺跡発掘現場で見られる液状化痕などを利用して過去の地震を復元する地

震考古学(第4章参照)は,古地震の研究を大きく進展させてきた.しかし,海溝型地震に限れば,従来の地震考古学だけでは解決できないこともある.液状化痕など強い揺れの発生を示す記録が得られても,それが内陸活断層で起きた地震か,海溝型地震かを判定できないこともある.津波堆積物とセットで考えることで,揺れと津波の両方が揃うことになり,海溝型地震の確からしさが増すのである.最近では地層を天然の検潮器として使って,いつ,どこで,どのような津波が発生したかを解読していこうという試みが進んでいる.

コラム1　津波の観測

津波の観測を行う一般的な施設は,図1.8のような検潮所と呼ばれる潮位を測る施設である.「検潮所」は気象庁が設置しているものに対する名称であり,国土地理院が設置しているものは「験潮場」,海上保安庁設置のものは「験潮所」,などとも呼ばれることがある.検潮所の建物内には検潮器があって,潮位を計測している(図1.8 B).

検潮器にはいくつかタイプがある.建物内に「導水管」を通して海とつながった井戸を設け,そこにフロートを浮かべ,海水面の上下の動きに合わせて上下するフロートの動きを,井戸上に設置した測定器で計測するものが古くから使われている.海面の昇降に応じて導水管を通じて海水が出入し,検潮井戸の水位が変わるので,その高さを計測する.導水管を通じ

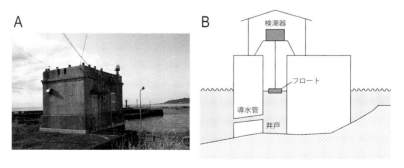

図1.8　検潮所とその仕組み
　　　A:布良検潮所,B:検潮所の仕組み(フロート式).

た海水の出入には，水の抵抗のためにある程度時間がかかるので，風による波のような短周期の海面変化の影響を除くことができ，検潮井戸では潮汐や高潮のような長周期の海面変動だけを記録できる．津波は周期が10分以上あるので，検潮井戸でその波形をよく検出できる．

　潮位を観測する装置には，井戸の上などに設けられた送受波器から音波や電波を水面に向け発射し，反射して戻ってくるまでの時間を計測するタイプもある．上記の方法では計測できないような大きな津波を観測するためには，海底に設置した圧力センサーで水圧を測定し，その上にある海水の高さを求めることが行われる．また，最近では，GPS衛星を用いて沖に浮かべたブイ（GPS波浪計）の上下変動を計測し，波浪や潮位をリアルタイムで観測する技術も発達してきた．

第1章引用文献

後藤和久（2009）津波石研究の課題と展望―防災に活用できるレベルにまで研究を進展させるために―．堆積学研究，**68**, 3-11.

Goto, K., Chagué-Goff, C., Fujino, S., Goff, J., Jaffe, B., Nishimura, Y., Richmond, B., Sugawara, D., Szczuciński, W., Tappin, D.R.,Witter, R. and Yulianto, E.（2011）New insights of tsunami hazard from the 2011 Tohoku-Oki event. *Marine Geol.*, **290**, 46-50.

2
津波堆積物の研究史

　津波堆積物については，自然科学と防災の両方の分野において今日でも新たな発見が続いているが，両分野の相対的な関係は時代とともに変わってきた．これは地質学や堆積学の進歩だけでなく，大きな地震・津波災害を経て社会的情勢が変化し，その結果として津波堆積物への認知度や関心，あるいは期待度やその内容も変わってきたことを示している．津波堆積物の研究は，契機となったイベントや研究の主眼がどこに置かれたかによって，およそ4つの時期に分けることができると思う．もちろん，これは著者の主観を含むので，別の分け方もあるだろう．一つ目と2つ目の時期の境界は1983年日本海中部地震，2つ目と3つ目の境界は2004年インド洋大津波と考えることができる．そして，2011年東北地方太平洋沖地震（以下，2011年東北沖地震と略）は，新たな時期の画期となった．

2.1　1980年代以前

　この時期には近世までの津波に関する伝承的なものや，1960年のチリ津波などにおける観察事例など，津波の堆積作用についての定性的な記述が主である．この期間の重要な点は，津波が大きな土砂運搬，地形変化，堆積作用を起こすことを理解してきたことである．

　近世までの伝承的なものを除くと，津波による堆積作用についての最初の報告は，日本では1933年3月の昭和三陸津波についての東京帝国大学地震研究所（1934）による報告書と思われる．このなかには津波による海岸地形の変化や堆積物の写真が掲載されており，海浜の砂が山地斜面の少なくとも

標高 24-25 m の高さにまで打ち上がったことが報告されている．また，この津波では三陸海岸で多くの貝類が打ち上げられ，Nomura and Hatai（1935）がそれを記載している（第 7 章参照）．

　1960 年 5 月のチリ津波の際に東北地方太平洋沿岸で行われた調査（今野編，1961）が，津波堆積物の組織立った調査として初めての例である．この調査では，多くの地点で津波による堆積と侵食の事例を観察し，津波が諸条件によって堆積・侵食によるさまざまな微地形を作ることや，残された堆積物から流れの方向を推定した例が報告された．また，津波堆積物を構成物，形態，形成過程などによって洗掘堆積物，懸濁沈積物，漂流物，蒸発残留物などに分類した点も今に生きる仕事である．さらに，津波堆積物の断面を観察して，砂層と薄い泥質層の累積する構造を見出し，それが何度も来襲した津波によって堆積した（砂層は水流で，泥質層は波が収まったときに残された）ことを推定した．こうした津波直後の海岸で何をどう見るかという観察の視点は，その後における津波堆積物の調査に大きな影響を与えている．

　この後 20 年ほどは津波堆積物についての研究はほとんど見られない．この期間には 1964 年アラスカ地震（M 9.2）のほか，日本沿岸でも 1968 年十勝沖地震（M 7.9）や 1973 年根室沖地震（M 7.4）など被害を伴う津波があった．それにもかかわらず津波堆積物の研究が進まなかったのは，そもそも津波堆積物の研究者自体がいなかったことに加え，地学（特に堆積物の）研究者にとっては津波が起こった場所が遠隔の地であることが多く，津波堆積物を対象とした調査が行われなかったことが原因であろう．

2.2　1983 年日本海中部地震以降

　この期間の最大の特徴として，津波堆積物が過去の地震と津波の履歴として認識・研究されるようになったことがあげられる．この研究は場所や調査方法を変えつつ現在までも続いている．

　1983 年 5 月 26 日に発生した日本海中部地震は，津波による大きな被害を起こしただけでなく，津波堆積物の研究にも一線を画することとなった．箕浦ほか（1987）は青森県十三湖の湖水が流入した海水と反応して白濁したの

を観察し，白濁の原因が流入した海水が湖沼水と反応して難溶性の炭酸塩類を生成したためであることを突き止めた．彼らは過去の津波も同様の痕跡を湖底の地層に留めていると考え，コア試料を採取して分析を行った．湖底の泥層からは，予想通り海水の侵入を示す化合物を多く含む砂層が何枚も見つかり，その一部は年代測定に基づいて古文書にある地震の記録との対応が示された．この研究は，津波の痕跡が地層に記録されることを実証し，古津波の研究が本格的に行われる契機となった．

同じ年に太平洋の反対側でもアメリカ合衆国北西部とカナダ南西部の沿岸湿地から津波堆積物が報告され（Atwater, 1987），世界的にも古津波堆積物の研究が始まった．この津波はカスケード沈み込み帯で発生した地震によるものである．

1990年代には，1993年北海道南西沖地震津波を始め，世界で10回もの大津波が発生した（Gelfenbaum and Jaffe, 2003）．これらの津波直後に調査隊が編成されて多くの現地調査が行われ，津波堆積物が津波の遡上範囲や流入・流出方向の推定などに重要なデータとして使われた．この経験がそれ以降の緊急調査の際に役立っている．この時期の日本の津波堆積物研究の主なものは，北海道東部の広大な湿地で行われた完新世の津波堆積物の研究，相模トラフ沿岸の溺れ谷堆積物に挟まれる津波堆積物の研究，そして南海トラフ沿いで行われた歴史津波の研究である．

北海道東部の太平洋沿岸では，自然状態の泥炭湿地が広く分布し，そこに砂層からなる津波堆積物がよく保存されている．泥炭地は津波堆積物の保存場所として適していただけでなく，暗色の有機質堆積物を主とするので，明色の砂層からなる津波堆積物を識別しやすかった．さらに泥炭層に含まれる植物の種などは^{14}C年代測定に格好の試料を提供し，風上に当たる西方の火山から歴史時代に噴出して湿地に堆積した火山灰も，津波堆積物の年代を正確に推定するのに役立った．

北海道東部の沿岸湿地では，精力的な調査によって過去約6500年間にわたる津波の履歴が解明され（たとえば，平川ほか，2000；七山ほか，2003；Nanayama *et al.*, 2003），驚くべき結果がもたらされた．そこでは少なくとも15枚もの津波堆積物（砂層）が内陸奥深くまで分布していた．これらの津波堆

積物は 20 世紀に北海道東部沖で発生した M8 クラスの地震に伴う津波の遡上範囲に比べて数倍も内陸奥深くまで分布しており，最大で現在の海岸から 4km 近くにまで達していた．これは歴史上未知の巨大な津波が 500 年程度の間隔で繰り返し発生したことを示していた．いわゆる「500 年間隔地震」（たとえば，中央防災会議事務局，2006）の発見である．堆積物から推定した遡上範囲のデータと津波遡上計算とを連携させて震源の位置と規模の復元が行われ（たとえば，佐竹ほか，2004），その成果は津波浸水履歴図として公表された（佐竹・七山，2004）．こうした研究成果は国の地震・津波対策に取り入れられ，関連する法律も制定された（日本海溝・千島海溝周辺海溝型地震に係る地震防災対策の推進に関する特別措置法：平成十六年四月二日法律第二十七号）．

相模湾周辺では，後氷期の高海面期に広がった内湾（溺れ谷）の堆積物を対象に，露頭やボーリングコアを使った津波堆積物の調査が行われた．最初の報告は房総半島南部の露頭からのものである（藤原ほか，1997）．この研究では津波堆積物の可能性がある砂層が 7 枚報告され，そのうちの 3 枚が ^{14}C 年代測定によって房総半島と三浦半島に分布する完新世中期の海成段丘と形成時期が対応することが示された．この地域では，海成段丘の研究から完新世に海岸を隆起させる地震が繰り返したことが知られていたが，津波堆積物の発見によって，地震隆起と津波の痕跡とが初めてペアで認識された．その後，三浦半島と房総半島では，溺れ谷堆積物を貫くボーリングコアから津波堆積物の可能性がある多数の砂層や貝殻の集積層が発見され，その一部は三浦半島と房総半島に分布する完新世段丘の隆起と対応することがわかった（藤原ほか，1999；Fujiwara *et al.*, 2000）．

これらの津波堆積物から推定される関東地震の再来間隔は 100-300 年で，海成段丘が示す再来間隔の半分程度と短い．段丘は後年の侵食で失われた可能性があり，また，地震隆起が小さい場合には明瞭な段丘が形成されなかったとも考えられるので，津波堆積物の方が地震の記録としては保存率がよいかもしれない．もちろん，一部は相模トラフ以外で発生した津波によるものかもしれない．これらの津波堆積物は，離水海岸地形のデータとともに関東地震の再来間隔の推定に用いられている（地震調査研究推進本部，2004，2014）．

南海トラフは，古文書の解読などに基づいて海溝型地震の繰り返しが世界

で一番詳しく研究されている場所で，西暦684年の白鳳地震以来の東海・東南海・南海地震の繰り返しが知られている．しかし，すべての記述が正しいとは限らないし，歴史記録から漏れてしまった地震や津波もあり得る．そこで，この地域では当初は歴史記録の検証や，欠落を補うことが津波堆積物の調査・研究の主な目的となった．歴史地震の際に大きな津波が流入したとされる湖沼，あるいは砂丘や砂州の陸側にある後背湿地が調査対象となった．砂丘や砂州の背後にある湖沼や湿地には泥質の地層が堆積しており，そこに挟まる砂層は津波や台風時の大波で海から運び込まれた可能性が高い．過去数千年間にわたる津波堆積物と考えられる砂層が四国沿岸（たとえば，岡村ほか，1997, 2003；佃ほか，1999）や紀伊半島沿岸（都司ほか，1998, 2002；岡橋ほか，2001；藤野ほか，2008）などから報告された．

ただし，湖沼ではコア試料を使った調査が主体とならざるを得ないので，堆積構造を解析するのに十分なサイズの試料を得ることは難しかった．また，漁業などのために湖底が乱されていることが多く，表層近くにあると期待された歴史津波の堆積物はあまり見つかっていない．1990年代後半から実用化されたジオスライサー（中田・島崎，1997）は，定方位で幅の広い試料を採取できることから，堆積構造の解析にも適しており，そのおかげで津波堆積物の発見が増加した．後背湿地は水田などとして有史以前から耕作が行われていることが多く，歴史時代の津波堆積物は仮に形成されても人為的に失われていることが危惧された．しかし，静岡県の浜名湖西岸では，例外的に自然の地層がよく残っている場所があり，そこではジオスライサー調査によって明応地震から安政東海地震までの合計4枚の津波堆積物が発見されている（高田ほか，2002；Komatsubara *et al.*, 2008）．

1990年までには東北地方の太平洋岸でも津波堆積物の調査が始まり，海岸平野や湖沼堆積物から有史以前の津波堆積物が報告された（Minoura *et al.*, 1994）．869年貞観地震による津波堆積物も，仙台周辺の平野からこの時期に初めて報告された（阿部ほか，1990；Minoura and Nakaya, 1991）．

1990年代以降，時代・堆積環境ともさまざまな地層から津波堆積物が報告された．特に1990年代後半から10年ほどは，北海道東部の研究に代表されるように，新たな津波堆積物の発見が過去の津波の履歴や規模の復元に直

接結びつく．津波堆積物の研究において一つの黄金期を迎えた．後から論評するのは簡単だが，この頃はまだ津波堆積物とほかの堆積物（台風によるものなど）との識別は厳密には行われないまま（もちろん，このことに取り組んだ研究もあった）多くの新発見が相次ぐ，研究者にとって幸せな時代だったと言えよう．これはカスケード沈み込み帯に面したアメリカ合衆国北西部とカナダ南西部の沿岸湿地で行われた古地震と津波の履歴調査（たとえば，Benson *et al.*, 1997; Clague and Bobrowsky, 1994）など，海外の多くの地域でも同様だったのではないかと思われる．

2.3　2004年インド洋大津波以降

　インド洋大津波の様子がメディアで報道されたことで，津波による侵食や堆積作用が一躍注目されることとなった．津波堆積物に関する研究の量も，インド洋大津波を契機として急増した．この津波以前にはインド洋沿岸からはほとんど津波堆積物の報告がなかったが（藤原, 2004），地震の後には多くの研究が報告されるようになった．この変化は，地震や津波の研究先進国から遠く調査し難い場所であったのと，地震以前にはこの地域の津波災害に関する意識が低かったためではないかと推定する．また，このことはインド洋大津波が社会・科学に与えたインパクトの大きさを示している．この津波を契機として，それまで津波堆積物に関しては科学的調査の空白域であったインド洋沿岸や東南アジアでは，興味の高まりが大きかった．こうした国々では津波堆積物研究を志す若手研究者や学生が急増し，そのなかには津波堆積物研究の「先進国」である日本で学位を取得する者も現われた．

　インド洋大津波以降の津波堆積物研究の大きな特徴は，津波浸水履歴図に代表される津波堆積物のデータと津波遡上計算を組み合わせた防災への具体的な提言が行われるようになったことである．つまり，大津波の起こった後に，その津波がどういうものであったかを知るために調査するだけでなく，そこから得られた情報に学んで，次に地震津波が起きる可能性が高い地域での津波対策に生かせることを前もって検討することに主眼が置かれるようになった（あるいは，その気風が強まった）．

こうした研究の進歩には理学的な面と工学的な面がある．理学的な面では，1990年代後半からの助走期間があった．研究の流れとしてはまず，各地での多数の津波堆積物の発見があり，次に津波堆積物に基づく海溝型地震の再来間隔の推定も試みられた．南海トラフのそれについては，Komatsubara and Fujiwara（2007）のレビューがある．

　このように津波堆積物の研究は社会的に活用され始め，円熟に向かっていたが，実態はまだ専門的な「科学的興味の対象」であった．地学的時間スケールのなかでの津波の規模や再来間隔の推定は，信憑性や実社会への貢献の意義が十分には認められていなかった．北海道以外の，信頼できる歴史記録がある地域では，歴史記録の方が地学の研究より重視されていた．そのため，地質学的時間で見ると未経験の巨大津波があることがわかってきても，その成果が浸水域や津波高の具体的な対策に使われるまでには至っていなかった．

　仙台平野周辺では，産業技術総合研究所（以下，産総研と略）や東北大学を中心とする研究チームによって，貞観津波堆積物の調査が組織的に進められ，その堆積物が平野の奥深くまで分布していることが示された（たとえば，澤井ほか，2007；宍倉ほか，2007）．また，津波堆積物が示す遡上範囲を説明するための津波の遡上計算が行われ，貞観地震の断層モデルも提案されていた（佐竹ほか，2008；行谷ほか，2010）．それによれば，推定される貞観地震の規模は少なくともM_w 8.4とされ，東北地方太平洋側では既知の歴史地震を大きく上回る地震と津波が起こる可能性が指摘されていた．しかし，それが国の評価を経て具体的な津波想定に組み入れられる前に，2011年東北沖地震が起きてしまった．

　次に，工学的あるいは地球物理学的な面を見てみよう．津波によって人工構造物にどれほどの力がかかるか（波力）などは，防災上重要なデータであるが，津波堆積物はそうした研究にも役立っている（Goto and Imamura, 2007；Goto et al., 2007；Imamura et al., 2008）．波や流れによる物体の動き方や移動距離をシミュレートするには，流れの特徴（深さ，速さ，密度）と物体の特徴（形状，サイズ，密度，元あった位置），さらに移動経路の地形情報が初期条件として必要である．逆に移動距離や物体の特徴がわかれば，その物体を動かすのに必要な流れの速さなどを計算することもできる．こうした

計算では，物体の大きさや形を単純化することを行うが，一つの大きなブロックのように近似できる津波石は，それに適している．砂粒子などの多数の微細な粒子からなる津波堆積物では，このような単純化は難しい．

　津波による海底や海岸の土砂の侵食・運搬・堆積は，津波による港湾などの被害とも密接に関連している．津波による砂移動は多数の粒子と流水との相互作用の結果であるので，津波石のような単体の物質の移動に比べて複雑で，まだ計算では再現しきれないことが多い．こうした問題解決のために，水槽実験やシミュレーションの改良などが進められているが，現地調査による津波堆積物の情報は重要な検証データとなる．このような研究には工学，土木，地質学などのさまざまな研究分野の専門家が連携して参加している（たとえば，福田ほか，2006；Goto and Imamura，2007；今村・後藤，2007）．このような目的では，自然に形成された津波堆積物を対象とするだけでなく，実験で「作る」ことも行われている（たとえば，菅原ほか，2004）．さまざまな境界条件をコントロールできる水路実験は，津波堆積物の形成プロセスと津波の流れの特徴との関係の解明に貢献している．

　どこでどのような津波堆積物が見つかっているのかがデータベース化されると，津波の履歴の検討や，新たな調査場所の見当をつける場合などに役立つ．津波堆積物の時代や分布，特徴をデータベース化して公開する試みも始まっており，世界的なデータベースも構築されている（http://www.ngdc.noaa.gov/hazard/tsudep.shtml）．このデータベースには津波堆積物以外のミスデータが含まれていたり，重要な津波堆積物が抜け落ちていたりするが，まずは誰もがアクセスできる情報のプラットフォームができたことが進歩であろう．その後，日本の津波堆積物のデータベースが産総研の研究グループ（https://gbank.gsj.jp/tsunami_deposit_db/）や東北大学などのグループ（http://irides.tohoku.ac.jp/project/tsunami-db.html）によって公開されている．

2.4　2011年東北沖地震以降

　2011年東北沖地震は津波堆積物研究の円熟期の途中で起きた．科学の進歩には時間が必要であることは当然ではあるが，研究成果を社会に生かすこ

とが大災害の発生に間に合わなかったのは残念でならない．しかし一方で，津波堆積物が津波と災害を予測するために有効であることが再認識されたのも確かである．2004年インド洋大津波も津波堆積物への関心を高めたが，日本を含めて多くの場合，それは地震や津波に関連する研究者の間でのことであった．どこか遠くの国のできごとと思った人たちも多かっただろう．2011年東北沖地震と津波では，それが津波堆積物の研究から復元されていた869年貞観地震の再来とみなされ，「1000年に一度の地震・津波」とメディア等で表現されたこともあり，非常に大きなインパクトをもって社会に迎えられた．そして「1000年に一度の大地震・津波」が別の場所（たとえば東海地震や南海地震の発生が危惧されている南海トラフ）でも起きるのではないかという懸念を人々に抱かせている．

　中央防災会議（2011）による提言には，今後の地震・津波の想定には，「これまでの考え方を根本的に改め」，「津波堆積物調査などの科学的知見」に基づいた，「あらゆる可能性を考慮した最大クラスの巨大な地震・津波を検討していくべき」ことが記述された．さらに，平成23年12月には「津波防災地域づくりに関する法律（津波防災地域づくり法）」が制定され，それに基づく国土交通省告示第五十一号（平成24年1月16日）では，「最大クラスの津波を想定するためには，被害をもたらした過去の津波の履歴を可能な限り把握することが重要であることから，都道府県において，津波高に関する文献調査，痕跡調査，津波堆積物調査等を実施する」とされた．

　「南海トラフの巨大地震モデル検討会」では，南海トラフの巨大地震対策を検討する際に想定すべき最大クラスの地震・津波の検討を進め，新たな想定震源域が2011年12月27日に公表され，2012年3月31日には震度分布・津波高の推計結果が，2012年8月29日には津波高および浸水域等の推計結果が公表された（http://www.bousai.go.jp/jishin/nankai/nankaitrough_info.html）．この想定について注意すべき点は，公表資料にあるように，次に南海トラフでこのような地震・津波が起きるというのではなく，「現時点の最新の科学的知見に基づき，発生しうる最大クラスの地震・津波を推計した」点である．この巨大地震・津波はさまざまな仮定の上で想定されたもので，過去に実際に発生したかどうかは未確認である．地震・津波への対策を

より効果あるものにするには，津波堆積物などの調査結果に基づいて，現実的な地震・津波の規模を想定することが必要である．

　東京電力福島第一原子力発電所の事故は社会的に大きな衝撃を与えたが，その後の津波堆積物調査のあり方にも影響を与えている．2011年東北沖地震の知見を踏まえ，原子力安全委員会の耐震設計審査指針類の改訂案（原子力安全委員会，2012）には，敷地周辺における津波堆積物調査の必要性が記載された．原子力発電所周辺での過去の津波の発生状況の確認は，2011年東北沖津波以前は歴史記録に基づいた文献調査が主体であったが，この改訂案を受け，現在では津波堆積物の調査が盛り込まれるようになった．こうした状況から，原発事業者や自治体でも，防災計画のために独自に津波堆積物の調査を行うところが現れた．その調査結果は国や自治体の防災計画や原発の安全性に直結している．津波堆積物調査はこれまでの科学の問題から社会の問題へと変わったとも言える．したがって，その調査には細心の慎重さが求められるが，津波堆積物の専門家はまだごく少なく，津波堆積物の認定法も関係者の間で共通認識が得られたものはない．そのため，津波堆積物の調査方法や，ほかの堆積層との違いについては共通理解がないまま，事業的に津波堆積物の調査が進んでいる．

　津波堆積物の判定ミスや，それに起因する津波の規模・再来間隔の解釈などに誤解が生じないかが危惧されている．こうした問題を解決するためには，後藤ほか（2012）や後藤・箕浦（2012）も指摘するように，複数の研究者（あるいは研究チーム）によって，過去の調査の検証（クロスチェック）を実施したり，新たな調査についても異なる視点から複数の研究者が参加することが必要である．津波堆積物の研究は，社会への還元と実用を念頭に置きつつも，今後とも基礎科学としての信頼性や確実性を高める研究を地道に進める必要がある．

第2章引用文献

阿部　壽・菅野喜貞・千釜　章（1990）仙台平野における貞観11年（869年）三陸津波の痕跡高の推定．地震，43，513-525．

Atwater, B. F. (1987) Evidence for great Holocene earthquakes along the outer coast of Washington State. *Science*, **236**, 942-944.

Benson, B. E., Grimm, K. A. and Clague, J. J. (1997) Tsunami deposits beneath tidal marshes on northwestern Vancouver Island, British Columbia. *Quatern. Res.*, **48**, 192-204.

中央防災会議（2011）東北地方太平洋沖地震を教訓とした地震・津波対策に関する専門調査会報告．http://www.bousai.go.jp/kaigirep/chousakai/tohokukyokun/pdf/houkoku.pdf

中央防災会議事務局（2006）中央防災会議「日本海溝・千島海溝周辺海溝型地震に関する専門調査会」日本海溝・千島海溝周辺海溝型地震の被害想定について，79p．(http://www.bousai.go.jp/kaigirep/chuobou/senmon/nihonkaiko_chisimajishin/pdf/houkokusiryou1.pdf)

Clague, J. J. and Bobrowsky, P. T. (1994) Evidence for a large earthquake and tsunami 100-400 years ago on western Vancouver Island, British Colombia. *Quatern. Res.*, **41**, 176-184.

藤野滋弘・小松原純子・宍倉正展・木村治夫・行谷佑一（2008）志摩半島におけるハンドコアラーを用いた古津波堆積物調査報告．活断層・古地震研究報告, No. 8, 255-265.

藤原　治・増田富士雄・酒井哲弥・布施圭介・斎藤　晃（1997）房総半島南部の完新世津波堆積物と南関東の地震隆起との関係．第四紀研究, **36**, 73-86.

藤原　治・増田富士雄・酒井哲弥・入月俊明・布施圭介（1999）過去10,000年間の相模トラフ周辺での古地震を記録した内湾堆積物．第四紀研究, **38**, 489-501.

Fujiwara, O., Masuda, F., Sakai, T., Irizuki, T. and Fuse, K. (2000) Tsunami deposits in Holocene bay mud in southern Kanto region, Pacific coast of central Japan. *Sediment. Geol.*, **135**, 219-230.

藤原　治（2004）津波堆積物の堆積学的・古生物学的特徴．地質学論集, 58, 35-44.

福田裕司・後藤和久・今村文彦・越村俊一（2006）津波による土砂移動の水理実験と数値解析の現状．月刊地球, **28**, 563-567.

Gelfenbaum, G. and Jaffe, B. (2003) Erosion and sedimentation from the 17 July, 1998 Papua New Guinea Tsunami. *Pure Appl. Geophys.*, **160**, 1969-1999.

原子力安全委員会（2012）原子力安全基準・指針専門部会（2012年3月14日）における「発電用原子炉施設に関する耐震設計審査指針（改訂案）」（地震・津波関連指針等検討小委員会）．

Goto, K., Chavanich, S. A., Imamura, F., Kunthasap, P., Matsui, T., Minoura, K., Sugawara, D. and Yanagisawa, H. (2007) Distribution, origin and transport process of boulders deposited by the 2004 Indian Ocean tsunami at Pakarang Cape, Thailand. *Sediment. Geol.*, **202**, 821-837.

Goto, K. and Imamura, F. (2007) Numerical models for sediment transport by tsunamis. *Quatern. Res. (Daiyonki Kenkyu)*, **46**, 463-475.

後藤和久・箕浦幸治（2012）2011年東北地方太平洋沖地震津波の反省に立った津波堆積学の今後のありかた．堆積学研究, **71**, 105-117.

後藤和久・西村祐一・菅原大助・藤野滋弘（2012）日本の津波堆積物研究．地質学雑誌, **118**, 431-436.

平川一臣・中村有吾・越後智雄（2000）十勝地方太平洋沿岸地域の巨大古津波．月刊地球号外**31**, 92-98.

今村文彦・後藤和久（2007）過去の災害を復元し将来を予測するためのアプローチ―津波研究を事例に．第四紀研究, **46**, 491-498.

Imamura, F., Goto, K. and Ohkubo, S. (2008) A numerical model for the transport of a boulder by tsunami. *J. Geophys. Res.*, **113**, C01008, doi:10.1029/2007JC004170.

地震調査研究推進本部（2004）相模トラフ沿いの地震活動の長期評価について．http://www.jishin.go.jp/main/chousa/04aug_sagami/index.htm

地震調査研究推進本部地震調査委員会（2014）相模トラフ沿いの地震活動の長期評価（第二版）について．http://www.jishin.go.jp/main/chousa/14apr_sagami/sagami2_shubun.pdf

Komatsubara, J. and Fujiwara, O. (2007) Overview of Holocene tsunami deposits along the Nankai, Suruga, and Sagami Troughs, southwest Japan. *Pure Appl. Geophys.*, **164**, 493-507.

Komatsubara, J., Fujiwara, O., Takada, K., Sawai, Y., Aung, T. T. and Kamataki, T. (2008) Historical tsunamis and storms recorded in a coastal lowland, Shizuoka Prefecture, along the Pacific Coast of Japan. *Sedimentol.*, **55**, 1703-1716.

今野円蔵編（1961）チリ地震津波による三陸沿岸被災地の地質学的調査報告．東北大学理学部地質学古生物学教室研究邦文報告，52，40p.，13 plates.

箕浦幸治・中谷　周・佐藤　裕（1987）湖沼底質堆積物中に記録された地震津波の痕跡—青森県市浦村十三付近の湖沼系の例．地震，**40**，183-196.

Minoura, K. and Nakaya, S. (1991) Traces of tsunami preserved in intertidal lacustrine and marsh deposits; some examples from northeast Japan. *J. Geol.*, **99**, 265-287, doi:10.1086/629488.

Minoura, K., Nakaya, S. and Uchida, M. (1994) Tsunami deposits in a lacustrine sequence of the Sanriku coast, northeast Japan. *Sediment. Geol.*, **89**, 25-31.

中田　高・島崎邦彦（1997）活断層研究のための地層抜き取り装置（Geo-slicer）．地学雑誌，**106**，59-69.

行谷佑一・佐竹健治・山木　滋（2010）宮城県石巻・仙台平野および福島県請戸川河口低地における 869 年貞観津波の数値シミュレーション．活断層・古地震研究報告，No. 10, 1-21.

七山　太・重野聖之・添田雄二・古川竜太・岡橋久世・斎藤健一・横山芳春・佐竹健治・中川　充（2003）北海道東部，十勝海岸南部地域における 17 世紀の津波痕跡とその遡上規模の評価．活断層・古地震研究報告，No. 3, 297-314.

Nanayama, F., Satake, K., Furukawa, R., Shimokawa, K., Atwater, B. F., Shigeno, K. and Yamaki, S. (2003) Unusually large earthquakes inferred from tsunami deposits along the Kuril trench. *Nature*, **424**, 660-663.

Nomura, S. and Hatai, K. (1935) Catalogue of the shell-bearing mollusca collected from the Kesen and Motoyosi Districts, northeast Honshu, Japan, immediately after the Sanriku tunami, March 3, 1933, with the descriptions of five new species. *Saito Ho-on Kai Mus. Res. Bull.*, **5**, 1-47.

岡橋久世・吉川周作・三田村宗樹・兵藤政幸・内山　高・内山美恵子・原口　強（2001）鳥羽市相差の湿地堆積物中に見いだされた東海地震津波の痕跡とその古地磁気年代．第四紀研究，**40**，193-202.

岡村　眞・栗本貴生・松岡裕美（1997）地殻変動のモニターとしての沿岸・湖沼堆積物．月刊地球，**19**，469-473.

岡村　眞・都司嘉宣・宮本和哉（2003）沿岸湖沼堆積物に記録された南海トラフの地震活動．月刊海洋，**35**，312-314.

佐竹健治・七山　太（2004）北海道太平洋岸の津波浸水履歴図．数値地質図 EQ-1，産業

技術総合研究所地質調査総合センター．

佐竹健治・七山　太・山木　滋（2004）17 世紀に北海道東部で発生した異常な津波の波源モデル（その 2）．活断層・古地震研究報告，No. 4，17-29．

佐竹健治・行谷佑一・山木　滋（2008）石巻・仙台平野における 869 年貞観津波の数値シミュレーション．活断層・古地震研究報告，No. 8，71-89．

澤井祐紀・宍倉正展・岡村行信・高田圭太・松浦旅人・Than Tin Aung・小松原純子・藤井雄士郎・藤原　治・佐竹健治・鎌滝孝信・佐藤伸枝（2007）ハンディジオスライサーを用いた宮城県仙台平野（仙台市・名取市・岩沼市・亘理町・山元町）における古津波痕跡調査．活断層・古地震研究報告，No. 7，47-80．

宍倉正展・澤井祐紀・岡村行信・小松原純子・Than Tin Aung・石山達也・藤原　治・藤野滋弘（2007）石巻平野における津波堆積物の分布と年代．活断層・古地震研究報告，No. 7，31-46．

菅原大助・箕浦幸治・今村文彦・廣田剛志・菅原正宏・大窪磁生（2004）津波堆積物の形成に関する水理学的実験－特に浮遊砂の卓越する条件での水槽実験．地質学論集，58，153-162．

高田圭太・佐竹健治・寒川　旭・下川浩一・熊谷博之・後藤健一・原口　強（2002）静岡県西部湖西市における遠州灘沿岸低地の津波堆積物調査（速報）．活断層・古地震研究報告，No. 2，235-243．

東京帝国大学地震研究所（1934）昭和 8 年 3 月 3 日三陸地方津浪に関する論文及報告．東京帝国大学地震研究所彙報，別冊 1，271p．

都司嘉宣・岡村　眞・松岡裕美・村上嘉謙（1998）浜名湖の湖底堆積物中の津波痕跡調査．歴史地震，14，101-113．

都司嘉宣・岡村　眞・松岡裕美・後藤智子・韓　世燮（2002）三重県尾鷲市大池，および紀伊長島町諏訪池の湖底堆積層中の歴史・先史津波痕跡について．月刊地球，24，743-747．

佃　栄吉・岡村　眞・松岡裕美（1999）過去約二千年の地層に刻まれた地震．月刊地球，号外 24，64-69．

3
地震と津波

　津波は水底に大きな変位が急激に生じた結果，大量の水が動かされることが原因となって発生する．その原因として最も多いのは，海底で起こる巨大地震（海溝型地震）で，過去 200 年間で観測された津波のうち 9 割を占める（今村，1996）．海溝型地震以外にも，海底地すべり，火砕流や土石流の水域への突入，海底火山の活動，海洋への隕石の落下なども，海水を大きく押しのけ津波を起こす原因となる．

3.1　海溝型地震と津波

　ここでは津波の発生や物理的特徴を，海溝型地震を例に解説する．ほかの原因による津波も，物理的には同じ特徴を持つ．

3.1.1　津波の発生

　図 3.1 は海溝付近で地震と津波が発生する様子を模式的に示している．この図では右側にある海洋プレートが左側のプレートの下へ沈み込んでいる．上に重なるプレートを上盤側プレート，それに沈み込むプレートを下盤側プレートと言う．プレートが沈み込む速さは年に数 cm 程度である．地震が起こっていないときは 2 つのプレートの境界は固着しているため，上盤側プレートが引きずられて下に撓み，その結果としてひずみが蓄積していく．この撓みのために陸側では上盤側プレートに，上に凸型の隆起が生じる．

　沈み込みが続いて，上盤側プレートの変形で蓄積したひずみのエネルギーにプレート境界の固着力が耐えられなくなると，固着していた境界の破壊が

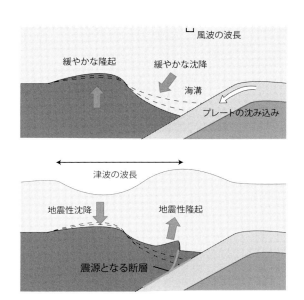

図 3.1 津波の発生メカニズム
　何十年〜何百年もかけてゆっくりと蓄積されたひずみが一気に解放されることで地震が起きる．海底の変位が海水に伝わり津波が起きる．

生じて地震（海溝型地震）が発生する．上盤側プレートはプレート境界に沿ってそれまでとは逆向きにすべることになり，逆断層型の地震となる．この時の瞬間的な食い違い（断層面のすべり）によって，100年から数百年分のプレート間のひずみが一気に解放される．このときには地震の前とは逆センスの変形が急激に生じ，地震前に沈降していた場所は隆起し，隆起していた場所は沈降する．この海底の変形はその上の海水を動かし，海水が移動して海底の地形変位に近い形で海面にも凹凸が現れる．この海面の変位が周囲に拡大していき，津波となる．これは石を池に投げ入れたときに，水面にできた凹凸が同心円状に広がって伝わっていくのと同じ原理である．

　海底で起こっているプレートの変形は直感的にはわかりにくいが，それが陸上で観察できる場所もある（図 3.2）．上盤側プレートの変形域が海面上に現れているところでは，地震が起きていないときには海溝に面した岬が何十年もゆっくり沈降するなどの現象が見られる．そして地震が起こって上盤側

図 3.2　1923 年大正地震と 1703 年元禄地震で隆起した海岸（千葉県館山市見物海岸，2012 年 5 月 19 日撮影）
　　　離水した波食棚などが階段状の地形を作る．海面付近では現在できつつある波食棚が見える．

　プレートが跳ね返ることにより，海岸では岬の隆起などが起こる．たとえば，相模トラフや南海トラフ沿岸がその例である．

　プレート境界に沿った断層破壊は，ふつうは海溝軸までは達しないで，上盤側プレート内に分布している高角度の分岐断層へ抜けていくことが多い（図 3.1）．分岐断層が海底に近いところまで達していると，海底に大きな変位が起こり，津波が大きくなる．プレート間の巨大断層や上盤側プレート内の分岐断層のほかに，沈み込むプレート内にも断層があり，これも津波を起こす原因となることがある．どの断層がどの程度すべるかによって，海溝周辺では異なるタイプ（逆断層，正断層など）と規模の地震が発生する．

　海底の上下変位量が大きいほど海水の上下動も大きくなるので，大規模な逆断層や正断層の活動が大津波を起こしやすい．一方，横ずれ断層では大きな津波は発生しない．地震が大規模でも断層面で横ずれが卓越すると海底の隆起や沈降が少ないためである．

　海底に地殻変動が生じて津波を起こした領域を津波波源域と言う．一般に，波源域での上下変動量が大きく（言い換えれば，断層の縦ずれ成分が大きく），波源域が広いほど，広範囲に大規模な津波を生じる．ただし，海岸に

来襲する津波の高さは，海底の地形や海岸線の形などに影響され，狭い範囲でも大きく変化する．

3.1.2 津波の伝播

津波の体験者の証言や昔話等の伝承に，津波の来襲前に引き潮が起こったというものがあり，津波の前にはまず海水が引くと一般にも広く信じられているきらいがあるが，それは必ずしも正しくない．津波が引き波と押し波のどちらから始まるかは，諸条件によって決まり予測は難しい．図3.1のように震源との位置関係によって，海底が隆起した側に面した陸地には押し波が最初に到達し，その後に引き波が起こる．逆に，海底の沈降側に面した陸地では引き波が先に発生し，後から押し波がやってくることになる．2004年のインド洋大津波では，隆起側に面していたスリランカなどの海岸では第1波が押し波から始まり，沈降側に面していたタイなどでは引き波から始まった．

津波の伝播する速さは海が深いほど速い．この関係は $v=\sqrt{gd}$ で表される．v は津波の伝播速度，g は重力加速度，d は水深である．水深2000 mでは秒速140 m（時速500 km），水深100 mでは秒速30 m（時速110 km）である．これは地震波（P波）が伝わる速さ（秒速6-8 km）より格段に遅いので，海溝周辺で地震が発生してから津波が海岸に到達するまでには時間差がある．このため，揺れを感じてからすぐに避難すれば，津波からは逃げられる確率が高い．一方，こうした津波の性質を使うと，海岸や海底の地形（水深）が詳しくわかっていれば，各地の海岸に津波が到達した時間や波高分布から逆算して，波源域を推定したり，元になった断層運動のタイプや量を復元したりできる．

3.1.3 津波とほかの波との違い

津波堆積物と台風などによる堆積物を分離することが本書の重要なテーマであるから，そもそも津波は台風などによる波と何が違うかを知る必要がある．両者の堆積物を研究する上での最大の違いは，津波は波長が非常に長いことである．また，海面から海底までの水が一緒に動く点が津波のもう一つの重要な点である．

1) 長い波長

　津波の発生を示した図3.1を見ると，津波の波長は海底で地殻変動が生じた範囲とほぼ同じ幅になることがわかる．マグニチュード8クラスの地震から発生する波長は数十km以上にもなり，風でできる波（風波）とは桁違いである．津波が陸に近づいて水深が浅くなると波長は短くなるが（後述の浅水効果を参照），それでも風波よりも格段に長い．

　図3.3Aは2011年東北沖地震の際に千葉県旭市で撮影された津波である．この写真は第4波を撮影したもので，写真の右上に白い波頭が線状に見える．波頭の向こう（写真の奥側）の海面は静かだが，波頭の後ろ側（沖側）では海面が波立って白っぽく見え，波頭が一つだけ海を進んでいく様子がわかる．波頭の後ろはすぐには低くならず，海面の高まりがずっと沖まで続いている．津波の波長が長いことがよくわかる写真である．

　これと風波の波長を比べてみよう．図3.3Bは千葉県の九十九里海岸で撮影した波で，線状に白く立っているところが波頭，隣り合う波頭同士の間の距離が波長である．この写真では波長は数十mから100m足らずであろう．台風の大波でも沿岸部での波長はせいぜい100～数百m程度である．

　図3.3Aでは，もう一つ津波の波長が長いことを示す状況がある．写真なかほどで，防波堤で囲まれた港のなかでは何艘かの船が見えるが，それらは水に浮かんでいなくて，海底に横たわっている．これは引き波で港が干上がってしまったためである．これも波長が長く，長期間にわたって引き波が続いたことによる．つまり，この写真は第3波の引き波で港が干上がり，その後に第4波が到達したところをとらえている．堤防の外では第4波が押し寄せて「満水」になっており，今まさに防波堤を越えようとしている．

　波長が長いことは周期も長いことを意味する．津波の際には短くても10分以上，大きな津波のときには1時間以上もの間隔を置いて大波が何度も来襲する．気象庁などの観測データによると，2011年東北沖地震による津波の周期は45分程度であった．また，場所によっては地震から2日目でも大きな波が続いていた．これは，非常に波長が長いので波の減衰が遅いことと，大陸棚や海底の大地形，さらにははるか太平洋の反対側まで伝播し反射して帰ってきた波などがあるためである．一方，海面で見られる風波の周期は数

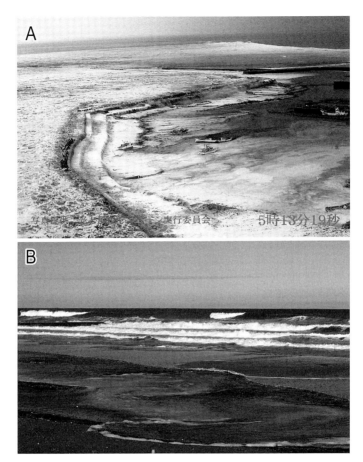

図 3.3 津波と風波の違い
　A：千葉県旭市に来襲した 2011 年東北沖津波（第 4 波）（千葉県旭市「光と風キャンペーン実行委員会」による）．
　B：九十九里海岸の風による波（うねり）（2012 年 10 月撮影）．

秒（内湾）から 10 秒程度（外海）である．図 3.3 B では，はるか沖合に台風があり，その影響で波が高いが，それでも波の周期は数秒である．

　波長と周期が長いことは，津波が内陸奥深くまで浸入することにも関係している．図 3.3 A では，波頭の後ろ（沖側）には高まった水塊が何 km，場合によっては何十 km も続いている．そしてそれが何分あるいは何十分もか

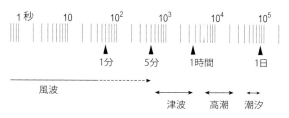

図 3.4　海に現れる波の周期と頻度

けて陸へ流れ込んでいく．周期が長いために，浸水が続く時間が長いことになる．その結果，津波は内陸奥深くまで浸入する．一方，波長が短い風波は，たとえ波高が高くても海岸で砕けるとエネルギーが失われてしまい，海岸に押し寄せてもすぐに引いてしまう．

このように津波は「波」とは言うが，水面の変位や移動が継続する時間の長さからは，実際には「流れ」と考えた方がその動きを理解しやすい．津波は浅海底や陸上に強い水流を起こし，さまざまな物質を運び，津波の下流側に津波堆積物を形成する．この流れはかなり速く，仙台平野で海岸の防砂林を津波が突破して民家などへ流れ込む映像をテレビなどで見た読者も多いだろう．津波が遡上する様子を撮影したビデオ映像の解析によれば，津波による流速は陸上でも数 m/秒以上にもなる（詳しくは第 9 章参照）．これは，流れが浅くてもそのなかに人が立っていられないほどの速さである．

図 3.4 は海洋表層で見られるさまざまな波の周期を比べたものである．風波の周期は長くても 10-20 秒程度なのに対し，津波の周期は 1 桁から 2 桁長い．また 12 時間と 24 時間のサイクルで現れる潮汐は，津波よりもさらに周期が 1 桁以上長い．高潮の周期はその間になる．この図で風波と津波の間，津波と高潮や潮汐の間には大きな谷間があり，この周期に相当する波は非常にまれである．つまり津波は地球上で発生する波のうち独立した位置を占めており，それが津波による堆積作用をほかの波から識別できる根拠となる．

2) 反射と屈折

津波は海底や海岸で反射や屈折を繰り返しながら伝播する．津波は海岸や海面など物性境界で反射して，複数回押し寄せる．このため，波の静かな時

期を挟みながら数十分から1時間おきに，場合によっては1日以上も大きな波が来襲する．特に，内湾では津波が反射を繰り返すので「捕捉されて」海面変動が長く続くことがある．

　津波が伝わる速さは水深が浅いほど小さく，深いほど大きい．この結果，津波は伝播する過程で等深線に直交するように方向を変える．これが屈折で，屈折の仕方によって津波の集中するところや分散するところが生じ，集中箇所では津波が大きくなる．半島のような突き出した地形があると，それを回り込んだ裏側で津波が高くなるのがその例である．反射や屈折は大規模な風波でも起こるが，津波ほど顕著ではない．

　また，遠地から伝播した津波は，反射や屈折した波の干渉が起こって，最初の波よりも第2波，第3波が最も大きくなる傾向があり，その後次第に小さくなっていく．後述するように，条件がそろえば，こうした津波の到達から減衰，終了までの波の大きさの変化が堆積物に記録される．

3) 浅水効果

　津波の重要な特徴に，沖から沿岸に近づくと波高が急速に高くなることがある．津波は深い海ほど速く伝わるが，浅い海岸では速度が落ちる．津波は波長が長いので，津波の先端が浅いところに到達して減速しても，津波の後ろの方はまだ水深が深いところにあって速度が速い．このため，津波の先端に後端が追いついてくる．先端と後端との間の海水は上方にしか逃げ場がないので，浅い海岸では津波が盛り上がって波高が高くなる．

　具体例で言うと，2004年スマトラ島沖地震（$M_w 9.1$）によるインド洋大津波では，人工衛星に搭載されたレーザー海面高度計がインド洋を伝播する津波をとらえた．Jason-1とTOPEX/POSEIDONと呼ばれる人工衛星が，地震発生から約2時間後に観測したデータによると，南緯4度付近の水深約5000 mの深海域では波高は60-70 cmであった（JPL/NASA, 2005; Gower, 2005）．ところが，この津波はインドネシア沿岸では最大で20 m以上もの高さにまで駆け上がった．

4） 海面から海底までの水が一緒に動く

　図3.5は津波と風波や高潮で，海面から海底までの海水の動き方の違いを比べたものである．風波では海水は円運動をしている（図3.5B）．これは池や海の釣りで使う「浮き」の動きを思い出すと理解できる．水面に立つ波に合わせて「浮き」は振動するが，前後（沖―陸方向）にはほとんど同じ位置に留まっている．この円運動の軌道は水深が増すにつれて次第につぶれた楕円形になる．楕円が水底に接触する場所では水は前後に動くことになる．

　この楕円軌道の直径は水深とともに小さくなり，水深が波長の半分より深い場所では水は動かなくなる．この深さは，波浪によって砂粒子が動かされなくなる水深に相当するので，堆積学ではウェーブベースと呼ばれる．ウェーブベースより浅い場所では泥粒子は常に攪拌されていて堆積せず，主に砂や礫が堆積する．

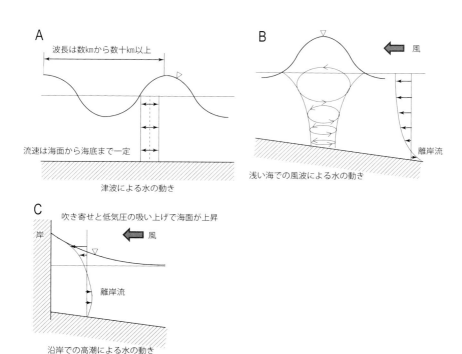

図3.5　津波・風波・高潮での水粒子の動き（さまざまな資料から総合して作成）

楕円運動の軌道は，浅い水域になると完全には閉じなくなり，海水と堆積物は少しずつ波の進行方向へ移動する．このため，海岸では砂や貝殻などの掃き寄せが起こる．比較的周期が長い「うねり」で貝類が海岸に掃き寄せられることがあり，漁業被害となる．代表的な例としては，福島県などの太平洋岸で見られる「寄せホッキ」と呼ばれるものがあり，これはホッキガイ（ウバガイ）が掃き寄せられる現象である．

　一方，津波の場合は，海底から海面までの水が一様に動く（図3.5 A）．津波で水が動く距離は水深や波長によって異なるが，1回の押し波と引き波のサイクルで海水は数百m～数km，あるいはそれ以上も沖－陸方向に往復運動をする（たとえば，首藤，2007）．こうして津波は海底でも効率的に堆積物を動かすことができる．

　高潮の場合は，台風などの強風によって水面近くの水が大量に動かされて風下側に運ばれる．これが海岸付近に滞留して海面上昇が起こる（図3.5 C）．大規模な高潮では海面上昇は数mにも及ぶが，海水の流れや海面が上昇する速さ自体はゆっくりで，ふつうは低気圧（台風）の移動と対応して数時間かけて起こる．海岸に吹き寄せられた海水は，その後離岸流となって沖へ戻っていく．このときには大きな流れが発生して，海岸から大量の堆積物を沖へ移動させることがある．

3.2　津波による災害

3.2.1　2011年東北沖地震と津波災害

　2011年（平成23年）3月11日の午後2時46分頃に発生した東北沖地震では，2万人近い死者・行方不明者を出すなど，東北から関東にかけての東日本一帯で大惨事（東日本大震災）となった．気象庁によれば，震源は牡鹿半島の東南東約130 km付近（三陸沖）の太平洋プレートと北アメリカプレートの境界（日本海溝）で，深さは約24 kmと推定されている．ここから始まった断層の破壊は岩手県沖からから茨城県沖にかけて幅約200 km，長さ約500 kmの広範囲にわたった（図3.6）．地震の規模はM_w9.0とされ，これは日本国内では観測史上最大であり，観測記録がある1900年以降では世界

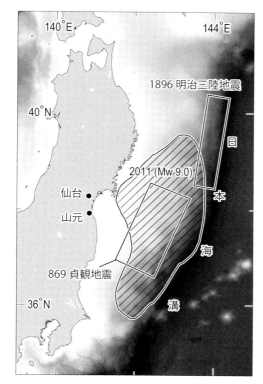

図3.6 2011年東北沖地震と歴史地震の震源域

2011年東北沖地震の震源はOzawa *et al.* (2011), 1896年明治三陸地震の震源域は佐竹 (2012), 869年貞観地震の震源域は行谷ほか (2010) による.

で4番目に大きな巨大地震であった.

地震によって海底に広範囲に大きな変位が生じたため,大規模な津波が発生し,北海道から千葉県にかけて大津波が押し寄せた.波源域に近く,津波のエネルギーが集中しやすい位置にあった岩手県三陸南部,宮城県,福島県浜通りでは津波が高く,広範囲で10mに達し,人・物・経済に大きな被害が出た.津波が高くなりやすいリアス式海岸では,最大遡上高が1896年明治三陸地震の津波に匹敵する40m近い値を記録した場所もあった(図3.7).

一方,波源域に面してはいても津波のエネルギーが集中しにくい(断層のすべり方向に対して垂直に近い)位置にあり,波源域からの距離も遠い北海道では,さほど津波は高くなかった.このように波源域との位置関係や距離によって,海岸での津波の高さや遡上距離は異なる.

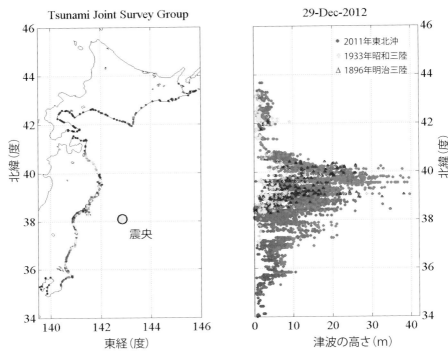

図 3.7 2011 年東北沖津波の高さと明治・昭和三陸津波との比較（東北地方太平洋沖地震津波合同調査グループ，2012 による）

また，海底や海岸の地形によっても津波の高さが局地的に変化することがある．三陸海岸で波源域に対して V 字型に開いた内湾の奥では波高が増幅されたのに対し，松島湾のような多くの島で外海から守られた湾では波高は相対的に低かった．

著者は 2011 年 5 月初旬に初めて震災後の仙台平野に入った．仙台平野南部では海岸から数百 m から 1 km くらいまでは立っている家はほとんどなく，家の基礎だけを残して更地になり，瓦礫が一面に覆っていた．さらに内陸へ行くと，家は残ってはいるが 1 階部分が津波で流されて柱だけになっていることが多かった．さらに内陸へ向かうと，床上浸水した家，床下まで浸水した家と，津波の浸水深の低下に伴い被害は小さくなっていた．津波による災害と被害（人の生活への影響）は多様である．ここでは，津波の物理的な力

によるもの（波力）と，浸水によるものに大きく区別して述べる．

1） 波力による災害と被害

　流速が速く浸水深が深いほど，津波は大きな破壊力を持つ．このため，海岸部では津波による侵食や防潮堤などの被害が大きかった．津波による侵食は第4章で詳しく取り上げる．

　図3.8Aは福島県原町で，海岸から300m付近で撮影したものである．震災前は水田が広がっていたが，津波で海岸から運ばれた消波ブロックが散乱している．陸地になだれ込んだ津波は建造物を破壊するだけでなく，道路や田畑も侵食して土砂を剝ぎ取った．図3.8Bは海岸から700m離れたところを通る常磐線の線路が侵食された場所で，道床が破壊され，枕木が付いたままのレールが捲れあがっている．津波は港湾施設等にも大きな被害を与えたが，問題はそれにとどまらなかった．港から流出した大きな材木，コンテナ，船などは，流れに乗って漂流し，住宅などに衝突するなどして内陸でも被害を拡大した．

　海岸部で侵食された土砂などは，津波堆積物の材料となった．この津波堆積物は農地や住宅，インフラなどを覆って，広範に被害をもたらした．海底に堆積した津波堆積物も，船舶の航行や漁業に影響をもたらす．

　また，この地震は巨大であったので，津波は太平洋沿岸の各国にも達し，このためカリフォルニアでは港に停泊中の複数の船舶が被害を受けたほか，津波の写真を撮りに行っていた人が波にさらわれ死者を出した．さらに津波は遠く南極にまで達し，そこでは棚氷の一部を破壊し巨大な氷山を造った（NASA, 2011）．

2） 浸水による災害と被害

　2011年東北沖津波は，仙台平野では最大で海岸から5km以上も内陸まで浸水した．航空写真などを元にした国土地理院の分析によれば，この津波による浸水範囲は，青森・岩手・宮城・福島・茨城・千葉の6県62市町村で561 km^{2}に及ぶ．津波による直接的な破壊を免れても，海水が冠水したことによる影響は住宅，工場，公共施設，農地などに及んだ．仙台平野は非常に

図 3.8 2011 年東北沖津波による海岸部の被害
　　A：水田へ運び込まれた消波ブロック（福島県南相馬市原町，2011 年 4 月 24 日阿部匡憲氏撮影）．
　　B：破壊された常磐線の線路（宮城県亘理郡山元町の坂元駅付近，2011 年 4 月 6 日阿部匡憲氏撮影）．

平坦な地形であるために，津波が終わった後も広い範囲で 2 週間かそれ以上も海水が引かない状態が続いた．海岸の防波堤がダムの役割をして遡上した海水を堰き止めたこともこれに輪をかけることとなった．畔や道路で囲まれた水田や津波による侵食でできた凹地では，数カ月以上も長く冠水状態が続いた．また，この地震では広域にわたる海岸で地盤の沈降が起きた．なかに

は高潮位面より低くなってしまった土地もあり，そこでは津波による浸水が終わった後も，高潮位時に海水が浸入するようになった．

　押し寄せる津波だけでなく，「戻り流れ」も災害・被害を起こす．戻り流れは重力に引かれて低い場所を選びながら，海方向へと次第に流速を増していく．地形が急な場所では，濁流となった戻り流れは相当の力があり，さまざまな物を海へと持ち去る．2011年東北沖津波の際に宮城県女川町では，災害に強いとされる鉄筋コンクリートのビルが基礎杭ごと根こそぎ倒れた例がいくつも見られた．これはリアス式海岸の奥で津波が高くなったこと，地震の揺れで地盤が液状化し基礎杭の効果が薄れたこと，津波でビルに浮力がはたらいたこと，さらに押し波や戻り流れでビルに強い力が加わったことが複合した結果と考えられている．陸から海へ戻り流れが滝のように落下する場所や，地形や構造物によって流れが速くなる場所では，大きな侵食が起きる．こうした地形や構造物による選択的な侵食の事例は以前から知られており，首藤（2007）などで紹介されている．

　2011年東北沖津波の特徴の一つに，広域に堆積したシルト層や粘土層（ヘドロ）がある（図3.9）．田畑を厚く覆ったシルトや粘土の層は，雨水の浸透を妨げ，海水起源の高い塩分濃度などともあいまって，作物の成長を妨げるなど農業にも影響を与える．また，この地震に伴う津波堆積物には近代的な都市を襲った津波ゆえの特徴がある．津波の跡に残された膨大な量の瓦礫や土砂は，海水だけでなく場所によっては工場などから流出した化学物質や，鉱山から流れ出て海底などに沈積していた重金属など，公害の元となる物質を多量に含んでいることがある（たとえば，原ほか，2014；山田ほか，2014）．このように津波堆積物には災害瓦礫としての側面も大きい．

3）　火災

　津波に関連して忘れてはならないのは火災である．消防庁などのまとめによると，2011年東北沖地震に関連して約300件の火災が発生した．この火災の発生数は，阪神・淡路大震災の発生火災とほぼ同数に上り，さらに今回は東北から関東の広い範囲で発生した．津波被災地で大規模な火災が起こる理由は，地震や津波で可燃性の瓦礫が大量に形成されることと，港湾施設で

図 3.9 水田を覆うヘドロ（宮城県仙台市若林区，2011 年 5 月 2 日撮影）
海岸から約 2 km 内陸の地点で，表面は乾いて乾裂が発達する．ヘドロの基底には層厚数 mm 程度の砂層が見える．

石油タンクが破壊され油の流出が起きることである．後は着火する元があれば，容易に火災が発生する．さらに，湾内で起こった油火災が漂流して，市街地に延焼する事例も起こった．

4) その他

2011 年東北沖津波は，太平洋岸に位置するいくつかの原子力発電所も襲った．東京電力福島第一原子力発電所には，地震から約 1 時間後に遡上高 14-15 m に達する津波が来襲した．地震と津波を端緒として，全電源を喪失して冷却できなくなった原子炉で炉心溶融（メルトダウン）が発生し，重大な原子力事故に発展した．地震後に政府の要請で全国の原発が停止したため，日本の広い範囲で電力不足が心配されることとなり，化石燃料の使用増加などの問題も起きている．さらには，原子力発電所の規制基準の見直しなど，日本の電力・経済政策にまで影響が出ている．

第 3 章引用文献

Gower, J.（2005）Jason 1 detects the 26 December 2004 Tsunami. *EOS, Trans., Amer. Geophys. Union*, **86**, 37-38.

JPL/NASA（2005）http://sealevel.jpl.nasa.gov/mission/jason-1.html & http://sealevel.jpl.nasa.gov/mission/topex.html

原　淳子・川辺能成・駒井　武・田村　亨・澤井祐紀（2014）表層堆積物の化学組成を用いた津波堆積物の由来と海底堆積物の擾乱の推定―東北地方太平洋沖地震による大津波の影響を受けた仙台平野沿岸域を例として．地学雑誌，**123**，883-903.

今村文彦（1996）津波の数値シミュレーションと可視化技術．ながれ（日本流体力学会誌），**15**，376-383.

行谷佑一・佐竹健治・山木　滋（2010）宮城県石巻・仙台平野および福島県請戸川河口低地における 869 年貞観津波の数値シミュレーション．活断層・古地震研究報告，No. 10，1-21.

NASA（2011）Tohoku tsunami created icebergs in Antarctica. http://www.nasa.gov/topics/earth/features/tsunami-bergs.html

Ozawa, S., Nishimura, T., Suito, H., Kobayashi, T., Tobita, M. and Imaikiire, T.（2011）Coseismic and postseismic slip of the 2011 magnitude-9 Tohoku-Oki earthquake. *Nature*, **475**, 373-376, doi:10.1038/nature10227.

佐竹健治（2012）どんな津波だったのか―津波発生のメカニズムと予測．佐竹健治・堀　宗朗編：東日本大震災の科学，東京大学出版会，41-71.

首藤伸夫（2007）津波による地形変化の実例と流体力学的説明の現状．第四紀研究，**46**，509-516.

東北地方太平洋沖地震津波合同調査グループ（2012）調査結果／グラフ，http://www.coastal.jp/ttjt/index.php?plugin=attach&refer=FrontPage&openfile=survey.jpg

山田亮一・土屋範芳・渡邊隆広（2014）三陸海岸ならびに仙台平野における東北地方太平洋沖地震に起因した津波堆積物中のヒ素ならびに重金属類の起源．地学雑誌，**123**，854-870.

4
津波による侵食と堆積

　津波では場所の条件によってさまざまな様式や規模の侵食と堆積が起きる．海岸では津波の流れは非常に強いので，堆積物は陸側（あるいは海側）へ運ばれてしまい，津波が去った後に津波堆積物が残らないこともある．津波が遡上した範囲には，流れの変化に応じてさまざまな堆積物が形成される．2011年東北沖津波を例に，海岸から内陸へと侵食と堆積の様子を見てみよう．

4.1　津波による侵食

　2011年東北沖津波による海岸での侵食は，Tanaka et al. (2012) や東北地方太平洋沖地震津波合同調査グループ（http://www.coastal.jp/ttjt/index.php）などに多数報告されている．図4.1Aは代表的な侵食の例で，ここでは主に2種類の侵食痕跡が見られる．一つは砂浜に見られるラッパ型の溝で，これは津波が砂浜を突き破って遡上したり，戻り流れが通った跡である．この溝の陸側では津波の浸水深が深く被害が大きかった．また，そこでは津波堆積物が厚く堆積している（図で白っぽく見える）．もう一つは防潮堤の裏側に沿って延びる直線状の侵食痕である．これは防潮堤を越流した海水が滝のように地面を叩くことで洗掘が起きたためである．図4.1Bは防潮堤の裏側を撮影したものである．海は防潮堤の向こうにあり，防潮堤の下には基礎やさらにその下にある海浜の砂層が覗いている．

　溝状の侵食がより大規模になって，海岸全体が削られたようになったのが図4.2である．ここは宮城県仙台市北部の七北田川河口の北側に位置する蒲生干潟で，国設仙台海浜鳥獣保護区の特別保護地区に指定されていた．津波

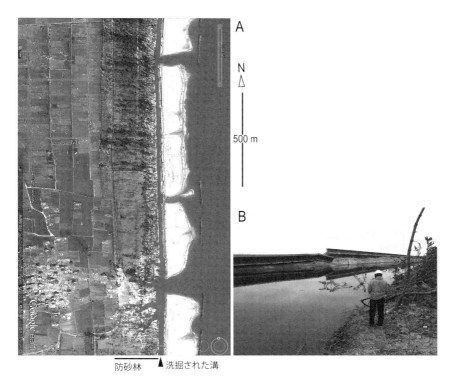

図 4.1 2011 年東北沖津波による海岸の侵食（宮城県亘理郡南部）
 A：津波による侵食で砂浜や防潮堤がところどころで途切れている（Google Earth 画像，2011 年 3 月 14 日撮影）．
 B：防潮堤の裏の洗掘（2011 年 5 月 4 日撮影）．

前（図 4.2 A）には，幅 200 m 以上もある砂州で太平洋から隔離された潟が見える．潟の周辺には葦原が広がり，潟の北側は松の防砂林が植えられ，潟の陸側には四角い養魚池がいくつも見える．潟の南西岸には「日和山」と呼ばれた南北約 40 m，東西約 20 m ほどの築山があった．津波直後の図 4.2 B では，砂州は破壊され潟のあった場所は海とつながり，周辺の建物や養魚池も壊され，「日和山」も津波で跡形もなく崩れ，流されてしまった．このあたりでの津波の高さは 8 m にも達した．図 4.2 C は津波から約 1 カ月後の写真であるが，潟に流れ込んだ大量の砂で潟が埋まって陸化したように見える．この時期には土砂の再移動によって新たな砂州が形成されつつある．

4.1 津波による侵食——47

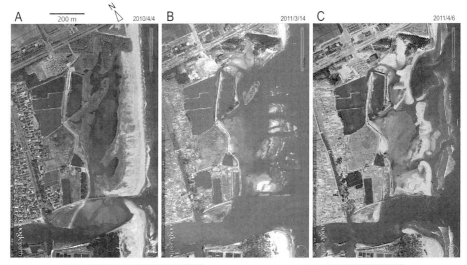

図 4.2 2011 年東北沖津波による潟の破壊と再生（仙台市北部の蒲生干潟）
 A–C：Google Earth 画像で見た津波前後の地形変化．
 D, E：蒲生干潟で見られたマッドボール（2011 年 5 月 21 日撮影）．

　図 4.2 D と E は蒲生干潟で再生しつつある砂州の海側斜面を 2011 年 5 月 21 日に撮影したもので，写真左手に太平洋がある．潟から流れ出る流路に沿って大小の球状の泥の塊（マッドボール）がたくさん見える．小さいもの

図4.3 遡上流による侵食と堆積の概念図

は径1cmほど，大きいものは子供の頭ほどもある．マッドボールは潟やその周辺に堆積していた土が津波で侵食され，流水で移動するうちに丸まったものである．粘着質の粘土やシルト分に富む土壌は削り取られてもすぐにはほぐれず，塊のまま滞留する．これは粘土礫あるいはマッドクラストと呼ばれる．粘土礫は密度の差などのため，すぐには地層に固定されずに地面近くで滞留・集積し，マッドボールとなる．粘土礫やマッドボールは，洪水や津波の堆積物ではしばしば見られる．写真のマッドボールも一部は地層として堆積・固定され，残りは海岸で波にさらされて砕けていく．このようなマッドボールが地層から発見されれば，それは大規模な侵食を起こしたイベントを認定する一つの指標になるだろう．

箕浦（2011）は仙台平野で行った調査結果に基づいて，海側から内陸へと侵食と堆積のパターンを整理している．それは簡略化すると図4.3のようになる．津波は内陸へ向かって道路や畔をいくつも越えながら遡上して行った．高まりの裏側では落下した水が洗掘を起こした．内陸へ行くほど水流の流速や厚さが減少するので，落水の強さも弱くなり，洗掘の量も減少した．洗掘で掘り起こされた土砂は，上流側から運ばれてきた土砂とともに下流側で津波堆積物の材料となる．流れが強いうちは堆積だけでなく侵食も生じるので，津波は侵食と堆積を繰り返しながら遡上していく．内陸へ行くに従って，土砂の洗掘・運搬量が減少するので，形成される津波堆積物も細粒で薄くなっていく．この図からは，津波堆積物を構成する物質が海から陸へ向かって（正確には土砂供給源との位置関係によって）変化することや，内陸ほど津波堆積物に占める陸源物質の比率が増すこと，洗掘が起きた下流側では津波堆積物の層厚や粒径が一時的に増大することがうかがえる．

4.2 津波による堆積

津波の遡上過程では流速の変化や侵食などが起き，津波で運ばれる物質の構成が時々刻々と変わる．これに対応して，津波堆積物の顔つきも津波の流れに沿って変化していく．

2011年東北沖津波の直後に行われた調査では，海岸から内陸へと津波堆積物の構成物，層厚，堆積構造などがどのように変化するかが，千葉県九十九里浜中部・南部（藤原ほか，2011，2012）や仙台平野（Goto et al., 2011；箕浦，2011；宍倉ほか，2012）などで調べられた．

九十九里浜，仙台平野とも類似した地形で，海側から陸側へ，砂浜（海－陸方向の幅数十mから200 m程度），海岸砂丘，防砂林（海－陸方向の幅は200 m前後のことが多い）の順で並び，さらに陸側には緩やかな起伏のある低地が広がる．この起伏は海岸に平行な軸を持っており，高まりは砂地（浜堤），低まった部分（堤間湿地）は泥質の地層が堆積している．砂地の場所は畑や宅地など，泥質の場所は水田などに使われていることが多い．このような海岸に平行な砂丘や浜堤が発達する平野を浜堤列平野と呼ぶ．仙台平野では砂丘と防砂林の境界付近に防潮堤が築かれていることがある．

4.2.1 くさび形の断面

津波堆積物の一般的特徴として，海側から内陸へと薄く細粒になるくさび形の断面形を持つことがあげられる．海岸付近では通常大きな侵食が見られ，そこから少し陸側へ入ったところから津波堆積物が分布するようになる．

図4.4は千葉県の九十九里浜中部にある蓮沼海岸の例で，防砂林のなかから海側を見ている．海岸は写真の奥にあり，砂浜から防砂林までの間は津波堆積物はあまり見られず，むしろ侵食が目立つ．防砂林に入る付近から津波による堆積が顕著になる．この図では道路や擁壁から引きはがされたコンクリート片や電信柱などの粗粒物が津波堆積物を構成している．砂などの細粒物質は強い流れによって陸側へ流されてしまい，砂質の堆積層は薄い（カレントリップルが見える）．電信柱の左手などで白く見えているのはチョウセンハマグリやウバガイなどの大型の貝殻である．この写真の陸側にあたる防

図 4.4 コンクリート片など粗粒物からなる津波堆積物（千葉県山武市蓮沼海岸，2011 年 3 月 13 日撮影：藤原ほか，2012 を改変）

砂林のなかでは，コンクリート片など粗粒物の分布密度は減少し，それに代わって津波で運ばれた砂層が厚く分布するようになる．

図 4.5 は仙台平野南部で防砂林を覆う砂層の例で，厚いところでは 50 cm 以上に達している．砂層の分布は一様ではなく，上に凸になったマウンド状に厚く堆積した部分や，木の根元は洗掘ですり鉢状に窪んでいるところもある．防砂林の陸側に出ると，津波による砂層は急に薄くなり，20 cm を超えることは少なかった．

図 4.6 は仙台空港北方で水田を覆う津波堆積物である．稲刈跡の耕作面を覆って，葉理が発達する細粒砂層（層厚約 17 cm）が堆積している．砂層の上面には，津波が収まった後に滞留した泥水から沈殿したシルト層（層厚 1 cm 未満）が覆っている．さらに陸側では津波堆積物を構成する砂層は薄くなり，それに代わって砂層の上をシルト層や粘土層が厚く覆うようになる（図 3.9）．図 3.9 は仙台平野南部で海岸から約 2 km 内陸の地点で撮影したものである．水田を覆う砂層の厚さは 5 mm 程度（写真では白っぽく見え

4.2 津波による堆積──51

図4.5 津波で防砂林内に堆積した砂層(宮城県亘理郡山元町付近,2011年5月1日撮影)

図4.6 仙台空港北側の水田で見られた津波堆積物(2011年5月3日撮影)
　　稲の株が残る耕作土を覆う.

図 4.7 水田を覆うデブリ（宮城県亘理郡亘理町，2011 年 5 月 4 日撮影）

る）で，その上に暗色の粘土層が 5 cm 近く堆積している．津波で運ばれた砂層が目視で観察できる限界（層厚にして 5 mm 程度）は，仙台平野の場合，海岸からおよそ 2-2.5 km までであった（Goto et al., 2011；宍倉ほか，2012）．さらに内陸へ向かって泥質の津波堆積物も次第に薄くなり，ついには堆積層として津波の痕跡は見られなくなる．海岸から内陸への津波堆積物の層相変化パターンと，それができる理由については，第 8 章の堆積モデルで説明する．

　津波が到達した内陸の端を遡上限界と言う．遡上限界に近い場所では，もはや砂層は見られなくなり，津波で浮遊してきた物質が集積している（図 4.7）．このような浮遊物の集積した層をデブリ層と呼ぶ．デブリ層は津波の遡上限界を縁取って帯状に分布する．また，デブリ層が見られない場合でも，遡上した海水が乾いた跡が塩分などの凝縮した薄層として認められることもあった．つまり，実際に海水が遡上した距離に比べ，津波で運ばれた砂層などが示す距離は短い場合が多い．仙台平野の例では，砂質津波堆積物の内陸側先端は，実際の遡上距離に対して 6 割から 7 割程度にしか達していない場所が多かった（Goto et al., 2011；Abe et al., 2012；宍倉ほか，2012 など）．

4.2 津波による堆積——53

4.3 津波が作るベッドフォーム

ベッドフォームとは，水や空気の流れで砂層の表面にできる微地形（3次元構造）のことである．一方，その内部に見られる粒子の配列が作る構造は「堆積構造」と呼ばれる．水底などで見られるリップルはベッドフォーム，その断面に見られる斜交層理などは堆積構造である．

4.3.1 ベッドフォームを考慮する理由

本書でベッドフォームに注目するのには2つの理由がある．一つは，津波堆積物を3次元的にとらえるためである．古津波堆積物の調査・研究では平面的な広がりが観察できることはまれで，たいていは露頭やボーリングコアなどで見られる地層の小断面を利用する．その作業の前にまず，津波堆積物は空間的に層厚やさまざまな特徴を変えながら広がっていることを理解したい．たとえば，限られた地点での掘削調査などで古津波堆積物が見つかればよいが，それが見つからないとき，本当にそこには津波堆積物がないと断じてよいか？　これを解決するには，どの程度の空間密度，地点数の調査が必要だろうか？　また，後段でも触れるように，津波堆積物の層厚から津波の規模（波高や浸水深）を復元することは可能だろうか？　ほかの条件が同じであれば，津波堆積物の層厚は流速や浸水深と関係があるかも知れない (Jaffe and Gelfenbuam, 2007；Jaffe *et al.*, 2012；Takashimizu *et al.*, 2012)．しかし，実は津波堆積物の厚さを正確に定義することは難しい．ベッドフォームなどの影響によって津波堆積物の層厚はわずかな距離で大きく変化する．どこを計るかによって津波堆積物の層厚は変わってしまい，そこから推定される流速なども不正確なものとなる．この章は，そうした疑問に答えるヒントにもなるだろう．

もう一つは，津波堆積物を形成した流れの流速や流向などの復元には，堆積構造のみに頼るよりもベッドフォームを使った方が多くの情報が得られるからである．ベッドフォームの形やサイズは堆積物の粒度のほか，流れの速さ・深さ・継続時間などさまざまな条件を反映している（たとえば，Baas, 1999；Kuhnle *et al.*, 2006；Tuijnder *et al.*, 2009)．津波堆積物の粒径は実際に計

測可能であるし，古津波堆積物であっても稠密に調査をすれば元のベッドフォームのサイズがわかる場合もある．これらが決まってくれば，流速を復元することにも近づく．具体的な流速の推定などにはまだ解決すべきことはあるが，津波堆積物のベッドフォームを考慮することで，津波堆積物の研究は厚みを増すのである．

　古津波堆積物では，初生のベッドフォームにかなり変形が進んでいることが多いが，堆積構造などの観察データが集まってくれば，ある程度は復元可能である．それにはまず，実際の津波堆積物に見られるベッドフォームを知ることが先決である．津波堆積物のベッドフォームに関するまとまった報告はまだ少なく，2011年東北沖津波の例などに限られている（たとえば，藤原ほか，2011，2012；Fujiwara and Tanigawa, 2014）．ここでは 2011 年東北沖津波が残したベッドフォームについて，衛星画像や空中写真を見て初めて気がつくような大きなものから，道端のカレントリップルのような小さなものまで，代表的なものを見てみよう．

4.3.2　空から見た津波堆積物のベッドフォーム

　図 1.1 の Google Earth 画像を使って，2011 年東北沖津波による堆積状況をもう少し解説しよう．仙台空港の北東側上空から斜めに見下ろす形になっており，太平洋は左手にある．画面右寄りには海岸と平行に延びる貞山堀運河が見える．標高 1.5 m 以下の土地が多く，津波前は畑やビニールハウス群が広がっていた．この図では白っぽい区画と暗い区画がモザイク状に見える．この区画は津波前の畑の区割りに相当する．白っぽい区画は相対的に標高が高く，早く水が引いて乾きつつある場所である．特に周りより高い畦や作業道は，白っぽく浮き出して見えている．黒っぽいところは標高が低くまだ湿っている場所である．最も暗く見えるところは，津波による侵食でできた窪地に水が溜まった池である．地表の明暗は主に土地の高低を示していると思えばよい．砂層が薄い場所や侵食されて堆積していない場所も相対的に暗く見える．この図から津波堆積物は一様に地面を覆っている訳ではなく，その厚さは地形の細かな凹凸などの影響を受けて，短い距離でもかなり変化することがわかる．

次に，白っぽく見える砂が厚く堆積している区画に注目しよう．水が引いていく過程では，砂が厚く堆積して高くなっているところから順に水面から顔を出し，地面が乾くのも早い．乾燥が進んだ部分ほど日光の反射が多いため，津波堆積物が厚い部分ほど衛星画像では明るく見える．よく見ると，砂が堆積した場所でも相対的に明るい部分と暗い部分がある．つまり，砂で覆われた地面は平らではなく，凹凸があることがわかる．

図1.1で津波は画面の左からやや右上へと遡上したことが，倒れた木や電柱の向き，さらにこれから述べるベッドフォームの形から推定できる．倒木は重い根の部分を左にして，右やや上方向へ倒れている．Goto et al. (2012) によれば，この地域では第1波が非常に大きく後続波は小さかったため，大きな津波遡上は1回であったと推定される．仙台空港付近での浸水深は最大で3m（The 2011 Tohoku Earthquake Tsunami Joint Survey Group, 2011；Goto et al., 2011)．津波のビデオ画像の解析から推定された流速は4m/s（Goto et al., 2011）に達した．一方で，戻り流れは緩やかであった．その理由は地形勾配が0.05-0.87%（Abe et al., 2012）と非常に緩いこと，さらに防潮堤によるダム効果で戻り流れが抑制されたことがある．戻り流れの向きははっきりしないが，主に貞山堀などの地形的低所を伝って流れたと推定される．

1) 遡上流によるベッドフォーム

仙台空港周辺では遡上流が残したベッドフォームが多く見られた．その理由は，上記のように，大規模な津波の遡上が1回だけであったことと，戻り流れが緩やかであったことである．図4.8Aは図1.1の左下部分を拡大したものである．撮影日が違う（地面の乾き方が異なる）ので，図1.1とは多少イメージが異なるが，道路の陸側（画面右側）に沿って砂でできた凹凸が並んでいる．道路を走る自動車と比べると，一つの凹凸は海-陸方向の長さが3-4mほどある．すぐ近くで撮影した図4.8Bと比べると，この凹凸の多くはデューンであることがわかる．主な構成物は中粒～細粒砂で，波長が数mもある割には高さ（厚さ）は20cmほどと非常に平たい形をしている．デューンは図4.8Cに示すように上流-下流方向では非対称な形をしており，緩やかな上流側斜面と急傾斜した下流側斜面が尾根でつながっている．画像

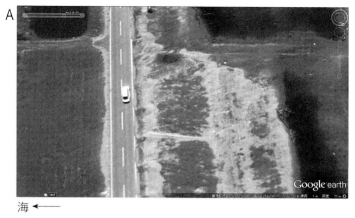

海 ←

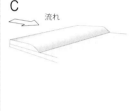

図 4.8　仙台空港北側で見られたデューン
　A：Google Earth 画像（2011 年 3 月 27 日撮影）．
　B：現地では非常に平坦な形をしたデューンが見られる（2011 年 5 月 3 日撮影）．
　C：デューンの模式的な形態と流れの向き．

で見えるデューンは，いずれも下流側斜面が右手側（内陸側）へ弧状に張り出している．これらはすべて遡上流で形成されたものである．

図 4.8 A で畑のなかには，黒い背景に浮かぶ白い島状の砂の高まりがいくつも見られる．形は一定しないが，楕円形の外形を持ち，中央部が明るく，外縁へ向かって暗くなる構造として確認できる．マウンドは主にアンチデューン[*1]と推定されている（Fujiwara and Tanigawa, 2014）．こうしたデューンやアンチデューンと思われる白い高まりが，海岸から陸へ向かって何列も見られる．これはある波長で砂の堆積が厚い場所と薄い場所が繰り返している

4.3　津波が作るベッドフォーム——57

図 4.9　谷に残された遡上流によるウォッシュオーバーファン（宮城県亘理郡山元町，Google Earth 画像，2011 年 4 月 6 日撮影）
　　　　図の左右は約 170 m.

と考えられる．デューンやアンチデューンの間の暗い部分の多くは，トラフやスウェール（swales）と呼ばれる舟底状の低まりである．

　次に，平野とは対照的に，谷に沿って津波が遡上した場所に残されたベッドフォームを見てみよう．図 4.9 は仙台平野南端付近の山元町（図 3.6）の丘陵を刻む谷である．画像の右手が海側で，河口は約 1.5 km ほど先にある．画面の上部を左右に横切る道路があるのが主谷で，そこから左下へ枝谷が延びている．枝谷は画像の左下へ標高を上げ，その中に棚田が作られている．隣り合う棚田は比高が 1-2 m ほどあり，一番左の棚田は道路より 7-8 m ほど高い．棚田では枝谷の上流側へ扇型に開く砂の堆積が見られる．これは遡上した津波が残したウォッシュオーバーファン[2] である．その大きさは，左手の高いところにある棚田ほど小さくなる．左側 3 つの棚田には，刈り取ら

---

[1]　アンチデューン（反砂堆，antidune）：外見は起伏の小さいデューンに似るが，形成されるときの流れの条件や内部構造が異なる．たとえば，アンチデューンはデューンより速い流れで形成される．また，デューンとは逆に，流れの上流側へ成長・移動し，内部には流れの上流側へ傾く斜交葉理が見られる（詳細は Araya and Masuda, 2001 などを参照）．

れた稲株の列が明瞭に見えることから，ほとんど砂の堆積はないことが推定される．これは標高が高くなるにつれて，遡上した水や砂の量が少なくなったためである．津波から2ヵ月あまり後にこの棚田へ行ったところ，津波堆積物は草で覆われており，明瞭なベッドフォームは確認できなくなっていた．地面を掘ってみると，大きなウォッシュオーバーファンでも砂層の層厚は数 cm 程度であった．枝谷の両岸には流れ着いたデブリが帯状に堆積している．主谷の底は砂質の津波堆積物に覆われているが，そこでは谷筋に沿って水流の跡を示す縞模様が見える．

2) 戻り流れによるベッドフォーム

遡上した海水が海へ戻っていくときに，地形的低所である谷筋に集中して強い流れとなり，多くの堆積物を運んだ．このため，谷底では戻り流れによるベッドフォームがよく観察された．図 4.10 A は同じく山元町で図 4.9 の北約 2 km の谷である．画像の右手が海側で，河口は約 1.2 km 先にある．国土地理院によると，津波はこの谷に沿って画像の左端に見える国道 6 号線を越えて，海岸から内陸 2 km の地点まで達した．谷底は棚田になっており，個々の棚田の幅（画像で左右の幅）は 20-120 m，棚田の標高は画像の右端で約 2.5 m で，左（上流）へ行くにつれて高くなり，画面の左端では 5 m ほどである．隣り合う棚田の比高は数十 cm から 1 m である．この画像の周辺での津波の遡上高は 8.13-10.65 m とされている．したがって，谷の中での浸水深は最大で 5-6 m にも達した．

水田に砂が厚く堆積して高まりを作っている部分が白っぽく見えている．この砂の供給源は主に河口付近に堆積していた海浜砂と考えられる．その理由は，津波で河口部が大きく侵食されたことが津波前後の衛星画像の比較から読み取れることと，現地調査の結果，砂層には貝殻が混じっていたことである（Fujiwara and Tanigawa, 2014）．

画像の中央を左右に横切る川（それに沿って農道がある）によって，画像

＊2　ウォッシュオーバーファン：大波が砂州などの高まりを乗り越えて陸側に運んだ堆積物をウォッシュオーバー（washover）と呼び，それが作る扇状地状の地形をウォッシュオーバーファン（washover fan）と呼ぶ．

図 4.10 谷に残された戻り流れによるベッドフォーム（宮城県亘理郡山元町，Google Earth 画像，2011 年 4 月 6 日撮影）

A：画像の幅は約 400 m．右手が下流（海側）で，海岸から約 1.2-1.6 km の範囲．左端に国道 6 号線が見える．B：A の右上区画のデューンのクローズアップ．デューンの前置斜面の高さは 20 cm 程度．デューンの上面は礫が覆う．周辺にはカレントリップルが見られる（2011 年 5 月 22 日撮影）．C：A の左下区画で掘ったピットで見られる津波堆積物の断面（2011 年 5 月 22 日撮影）．D：A の左下区画で見られる洗掘痕．棚田の比高は約 1 m（2011 年 5 月 22 日撮影）．

を左下と右上の区画に大きく分けて説明する．左下の区画で目立つのは，画面左端近くに見える扇型の構造（ファンデルタ*3）である．扇の「かなめ」に当たる側から右側へ色調が次第に明るくなり，堆積物の層厚が増していること，また扇の縁は暗くなっていて，ここに急斜面があることがわかる．この非対称な形態から，左から右へ向かう流れ（戻り流れ）でできたこともわかる．その右側（下流側）の水田には，水田の畦と平行に何列かのデューンやファンデルタが見られる．これらの波長は大きなものでは10m近くに達する．砂層の表面には流水の痕跡が縞状に見られる．その流れは，画面下側の谷の縁に沿って屈曲しており，津波が谷地形に沿って引いていったことを示している．また，棚田の谷の縁に近い側では畦が砂に埋もれて途切れており，流れの主軸（堆積物の運搬の主軸）の位置を示している．

次に右上の区画を見てみよう．画面右寄りの3列分の田圃では，畦に平行にデューンやファンデルタが見られる．いずれのベッドフォームも，画面左側に急斜面（陰になっている）を持つ形態から，戻り流れで形成されたことを示している．右から3列目の田圃で見られる大きなデューンを現地で撮影したのが図4.10Bである．このデューンは波長が数mかそれ以上あるが，比高は20cmほどしかない．デューンの頂面は，道路などから流されてきた礫で覆われていることもある．これは流れで砂だけが流され，大きく重い礫などが取り残されたためである．画面中央の大きな田圃では，畦に平行な稲刈りの跡がうっすらと見えるが，これとは別に，マウンドとその間の窪みがいくつも見られる．その波長は数mである．これらの緩やかな凹凸は，現地調査や内部構造の検討も踏まえて，アンチデューンと考えられている（Fujiwara and Tanigawa, 2014）．右上の区画のなかほどで左右に田圃を横切る白い帯状のものは津波で流されたガードレールである．

図4.10Aの左下の区画で，流れの主軸に当たる部分を撮影したのが図1.4の左上の写真である．魚の鱗状あるいは舌状の模様が一面に見える．これは舌状のカレントリップルで，波長は20cm足らずである．カレントリップルはコラム2に示すように，一方向流が卓越した場合にできる代表的なベッド

---

*3 ファンデルタ：扇状地の一種で，扇状地の末端部が水域に直接浸っているもの．

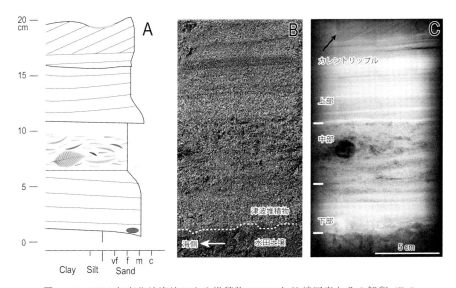

図 4.11 2011 年東北沖津波による堆積物のソフト X 線写真とその解釈（Fujiwara and Tanigawa, 2014 を元に作成）
試料は図 4.10 C のピットから採取．カレントリップル葉理は左手（海側）への流れを示す．

フォームである．いずれのリップルも右側（谷の下流側）が急斜面になっており，陰をつくっている．流れの向きは左から右で，これらのリップルは谷を流下する戻り流れで形成されたものである．

図 4.10 C で断面を見ると，津波堆積物は葉理が発達する細粒～中粒砂層からなり，層厚が 18 cm ほどある．上面にはカレントリップルが発達し，スウェール部には薄い粘土層（マッドドレイプ）が残っている．より詳しく見ると，この津波堆積物は図 4.11 に示すように，中部にある植物片に富む暗色の層で，上・中・下の 3 層に分かれている．下部（約 6 cm）は泥質の中粒～細粒砂層からなる．水田を侵食して覆っており，低角の斜交層理が見られ，全体としては上方細粒化する．径が 1 cm ほどの礫，貝殻片，粘土礫を含む．中部（3-5 cm）は暗色で泥質の細粒砂層からなり，葉理が見られる．植物片（主には稲藁）を多量に含み，タニシの殻も見られる．上部（約 9 cm）は淘汰のよい中粒～細粒砂層からなり，下位層を削り込んで覆う．上部を構成す

る砂層は，さらに上下2層に細分される．下側のレイヤーは低角斜交層理や平行葉理を示し，一部では逆級化構造が見られる．逆級化構造や平行葉理は流速の速い環境で大量の粒子が運ばれる条件での堆積を示す．この層が地表で見られるデューンやアンチデューンの主構成物である．最上部のレイヤー（2-3 cm）はカレントリップル葉理が特徴である．これは流速が比較的遅い条件（lower flow regime）で堆積したもので，デューンやアンチデューンの表面にできた小型のベッドフォームの構成層である．

3層に分かれた内部構造からは，この津波堆積物の堆積過程が以下のように復元される．下部層は水田を侵食しながら谷を駆け上ってきた津波で堆積したもので，水田からはぎ取った泥質分に富む．中部層は津波が谷の中に満ちて停滞したときに浮遊していた細粒粒子や稲藁などが沈殿したものである．この層は遡上流が最高潮に達し，その後に引き波が始まるまでの間に堆積した．上部層は戻り流れの堆積物である．重力に引かれて戻り始めた海水は谷筋に集まって次第に流速を増し，谷底やその周辺に遡上流で堆積した砂などを再移動させながら谷を下った．流速が速いときには大型のデューンやアンチデューンが形成され，浮遊した泥分などは下流へ流された．上部層が下部層に比べて泥分が少ないのはそのためであろう．上部層では下位から上位へと相対的に流速が小さい条件でできる構造に移り変わっている．これは戻り流れが次第に減速する過程を記録している．最後に，残った泥水からマッドドレイプが沈殿した．津波堆積物を見る限り，1回の遡上と戻り流れだけが記録されている．先にも述べたように，2011年東北沖津波は仙台周辺では最初の波が顕著に大きかった．この大波だけが，津波堆積物を観察した地点まで遡上したのであろう．

3） 津波による侵食の痕跡

遡上流による大規模な侵食については先に紹介したが，ここでは戻り流れによる侵食を見てみよう．図4.10 Dで棚田の脚部にできた溝がそれである．これは上側の棚田からの落水で洗掘されたものである．棚田の落差は1 mほどであるが，津波が引いていくときに小規模な滝となり，下側の棚田に「滝壺」を作った．洗掘された溝の下流側に，掘り起こされた土砂がマウンドを

作っている．このマウンドにはマッドクラスト（粘土礫）が多量に含まれている．この溝状の洗掘の跡は，図4.10 A でも畔の海側に沿った暗い線として確認できる．

4.3.3　2011年東北沖津波の堆積物で多く見られたベッドフォーム

2011年東北沖津波で津波が遡上した跡を歩いてみると，衛星画像で見られたような大型のデューンなどは目立たず，頻繁に目にするのはより小型のベッドフォームである．2011年3月と5月に行った緊急調査の際に観察された津波堆積物のベッドフォームを以下に紹介する．

1)　カレントリップル

調査に訪れた場所のどこでも最もたくさん見られたのは，さまざまな形やサイズのカレントリップルであった．図4.12 A は舗装された路面に見られた津波堆積物で，淘汰のよい細粒砂からなる（層厚は最大で10 cm）．波長10 cm前後のカレントリップルがよく発達している．流れは画面奥から手前へ向かって流れた．画面中央では直線状の峰を持つものが多いが，画面左部分では舌状のものが見られる．また，画面右部分では後述するバルハンリップルが見られる．流れのなかでの位置関係や，砂の供給量によってさまざまなベッドフォームが形成されている．

2)　バルハン

カレントリップルと並んで比較的多く見られたのは，三日月形のバルハンと呼ばれるベッドフォームである．図4.12 C に示すように上から見ると三日月状を示すが，断面では上流側に緩やかな斜面，下流側に急な斜面（スリップフェイス）を有する．下流側の斜面両側から下流側へ2つの「角」が伸びる．これも砂の表面に一方向流で形成されるベッドフォームである．カレントリップルのように峰が連続せず，一つ一つが「孤立」しているのも特徴である．図4.12 A, B のような小型のものはバルハンリップルとも呼ばれる（遠藤ほか，2003）．

バルハンはほかのベッドフォームと一定の配列を作る．上流側から順に，

図 4.12　蓮沼海岸で見られた各種のリップル（2011年3月13日撮影）
海岸から約 400 m 内陸へ入った舗装道路．
　A：流れの位置と砂の供給量の違いで異なるベッドフォームができている（藤原ほか，2011 による）．
　B：バルハンリップル．
　C：バルハンリップルの形態．

直線的な峰線を持つカレントリップル，峰線が断続的なカレントリップル，バルハンの順に並ぶ．この配列は水槽や風洞での実験，さらに数値計算などで調べられている（たとえば，Endo and Taniguchi, 2004；遠藤ほか，2011；勝木ほか，2005, 2011）．それらによれば，砂が豊富な場所ではデューンやカレントリップルが形成され，それが崩れて下流へ移動した砂からバルハンが形成される．このようにバルハンリップルはカレントリップルなどから2次的に形成されるもので，流れがある程度継続していたことを示す．したがって，波浪のような周期の短い波では形成されにくく，波長の長い（継続する流れを起こす）津波のほうが形成されやすいと考えられる．

4.3　津波が作るベッドフォーム──65

図 4.13　津波堆積物に上描きされた風紋（仙台市南部，2011 年 5 月 2 日撮影）

　また，バルハンは大きさと形成条件との間に一種の閾値がある．遠藤ほか（2003, 2011）によれば，風によるバルハンは一般に高さ 1 m，幅 10 m 程度以上と大型で，それより小さいものは水中でしか知られていない．つまり，バルハンリップルは，水中で堆積した証拠となる．このことから，遡上した津波の流向の復元によい指標となる．津波堆積物が乾燥するとすぐに風による再移動が始まり，カレントリップルによく似た風紋が形成される（図 4.13）．風紋とカレントリップルを誤認すると，津波の流れの向きを誤って復元してしまう．津波の発生直後で堆積層の平面的な分布を観察できる状況であれば，バルハンリップルが流向の指標となる．バルハンリップルがどの程度地層中に保存されるのかは未確認であるが，さらに研究が進めば，古津波堆積物への応用も期待される．

3）　多角形リップル

　野外調査の際には，一方向流だけでなく，より複雑な流れで形成されたベッドフォームも見られた．図 4.14 は歩道に設けられた窪み（車道へ降りる

図 4.14 歩道から車道へ降りるスロープで見られた多角形リップル(2011年3月13日撮影)
異なる方向からの流れが衝突した複雑な流れから形成された.
A:海側を見る.手前にスケール代わりのシャープペンシル.
B:拡大図(藤原ほか,2012を改変).

スロープ)の底で見られたもので,蜂の巣状の規則的なパターンが繰り返す多角形リップルである.この構造ができる原因としては,複数方向の流れが衝突して干渉すること(たとえば,Jan and Lin, 1998)や,すでにできていたリップルと流れとが干渉すること(Sekiguchi, 2009)で生じる複雑な流れが考えられている.この写真の多角形リップルは,歩道に溢れた津波が両側か

4.3 津波が作るベッドフォーム——67

図 4.15 実験水槽で作られた多角形リップル(2012年11月25日筑波大学水理実験センターにて)
砂を敷いたパネルを上部の四角い枠から吊り下げて下にある水槽に沈め,枠に沿って上下・左右に動かすと,上下・左右から水流を受けたのと同じ状況になり,多角形リップルができる.パネルを動かす角度や速さを変えると,形成されるベッドフォームも変化する.

らスロープ部に集まり,合流して生じた複雑な流れから形成されたと考えられる.図4.15は,交差する2方向流を模した実験で形成された多角形リップルである.津波堆積物に見られた構造とよく似ている.

4) その他のベッドフォーム

　地面の凹凸や障害物によって津波の流れが局所的に変わることはよく起きる.図4.12の周辺には遡上流の痕跡が多数残っているが,その周辺では異なるベッドフォームも見られる.図4.16はその極端な例で,ガードレールの支柱の周りにカレントリップルがトランプを並べたように円形に配列している.津波が支柱の周りで渦を巻きながら流れた痕跡である.一つ一つのカレントリップルが示す流れの向きをたどると,全体として時計回りの流れが起きていたことを示している.図4.16だけを見たのでは全体的な津波の流向を推定できないことになる.

図 4.16 ガードレールの支柱の周りに見られた風車状のベッドフォーム（千葉県蓮沼海岸，2011 年 3 月 13 日撮影）
左上のノートの長辺は約 16 cm．

古津波堆積物の場合でも，この写真に見られるのと類似した現象が起きているかも知れない．古津波堆積物から古流向を復元する際には，小数地点だけのデータから結論を導くのは危険が伴う．上記のような例を頭に入れて，堆積場の地形も考慮するなど，細心の注意が必要である．

4.3.4 津波堆積物に特徴的な内部構造

ここまで見てきたベッドフォームは，流水から堆積した地層にはありふれた構造である．津波堆積物をほかの堆積層から区別するには，津波に特有な構造が必要である．そのようなものがあるだろうか．次に 2011 年東北沖津波で見られた津波堆積物に特有と思われる堆積構造などを紹介する．

1) 多重級化構造

多重級化構造は，1 枚の堆積層のなかで級化や逆級化が何度も繰り返す構造である．これ自体はありふれた構造で，水中土石流や火砕流などさまざまな例がある．津波堆積物に見られる多重級化構造は，そうしたものとは少し

違う特徴がある．それは，内部に流れの停滞を示すマッドドレイプを挟むことである．図4.11に示した津波堆積物も全体としては多重級化構造を持っているが，中部にマッドドレイプに相当する泥質の細粒砂層が見られる．前節ではこの3層構造を，遡上流，流れの停滞，戻り流れという，1回の大波の遡上と戻り流れで説明した．

マッドドレイプがより明瞭な例を2011年東北沖津波が宮城県南部の水田に残した堆積物で見てみよう（図4.17 A）．やはり3層構造になっており，下部と上部は白っぽい砂層で，中部に黒色の粘土層（マッドドレイプ）が挟まる．下部の級化する砂層が遡上流，マッドドレイプを覆う砂層が戻り流れによる堆積物である．戻り流れは右側の道路から左側の水田へ流下して小規模なファンデルタを形成した．堆積構造を見ても，葉理が左へ傾き下がっており，ファンデルタの前進方向を示している．ファンデルタの上面には明瞭なマッドドレイプは見られないが，これは戻り流れの水位低下とともに，ファンデルタがすぐに離水して粘土やシルト粒子が沈殿する時間がなかったためである．

津波では後続の波が何度も来襲するが，それはどのような構造を作るであろうか．図4.17 Bは九十九里浜の片貝漁港の例である．ここは海に近く，津波で何度も大波が来襲して地上に溢れ，遡上と戻り流れを繰り返した．津波前の地面を覆う津波堆積物は層厚7 cmほどで，表面には画面右下へ向かうカレントリップルが見られる．津波堆積物の断面には，黄色っぽい砂層と黒い粘土層（マッドドレイプ）が交互に繰り返している．表層のカレントリップルの表面にも，薄いマッドドレイプが部分的に見られる．砂層とそれを覆うマッドドレイプの1セットが，1回の流れが収まっていく過程を記録している．つまりこのセットは1回の遡上または戻り流れを示す．写真では砂層とマッドドレイプのセットが4セット重なっており，少なくとも4回の流れが発生したことがわかる．「少なくとも」というのは，後続の流れによる侵食のために，すべての堆積層が保存されるとは限らないからである．片貝漁港の津波堆積物が4回の遡上流を表しているのか，それとも遡上流と戻り流れの繰り返しが2回あったことを表しているのかは未確認である．このように，津波堆積物に見られる砂層とマッドドレイプのセットの数からは，津波

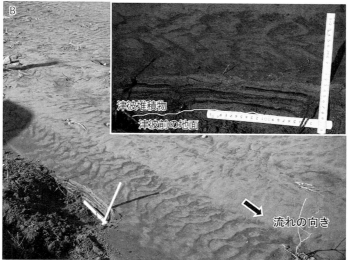

図 4.17 多重級化構造を持つ津波堆積物
　A：1回の遡上と戻り流れを記録した津波堆積物．黒色の粘土層を挟んで下側が遡上流，上側が戻り流れと考えられる（宮城県亘理郡山元町，2011年5月1日撮影）．
　B：少なくとも4回の流れを記録した津波堆積物（藤原ほか，2012）（千葉県山武郡九十九里町片貝漁港，2011年3月13日撮影）．

4.3　津波が作るベッドフォーム——71

がその地点に遡上と戻り流れを繰り返した回数（最小値）を推定できる可能性がある．こうした例は，1993年北海道南西沖地震津波（Nanayama and Shigeno, 2006）や2004年インド洋大津波（Choowong *et al.*, 2005；Naruse *et al.*, 2010）でも報告がある．

　マッドドレイプを間に挟みながら砂層が繰り返し重なる多重級化構造は，津波堆積物に特有な構造と考えられる（藤原ほか，2003；Fujiwara, 2008）．詳しくはコラム3で述べるが，砂粒子と粘土粒子は運搬・堆積の様式が異なる．砂粒子と異なり粘土粒子は一般に流れがあると堆積せず，停滞した濁り水からしか沈殿しない．つまり，マッドドレイプはそこで流れがいったん停止したことを示す．マッドドレイプと砂層が繰り返す多重級化構造は，流れの発生（砂層），停滞（マッドドレイプ），流れの再開（砂層）という状況変化が周期的に繰り返したことを示している．これは長い周期をもって波が何度も来襲する津波の特徴をよく表している．

　ただし，内部に明瞭なマッドドレイプを持つ津波堆積物がいつも形成されるわけではない．このような構造が残りやすい場所は，戻り流れや後続波による削剥が少ないところが適している．たとえば，著者らの経験では畔や道路で区切られた水田など，地形的窪みになっている場所がそれに当たる．

4.4　津波堆積物の地層への保存

　津波堆積物が形成されてから地層に保存されるまでの概念は図1.2に示した．津波堆積物が地層に保存されるまでにはさまざまな擾乱が働くので，堆積層が元々持っていた情報のうち一部しか古津波堆積物としては保存されない．古津波堆積物から読み取れる（あるいは読み取れない）情報はどういうものかを理解しておくことは，古津波堆積物研究の前提として重要である．また，古津波堆積物が保存されやすい場所とはどういう場所であろうか．それがわかれば，調査地の選定や，得られた情報の解析に有利である．

4.4.1　津波堆積物が保存されやすい場所

　津波堆積物の保存されやすさ（保存ポテンシャル）には，自然条件だけで

なく人為的な影響もある．では，どういう条件の場所で津波堆積物が保存されやすいのだろうか．

1) 津波堆積物が保存される自然条件

海岸平野にはさまざまな地形や地層が見られるが，図 4.18 A はそれを模式的に表したものである．海岸には砂丘などが作る高まりがあり，段丘が分布することもある．日本の海岸平野の多くでは，海岸に平行な浜堤と呼ばれる高まりがある．これはかつての海岸を示している．浜堤の間の低湿地は堤間湿地と呼ばれ，池や沼なども見られる．これは元々海であった場所が浜堤や

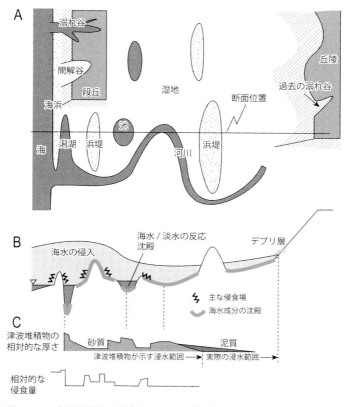

図 4.18 津波堆積物が保存されやすい場所

砂州で海から仕切られてできた入り江や潟の跡であることが多い．さらに内陸部には古い時代に形成された溺れ谷の跡や，開析が進んだ丘陵もある．

　図4.18 A のなかほどに引いた線に沿った海－陸方向の断面が図4.18 B である．断面図には津波が遡上したときに起きる侵食・堆積の様子を模式的に描いた．前述した津波の遡上過程で，侵食が卓越するところや堆積が起きるところ，津波の浸水深が内陸へ行くほど浅くなることなどが描かれている．潟湖や内陸湖沼では海水と湖沼水の反応で生成した鉱物などが沈澱したり，土壌にも海水成分が沈着することも表現している．図4.18 C には，この断面に残る津波堆積物の特徴をまとめた．

　津波が侵入した場所を一面に堆積物が覆うわけではないことはすでに述べたが，図4.18 B, C でもう一度おさらいをしよう．そもそも津波による堆積の過程で，堆積物が厚く堆積するところと，あまり堆積しないところ，あるいは侵食されるところができる．堆積物が厚く堆積しやすいのは，池や湿地などの地形的低所，特に津波から見て堆積物の給源の下流側となる場所である．たとえば海岸砂丘の陸側にある湿地や池は理想的である．一方，津波堆積物の材料となる物質が少ない場所，あるいは地形的な高まりでは津波堆積物の形成は起こりにくい．

　津波堆積物が形成されたとして，今度はそれが地層に保存されるかどうかが問題である．津波堆積物の保存されやすさには，1) 迅速に埋没すること，2) 堆積後の攪乱が少ないこと，3) 安定した堆積が続くこと，という条件が大きく影響する．1) の迅速な埋没には，風雨などの気象条件，堆積物の風化や変質，あるいは動植物による攪乱が少ないうちに，それらがはたらかない地下へ津波堆積物が埋もれることが大事である．図4.18 A に描かれた沿岸の池や沼，堤間湿地などの窪地は，泥質の堆積物で充填されていることが多く，津波堆積物の保存場所として適している．外洋から隔離されて波浪の影響が少ない潟湖や沿岸の湖沼，閉鎖的内湾（溺れ谷も含む）なども比較的堆積速度が大きいので，津波堆積物の保存地として適している．静かな水中であれば，風や雨によるベッドフォームや堆積構造の攪乱が起こりにくい．それが速やかに地層で覆われれば，できたての「新鮮な」状態のまま津波堆積物が保存されやすい．

図 4.19 17 世紀初頭の巨大津波が海成段丘上に残した堆積物（北海道十勝海岸，平川一臣北海道大学名誉教授提供）Ta-b 火山灰は 1667 年に樽前山から噴出した．

2) の堆積後の擾乱に関しては，津波堆積物が地層に埋もれてからも，植物の根や動物の営巣や採餌活動による地層の破壊が起きる．嫌気的で生物活動が少ない湖底や湾の底は堆積構造などの保存に好条件である．人間による耕作の影響も見逃せない．古くから耕作されている水田遺構などでは，津波堆積物は乱されていることが多い．大規模な洪水氾濫が起こりやすい河川の周辺も，地層が侵食されてしまう可能性が高く，保存ポテンシャルが高いとは言えない．

3) の堆積が安定して続く場所が重要なのは，地質学的な時間スケールで考えれば，地殻変動や海面変動で地層が露出・侵食を受けて，津波堆積物が失われることもあり得るからである．日本ではたとえば北海道東部の海岸平野のような大きな湿地が安定した堆積の条件を満たす場所である．

津波堆積物の研究対象は低地の下だけとは限らない．地面から目線を上げてみると，海成段丘の上や段丘を開析した谷のなかからも，津波が遡上した痕跡が見つかることがある（たとえば，平川ほか，2000）．段丘や開析谷には泥炭層，湿性黒土，黒ボク土など有機質の土が堆積していることが多い．

図 4.19 はその一例で，十勝海岸に発達する段丘上の有機質の土壌を覆って，海岸からもたらされた円礫が厚さ 5-10 cm ほどの層を作っている．礫にはインブリケーション（覆瓦構造）が認められ，この礫層が流水で形成されたこ

図4.20 小谷に堆積した完新世の湿性黒土に挟まる津波堆積物（岩手県久慈市，2011年11月2日撮影）
　　白っぽい砂層が，黒色の土壌に何層も挟まる．スケールの上端付近の白い薄層は火山灰層と思われる．スケールの長さは約1m．

とがわかる．この津波堆積物は，Ta-b火山灰（1667年樽前山起源）およびUs-b火山灰（1663年有珠山起源）の直下に位置することから，17世紀前半に起きた大津波の痕跡と考えられている．火山灰を利用することで，この津波堆積物は道東太平洋沿岸域で広域に追跡されている（平川ほか，2000；Nanayama *et al.*, 2003）．

　図4.20は海成段丘を開析する小谷に堆積した湿性黒土に挟まる津波堆積物で，岩手県久慈市の例である．明色のバンド状に見える地層が津波で運ばれた砂層や礫層である．ここでは約6000年前以降に形成された津波堆積物が見られる（平川，2012）．

2）　地形・地質的条件と津波堆積物の層厚

　津波堆積物は，大局的に見れば海側から陸側へ細粒化・薄層化するが，その途中で粒径や層厚が局所的に増減することも珍しくない（たとえば，Goto *et al.*, 2011）．このような局地的な変化が起きる原因は，著者の経験からは大

きく3つに分けられる．一つは材料となる物質の供給量に関すること，もう一つは堆積物を溜める空間（地形）の特徴に関すること，最後は津波堆積物が作る大型のベッドフォームに関することである．単純化すれば，物質供給が多く，堆積物を溜める空間が深いほど津波堆積物は厚くなる．

図4.18Cでは，津波による堆積物の層厚と侵食量の分布パターンについて，相対的な厚さを描いた．大きな侵食が起こった場所の下流では，物質供給が多いので，厚い津波堆積物が形成されることは容易に理解されよう．地形や障害物による流速の変化も，津波の流路に形成される堆積物の厚さに影響する．津波堆積物が特に厚くなるのは，流速や浸水深が急減する場所である．深く速い流れは大量の物質を運べるが，流速や深さが減ると運べる物質の量が減少し，流水中に維持できなくなった粒子が堆積して厚い津波堆積物が形成される．2011年東北沖津波の例では，津波が砂丘の裏側を洗掘して多量の砂を取り込んだが，防砂林で流速が抑制されるとそこに大量の砂を「落とし」て，厚い砂層を残した．また，大きな池などの水域に津波が突入した場合にも流速が急減し，そこでも厚い砂層が堆積する．これは第8章で「流れのキャパシティ」として解説する．

堆積物の供給量の変化によって，内陸部で例外的に厚く粗粒な津波堆積物が形成された例を次に挙げよう．図4.21は海岸から約3kmのところを走る高速道路の内陸側で撮影した．津波は道路の向こう側からトンネルを通って陸側へ流れ込み，ここでの浸水深は約1.5mであった（宍倉ほか，2012）．画面手前側の水田では，泥質の津波堆積物が覆っている（層厚数cm以下で，表面に乾裂ができている）．ここでは海から遠く離れ，海浜の砂は運ばれてこなかった．しかし画面中央では，道路から水田へ流れ込んだ礫質の津波堆積物がローブ状に厚く堆積している．また，その周辺には道路のアスファルト舗装の大きな破片が散乱している．トンネルから勢いよく噴出した津波が路肩を削り，アスファルト舗装の下に潜り込んで浮き上がらせ，その一部を剥ぎ取ってしまった．舗装の下に敷いてあった礫も一緒に流された．

3) 人為的影響

人間の生活場に堆積した津波堆積物は復旧・復興に伴って取り除かれる．

図 4.21　内陸で局地的に見られる粗粒・厚層の津波堆積物（仙台市宮城野区，2011年5月2日撮影）
　海岸から約3 kmの地点で，津波は道路の向こう側からトンネルを通って内陸側の田圃へ流れ込んだ．

　未来の人が仙台平野で地質調査をする機会があっても，2011年東北沖津波による堆積物が平野を一面に覆ったなどとは想像できないだろう．農業機械を使わない旧来の水田耕作でも，表層の20 cm程度の地層は攪乱されてしまう．この場合，堆積速度を考えれば，表層の数百年程度の記録が消えてしまうことになる．耕作が始まった時点から遡って数百年の記録が失われるということなので，江戸時代に作られた新田であれば，中世以降の地層は人為的に乱されていると考えた方がよい．実際，東海道沿いなど古くから耕作が行われている地域では，歴史時代以降の「若い」津波堆積物の検出は非常に困難である．古くからの集落や耕作地が広がる地域での調査経験から言うと，表層数十cm程度を掘り下げただけでも，弥生時代や縄文時代の地層にぶつかってしまうことも多い．それでもまれに，津波で被災して移転した集落などの遺構から，それを覆う津波堆積物の報告がある（熊谷，1999など）．これは復旧をあきらめて移住した場合か，津波堆積物が覆った地面を埋め立てて新しい土地利用を始めた例であろう．

4.4.2 時代による津波堆積物の違い

海岸の地形やそこに分布する物質は，海面変動や気象条件などによって変化する．このため，津波堆積物の形成されやすさや，その顔つきなども時代によって異なる．2011年東北沖津波は既知の津波と異なり，仙台平野に厚い泥質堆積物を広範に残した（図3.9）．この泥質津波堆積物からは海起源の化石は未報告なので，泥質物の供給源は大半が耕作土と思われる．空隙率が高い耕作土が津波で侵食され，それが内陸部に堆積したと考えられる．もし，耕作地が少ない時代や場所であれば，このような泥質の津波堆積物が広く残されることはなかったであろう．これは津波が起きたときの土地利用のあり方も，形成される津波堆積物の層相に大きく影響するということである．

大津波が来襲しても，海岸に流水で動かされる物質が分布していなければ津波堆積物はできない．砂浜海岸が広がる地域では，砂質の津波堆積物が残りやすい．しかし，砂浜は季節での波浪条件の違いなどによって大きく広がったり，やせ細ったりする．より長期的に見ても，河川からの土砂供給量の違いなどで砂浜海岸の幅は大きく変わる．近年では河川から流入する土砂量が減少して，砂浜がやせ細る現象が各地で問題になっている．このため，かつて砂浜が広がっていた場所が，現在では礫質の浜になっていることもあるだろう（その逆も然り）．したがって，いつも砂質の津波堆積物ができるとは限らない．また，岩石海岸では津波石は残るかも知れないが，堆積層としての津波堆積物は残りにくい．

2011年東北沖津波による堆積物の調査からは，古津波堆積物研究に生かすべき視点として以下のことが挙げられる．1）津波堆積物は一面に堆積する訳ではなく，堆積しやすい場所（保存されやすい場所）とそうでない場所がある．2）海側から内陸へ向かって，層相や層厚はある程度規則的に変化する．3）ただし，一つの津波堆積物であっても流路にある微地形などの影響で，層厚や構成物，層相は短い距離で大きく変わることがある．4）気象条件などによって津波堆積物は変形を受け，地層中の古津波堆積物はベッドフォームや堆積構造，区間的広がりなどの情報が不完全となる．古津波堆積物の観察では，平面的な分布状態が観察できることはまず期待できない．露頭やコア試料といった小さな「覗き窓」から観察することになる．しかも，

窓から見えるのは地層の2次元断面である．この窓から見える地層が，元々は3次元に広がった分布を持ち，さまざまなベッドフォームを持っていたことをイメージしながら調査することが重要である．

4.5　津波堆積物の発掘と古地震・津波研究

　古津波堆積物は，過去に大きな津波がそこまで来たことを示す「津波の化石」，あるいは「津波の指紋」とも言える．自然の崖，遺跡調査や土木工事で人工的に作られた崖（法面），あるいは学術調査のボーリングコアなどで見つかる津波の化石を調べることで，過去に起こった津波や，それを起こした海底地震（海溝型地震）の歴史を復元することができる．

4.5.1　地震考古学

　地震の化石としては液状化痕がよく知られている．これは強い揺れで地層が液状化して地面を引き裂いて流れ出た跡である．図4.22は2011年東北沖

　　図4.22　2011年東北沖地震による水田の液状化（茨城県稲敷市，2011年3月12日）
　　　　中央の大きな楕円形クレーターは長径30 cmほど．

地震の際に茨城県南部の水田で見られた液状化である．中央に泥水が噴出した円形〜楕円形のクレーターができ，そこを中心に噴出した泥が円錐形の小山を作り，周りには流れ出た水が溜まっている．

　遺跡で液状化痕が見つかると，時代が明らかな遺構などとの時間関係から，液状化を起こした地震が起きた時期を推定できることがある．過去の人々の生活の痕跡（住居跡・墳墓・貝塚などの遺構や，石器・土器・装飾品などの遺物）がまとまって分布している場所が，文化財保護法によって遺跡に指定されている．開発工事などに伴いやむを得ず遺跡が壊される場合や，遺跡の広がり・性質などを解明する科学的調査の場合には，遺跡の発掘調査が行われる．地震研究者は，遺跡の発掘現場から強い震動の証拠である液状化痕や地割れ，地すべり，さらには地震で被災した跡が見つかることに30年以上前から気がついていた．こうした地震痕跡と年代がわかる遺構などとの層序関係から，地震の発生時期を特定することが行われてきた．これは「地震考古学」（寒川，1992）と呼ばれる手法で，日本各地の遺跡で活用され，歴史時代だけでなく有史以前にまで遡って地震の履歴や震源となった活断層の解明に大きく貢献してきた．

4.5.2　津波考古学へ向けて

　津波堆積物が遺跡で見つかれば，液状化痕と同じように遺物や遺構との時代関係から津波の発生した時期を推定できるが，そのような例はまだ少ない．遺跡の発掘現場での津波堆積物の研究は，地震考古学より遅れて始まった（藤原ほか，2007，2010）．その理由は，液状化痕が地面を「縦に引き裂いた」砂脈として見られることが多く，地質学の専門家以外にもわかりやすかったのに対し，津波堆積物は遺跡を水平に覆っており，人工的な床土などと区別が難しかったことがあるだろう．遺跡を水平に覆う砂層などが見つかった場合でも，それらは洪水堆積物や河川の流路跡と解釈され，津波と結びつけられることはほとんどなかったようである．いずれにせよ，津波堆積物とその他の堆積物を区別する基準がなかったことが大きい．

　「地震考古学」と同様に津波堆積物の時代を推定する手順を図4.23で解説する．図では1, 2と書いた地層の間に砂目で示した津波堆積物が挟まってい

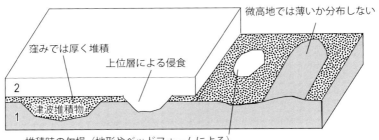

図4.23 津波堆積物の地層中での分布と時代推定

る．1層は津波が起こる前に通常の環境で堆積した地層で，その上面は当時の地面であり，自然にできた凹凸もある．そこに津波が流入すると1層を部分的に削り取りながら流れ，津波堆積物を残す．窪みを埋めたところでは津波堆積物が厚い．流れや地形の条件によっては津波堆積物が薄かったり残らないこともある．津波後に堆積した地層が2層である．津波堆積物は2層に覆われる前に気象現象などで失われることもある．2層は静かに沈殿・降下する物質ばかりとは限らず，洪水などのイベント性の場合もあり，津波堆積物が削り取られることもある．2層やさらに上位の地層から伸びてきた草木の根や，土を掘り返す生物の活動で津波堆積物が崩されることもある．

このような地層断面（あるいはコア試料）が見つかると，津波の発生は1層の堆積後，2層の堆積前と判定される．1層と2層から試料を採取して年代測定を行い，両者の間に津波が起こったと考えて時代を絞り込んでいく．津波堆積物が遺物や年代測定が可能な物質を含んでいれば，それを元に津波の発生した時期を推定することもある．しかし，津波堆積物に含まれる物質は，古い時代のものが津波で掘り起こされて混じり込んだ可能性もあるので，上下の地層の年代との考証が不可欠である．

4.5.3　津波堆積物の年代推定

地層から見つかる津波堆積物については，たいていの場合，各種の年代測定法や火山灰層序を活用して津波の発生年代を絞り込んでいくことになる．火山灰層序を利用して年代が決まっている例をいくつか示す．

まず，先に紹介した北海道の十勝海岸の例（図4.19）では，津波堆積物の上に厚さ1cm未満の泥炭層を介して1667年に北海道西部の樽前火山から噴出したTa-b火山灰が重なる．津波堆積物の年代を直接決められないが，泥炭層の一般的な堆積速度から類推すると，津波の発生は17世紀の前半と考えるのが妥当であろう．

　もう一つは石巻平野の貞観津波堆積物である（図1.5）．暗灰色の有機質泥層を覆う灰色の砂層がそれで，全体として上方細粒化する砂層からなるが，この試料では内部の構造はあまり残っていない．平安時代に編纂された歴史書である『日本三代実録』によれば，仙台平野では貞観十一年五月二十六日（西暦（ユリウス暦）869年7月9日）の夜に大津波が来襲し，当時の国府の一つであった多賀城（現宮城県多賀城市）の城下では津波による溺死者1000人など，大きな被害があったとされる．その様子は柳澤（2011）に詳しい．

　貞観津波堆積物の直上に厚さ数cmの白いバンドが見られるが，これは仙台平野北方の青森・秋田県境にある十和田湖（十和田カルデラ）から噴出した十和田aと呼ばれる火山灰である．この噴火が起きた時期は，平安時代の私撰歴史書である『扶桑略記』から知ることができ，それには延喜十五年（915年）に出羽国での降灰が記録されている．貞観地震から46年後のことである．通常の^{14}C年代測定ではこのような短い期間を特定する時間分解能はないので，十和田a火山灰は非常に有効な時間マーカーとなっている．このことから，仙台平野や石巻平野では，十和田a火山灰の直下に見られる砂層を貞観津波堆積物と認定することが多い．

　津波堆積物の年代推定には^{14}C年代測定法を使うことが多いが，この方法で正確な年代値を得るには，堆積した時代を正確に表している試料が必要である．たとえば，生息時の姿勢を保持したまま化石になった二枚貝や，津波で押し倒されたと判断できる植物などがその好例である．しかし，そうした試料が得られることはまれである．地層には古い時代の有機物が混在していたり，反対に新しい時代の草の根などが入り込んでいたりする．そうしたノイズを避けて堆積時代を正確に推定するために，たとえば一年生の草の種だけを集めて加速器質量分析計で測定するなどの試みがされている．それでも測定誤差があるので，数十年未満の時間を分解することは難しい．近年では

^{14}C 年代測定法以外の方法も試みられており，石英や長石の粒子を対象とした OSL（optically stimulated luminescence）法（光ルミネッセンス法）がその一つである．これらの鉱物は堆積物に普遍的に含まれているので，試料の入手に有利な点がある．しかし，年代を得るにはいくつかの仮定が必要であり，まだ研究中の部分も多い．

コラム 2　堆積構造から古流向を復元する

津波堆積物の識別では古流向の復元が重要なポイントになるが，それには本文でも紹介しているように，一方向流による堆積構造を使うことが多い．なぜ，そのようなことが可能かを，ここで改めて解説しておきたい．なお，流れの作用によって形成される波状のベッドフォームを総称してリップルと呼ぶが，そのうち河川のような一方向流によって形成されるものをカレントリップルと呼ぶ．

図 4.24 は水路で作ったカレントリップルの断面（下段）と，それが形成されるプロセスの模式図（上段）である．下段の図では左から右へ砂を含んだ水が流れており，非対称な山形をしたカレントリップルの断面が見え

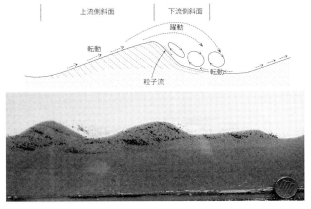

図 4.24　カレントリップルの形成プロセス
　　上段は模式図（平，2004 の図 1.5 を参考に作成）．下段は水路で作られたカレントリップルの断面（2012 年 11 月 25 日筑波大学水理実験センターにて）．流れの向きは左から右．

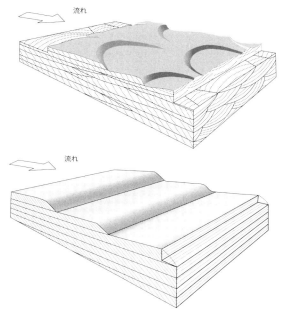

図 4.25 代表的なカレントリップル (Reinec and Singh, 1973)

ている.流路に砂を投入する際に,時折色のついた砂を混ぜることで,色が違う葉理を作っている.カレントリップルは緩やかな上流側斜面と急傾斜の下流側斜面を持つ.上の図に示したように,流水で運ばれた砂粒子は上流側斜面を転動しながら登っていく.上流側では堆積していた砂の一部が流水で侵食されることもある.こうして斜面の頂上に運ばれた砂粒子は,下流側の急斜面をすべり落ちる.この小さな雪崩が起きた面が下流側へ傾く foreset lamina を作っていく.上流での砂粒子の侵食と下流側での堆積(ラミナの付加)が繰り返される結果,カレントリップルは下流側へ成長と移動をしていく.この成長と移動の痕跡が,断面に見られる下流側へ傾斜するカレントリップル葉理である.地層でこの傾斜方向を読み取ることで,古流向を復元する.

ただし,この古流向解読を行うには,流れに平行な地層断面を使う必要がある.次にその理由を解説する.図4.25は代表的な2種類のカレントリップルを示している.下段は尾根線が直線的なもの,上段は尾根線が曲線

を描くものである．両者の形態の違いは，流速，流れの継続時間，堆積物の供給率などと関連している．直線的な尾根線を持つ場合は，その断面も比較的単純で，流れに平行な断面で見ると板状斜交葉理ができている．しかし，流れに垂直な断面では平行葉理になり，古流向はわからない．曲線状の尾根を持つ場合はもっと複雑で，流れに平行な断面では板状斜交葉理が，流れに垂直な断面ではトラフ型斜交層理が観察される．このことを考えると，露頭や定方位コア試料で古流向復元をするには，津波発生時の地形を考慮して，流れの向きと平行な地層断面を得る必要がある．

コラム 3　流れの停滞と再開—マッドドレイプはなぜ保存されるか

　津波堆積物の識別基準として，「内部にマッドドレイプを持つ多重級化構造」を本文で解説した．その際に流れがいったん停滞したことを示すマッドドレイプが重要であることを述べた．しかし，砂粒子より細粒で簡単に侵食されそうなマッドドレイプが，なぜ津波堆積物に残るのか不思議に思えるかもしれない．それは図 4.26 に示す 2 本の曲線で説明される．この関係は堆積学の基礎的な教科書には必ずと言ってもいいほど載っている．流水中では実際にはより複雑な現象が起きているが（温度や含泥率による密

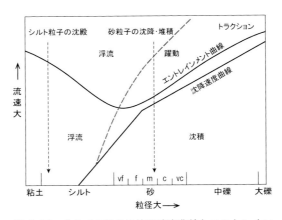

図 4.26　水中での粒子の沈降速度曲線とエントレインメント曲線（フリッツ・ムーア，1999 の図 4.16 を参考に作成）

度や粘性の変化が主因），極単純化して話を進める．具体的な流速や粒径はここでは不要なので，図の縦軸・横軸で単位は入れていない．

　左下がりの「くの字」の曲線は一般にルーベー（Rubey）の沈降曲線と呼ばれるもので，粒子の大きさ（粒径）とそれが水中を沈降する速さとの関係を示している．もう一つの下に凸の曲線は一般にエントレインメント（entrainment）曲線と呼ばれるもので，均一な粒径の粒子で底を敷き詰めた水路で流速を次第に上げていったときに，堆積物が流れに巻き込まれる（動き出す）流速を示している．これらの曲線は，後の研究によってある程度の補正はされているけれども，大局的には変わらない．

　まず，沈降速度曲線の方を見ると，粒径が小さな粒子ほど沈降する速度が小さいことがわかる．水の流れのなかでは特別な場合を除いて，絶えず粒子を巻き上げて動かそうとする力が働いている．その力が沈降速度を下回ると粒子は沈殿・堆積する．シルトや粘土粒子は基本的に，流れがあると浮遊し続け，流れがほとんど静止した状態になって初めて沈殿する．

　次に，エントレインメント曲線の方を見ると，最も小さな流速（下に凸になった底の部分）で動き出すのは極細粒砂サイズの粒子（very fine sand）で，それよりも粒径が大きくても小さくても動き出すには大きな流速が必要である．極細粒砂サイズより小さな粒子が動き出すのに大きな流速が必要なのは，これらが作る流路底が「滑らか」で流れを乱さず，また粒子同士の粘着性が高いからである．

　両方の曲線を組み合わせると，図で示した空間を3つに区分けすることができる．エントレインメント曲線よりも上側では，粒子は巻き上げられた状態にあって移動する．粒子が流れで運ばれる様子も，粒径と流速で3つに分かれる．流れに乗って浮かんだまま移動する「浮流」，浮き上がったり沈んだりを繰り返して流路の底を飛び跳ねるように移動する「躍動」，流路の床に接したまま引きずられて動く「トラクション」である．

　この図で，津波の遡上流で運ばれているシルト粒子と砂粒子が，流速の低下に伴って沈殿あるいは堆積するプロセスを考えてみよう．図の上から下へ矢印に沿って，流速が低下する過程を見ることになる．浮流状態で運ばれている砂粒子は流速が落ちると躍動状態に変化し，さらに流速が落ちると沈降速度曲線と交わるところで堆積が始まる．一方，シルト粒子は流速が落ちても浮流で運ばれ続け，流速がほぼゼロになって初めて沈殿しマッドドレイプを形成する．つまり，砂粒子は流れから直接堆積するが，シルト粒子や粘度粒子は流れが止まった濁水からしか沈殿しない．これは遡

上限界に達して流れが止まり，戻り流れが始まるまでの期間に相当する．
　次に引き波が起こると，重力に引かれて次第に流速が上がるので，最初は遡上と逆のプロセスが再現される．流速がエントレインメント曲線を上回ったところで粒子が動き始める．この際に，一度沈殿したマッドドレイプは上記のように侵食されにくいので，保存されることがある．そうすると，マッドドレイプが保護膜となって，下位の堆積層が保存されやすくなる．もちろん，流れが十分強ければ侵食する力が大きくなるので，マッドドレイプがはがれてしまう．この場合でも，マッドドレイプはほぐれ難いので，マッドクラストとなって地層に残ることがある．

第4章引用文献

Abe, T., Goto, K. and Sugawara, D. (2012) Relationship between the maximum extent of tsunami sand and the inundation limit of the 2011 Tohoku-oki tsunami on the Sendai Plain, Japan. *Sediment. Geol.*, **282**, 142-150.

Araya, T. and Masuda, F. (2010) Sedimentary structures of antidunes: An overview. *J. Sedimentol. Soc. Jpn.*, **53**, 1-15.

Baas, J. H. (1999) An empirical model for the development and equilibrium morphology of current ripples in fine sand. *Sedimentol.*, **46**, 123-138.

Choowong, M., Charusiri, P., Murakoshi, N., Hisada, K., Daorerk, T. C., Chutakositkanon, V., Jankaew, K., Kanjanapayont, P. and Chulalongkorn University Tsunami Research Group (2005) プーケット島周辺の津波堆積物―2004年12月26日スマトラ沖地震津波による．地質学雑誌，**111**，XVII-XVIII.

遠藤徳孝・久保秀仁・砂村継夫 (2003) バルハン型の砂床形態に関する実験．数理解析研究所講究録，1305，170-175.

Endo, N. and Taniguchi, K. (2004) Observation of the whole process of interaction between barchans by flume experiments. *Geophys. Res. Lett.*, **31**, L12503, doi:10.1029/2004GL020168.

遠藤徳孝・谷口圭輔・勝木厚成 (2011) アナログ実験と数値実験で探る砂丘列発達過程．地質学雑誌，**117**，V.

ウイリアム・J．フリッツ，ジョニー・N．ムーア著，原田憲一訳 (1999) 層序学と堆積学の基礎．愛智出版，386p.

藤原　治・鎌滝孝信・田村　亨 (2003) 内湾における津波堆積物の粒度分布と津波波形との関連―房総半島南端の完新統の例．第四紀研究，**42**，67-81.

藤原　治・平川一臣・金子浩之・杉山宏生 (2007) 静岡県伊東市北部の宇佐美遺跡に見られる津波 (?) イベント堆積物．津波工学研究報告，24号，77-83.

Fujiwara, O. (2008) Bedforms and sedimentary structures characterizing the tsunami deposits. Shiki, T., Tsuji, Y., Yamazaki, T., and Minoura, K. (eds.) Tsunamiites ― Features and Implications. Developments in Sedimentology, Elsevier, 51-62.

藤原　治・町田　洋・塩地潤一 (2010) 大分市横尾貝塚に見られるアカホヤ噴火に伴う津

波堆積物．第四紀研究，**49**，23-33．
藤原　治・澤井祐紀・宍倉正展・行谷佑一・木村治夫・楮原京子（2011）2011 年東北地方太平洋沖地震津波で千葉県蓮沼海岸（九十九里海岸中部）に形成された堆積物．活断層・古地震研究報告，No. 11, 97-106．
藤原　治・澤井祐紀・宍倉正展・行谷佑一（2012）2011 年東北地方太平洋沖地震に伴う津波により九十九里海岸中部に形成された堆積物．第四紀研究，**51**，117-126．
Fujiwara, O. and Tanigawa, K. (2014) Bedforms record the flow conditions of the 2011 Tohoku-oki tsunami on the Sendai Plain, northeast Japan. *Marine Geol.*, **358**, 79-88.
Goto, K., Chagué-Goff, C., Fujino, S., Goff, J., Jaffe, B., Nishimura, Y., Richmond, B., Sugawara, D., Szczuciński, W., Tappin, D. R., Witter, R. and Yulianto, E. (2011) New insights of tsunami hazard from the 2011 Tohoku-oki event. *Marine Geol.*, **290**, 46-50.
Goto, K., Chagué-Goff, C., Goff, J. and Jaffe, B. (2012) The future of tsunami research following the 2011 Tohoku-oki event. *Sediment. Geol.*, **282**, 1-13.
平川一臣・中村有吾・越後智雄（2000）十勝地方太平洋沿岸地域の巨大古津波．月刊地球，号外 **31**，92-98．
平川一臣（2012）千島海溝・日本海溝の超巨大津波履歴とその意義：仮説的検討．科学，**82**, 172-181．
Jaffe, B. E. and Gelfenbuam, G. (2007) A simple model for calculating tsunami flow speed from tsunami deposits. *Sediment. Geol.*, **200**, 347-361.
Jaffe, B. E., Goto, K., Sugawara, D., Richmond, B. M., Fujino, S. and Nishimura, Y. (2012) Flow speed estimated by inverse modeling of sandy tsunami deposits: results from the 11 March 2011 tsunami on the coastal plain near the Sendai airport, Honshu, Japan. *Sediment. Geol.*, **282**, 90-109.
Jan, C. D. and Lin, M. C. (1998) Bed forms generated on sandy bottom by oblique standing waves. *J. Waterway, Port, Coastal and Ocean Engineer.*, **124**, 295-302.
勝木厚成・菊池　誠・遠藤徳孝（2005）バルハン砂丘帯の形成ダイナミクス．数理解析研究所講究録，1413，9-14．
勝木厚成・西森　拓・遠藤徳孝・谷口圭輔（2011）数値実験と水槽実験で解くバルハン集団のダイナミクス．地質学雑誌，**117**，155-162．
Kuhnle, R. A., Horton, J. K., Bennett, S. J. and Best, J. L. (2006) Bed forms in bimodal sand-gravel sediments: laboratory and field analysis. *Sedimentol.*, **53**, 631-654, doi: 10.1111/j.1365-3091.2005.00765.x
熊谷博之（1999）浜名湖周辺での東海沖の大地震に伴う津波堆積物の調査．地学雑誌，**108**，424-432．
箕浦幸治（2011）津波の水理堆積学的考察．科学，**81**，45-60．
Nanayama, F., Satake, K., Furukawa, R., Shimokawa, K., Atwater, B. F., Shigeno, K. and Yamaki, S. (2003) Unusually large earthquakes inferred from tsunami deposits along the Kuril trench. *Nature*, **424**, 660-663.
Nanayama, F. and Shigeno, K. (2006) Inflow and outflow facies from the 1993 tsunami in southwest Hokkaido. *Sediment. Geol.*, **187**, 139-158.
Naruse, H., Fujino, S., Suphawajruksakul, A. and Jarupongsakul, T. (2010) Features and formation processes of multiple deposition layers from the 2004 Indian Ocean Tsunami at Ban Nam Kem, southern Thailand. *Island Arc*, **19**, 399-411.
Reinec, H. E. and Singh, I. B. (1973) Depositional sedimentary environments. Springer-Verlag, 439p.

寒川　旭（1992）地震考古学―遺跡が語る地震の歴史．中公新書，中央公論社，251p．
Sekiguchi, T. (2009) Transient 3D-patterned ripples appear during deformation of a 2D ripple field under wave-induced oscillatory flow. *Earth surface processes and landforms*, **34**, 839-847.
宍倉正展・藤原　治・澤井祐紀・行谷佑一・谷川晃一朗（2012）2011年東北地方太平洋沖地震による津波堆積物の仙台・石巻平野における分布限界．活断層・古地震研究報告，No. 12, 45-61.
平　朝彦（2004）地質学2　地層の解読．岩波書店，441p．
Takashimizu, Y., Urabe, A., Suzuki, K. and Sato, Y. (2012) Deposition by the 2011 Tohoku-oki tsunami on coastal lowland controlled by beach ridges near Sendai, Japan. *Sediment. Geol.*, **282**, 124-141.
Tanaka, H., Tinh, N. X., Umeda, M., Hirao, R., Pradjoko, E., Mano, A. and Udo, K. (2012) Coastal and estuarine morphology changes induced by the 2011 great east Japan earthquake tsunami. *Coast. Engineer. J.*, **54**, doi: 10.1142/S0578563412500106.
The 2011 Tohoku Earthquake Tsunami Joint Survey Group (2011) Nationwide field survey of the 2011 off the Pacific coast of Tohoku earthquake tsunami. *J. Jpn. Soc. Civil Engineers*, Series B67, 63-66.
Tuijnder, A. P., Ribberink, J. S. and Hulscher, S. J. M. H. (2009) An experimental study into the geometry of supply-limited dunes. *Sedimentol.*, **56**, 1713-1727, doi: 10.1111/j.1365-3091.2009.01054.x
柳澤和明（2011）貞観地震・津波からの陸奥国多賀城府の復興．http://gatetagajyo.web.fc2.com/pdf/tagajyo_jyougantunami.pdf

5
津波堆積物の調査

　ここまでに津波堆積物がどのようにして形成され，地層に保存されるのかを，主に2011年東北沖津波を例として解説してきた．この章では，上記の知識を踏まえて，津波堆積物をどのように調査・研究するかを解説する．もちろん，目的によってその方法は異なる．一般的に考えて，1) 野外調査でどこを探すか，2) 地層の観察と分析の方法，3) ほかの堆積層（たとえば洪水堆積物）との区別，といったことがまず必要だろう．その上で，4) 起源となった地震の探索を行う．そして，さらに条件がよければ，津波の規模などを復元していくことになる．

5.1　調査地の選定

　調査場所の選定は，図4.18を参考に津波堆積物が保存されやすい場所（保存ポテンシャルが高い場所）を狙うのが基本である．ただし，古津波堆積物の調査では，海岸線の位置などが時代とともに変化することを考慮する必要がある．図4.18には陸側と海側に2列の浜堤が描かれていて，かつての海岸の位置を示している．陸側の浜堤が先に形成され，その後に海側の浜堤が形成された．川から供給されたり沿岸流などで運ばれたりした土砂で海岸が埋め立てられ，時代とともに海岸が海側へ前進した（平野が広がった）のである．日本列島にはこのような浜堤列が発達する海岸平野（浜堤列平野）が多い．これらの平野の多くは，縄文海進のピーク時（約7000年前）以降に形成された．九十九里平野ではこの時期に最大で10 kmほども海岸が海側へ前進した．

津波が起きたときに堤間湿地であった場所では津波堆積物が残りやすい．一方，津波が起きたときに浅い海底や砂浜であった場所では，波の作用で津波堆積物がかき消されてしまう．図4.18で言えば，内陸側の浜堤が示す位置に海岸線があったとき，海側の浜堤の示す位置はまだ浅い海底であった．このときに起こった津波の痕跡を探すには，内陸側の浜堤より陸側を調査すべきである．このように，津波堆積物を探す際には，津波が起きたときの海岸線がどこにあったかを先に検討しなければならない．

　浜堤列平野は常に拡大するのではなく，海面変動や土砂供給などのバランスで海岸の前進や後退が地質学的には短期間に起こる（Tamura, 2012のレビュー参照）．海岸が前進し後背湿地が発達した時期には，低地での津波堆積物の保存ポテンシャルが上がる．逆に海岸の侵食が卓越していた時期には，以前に形成された堆積層が失われることもある．どの時代の津波堆積物が，低地のどこに残っているかは，複雑な問題を含んでいる．津波以外ではイベント性の堆積物が形成されにくい場所を選ぶことも重要である．これは，後述する津波堆積物の識別とも関連する．低地の地層には，洪水や高潮など津波以外のイベントの痕跡も残されているかも知れない．たとえば，沖積低地で河道（チャネル，channel）が移動した跡に残された堆積層をチャネル充填堆積物と呼ぶが，これは周りの地層より粗粒で，水流による堆積構造が発達しており，一見すると津波堆積物に似ていることがある．津波以外では強い流れが入り込まないことを証明できる条件の場所（津波の発生時に周辺に河道が分布していないなど）があれば，この問題は軽減されるが，そのような場所は少ない．

　古津波堆積物の調査場所を選ぶには，まず古い空中写真や地形図，地形分類図，遺跡の分布，絵図等を見て候補となる場所を決める．それから現地を踏査し，場合によっては地域の歴史に詳しい教育委員会などに出向いて地域の伝承なども検討し，候補地の来歴を調べる．たとえば，現在は水田であるが元々は池だったとか，農地改良がいつ頃どのように進められたとかは重要な情報である．河道の付け替えなど，人工的な土地改変の歴史も重要な情報となる．調査地における台風や高潮，洪水の記録を収集して，その地域で起きうる自然災害の種類を整理しておくと，津波堆積物か否かの判別に参考に

図 5.1 沖積低地での津波堆積物の調査地選定の例

なる.

　土地改変が著しい都市部やその周辺での津波堆積物の調査は特に難しい.近世の土木技術が発達するまで大規模な土地改変が行われなかった場所を探して調査を行うことになる.たとえば,水はけの悪い大きな湖沼の跡地などが候補である.ただし,土地利用の状況によっては,深い地層まで人工擾乱が及んでいたり,厚く盛り土されていることもある.このような問題を軽減するため,土地の来歴を知る方々にインタビューするなどして,できる限り自然に近い地層が残っているエリアを探して調査することになる.

　図 5.1 は,小規模な河川の河口部に形成された沖積低地で調査地を選定する例である.縄文海進で溺れ谷が広がり,その後,陸側から埋め立てられた低地である.河川の規模が大きいと粗粒な河川堆積物が厚く分布し,津波堆積物の調査には向かない(掘削が困難,層相から津波かほかのイベントかを判別しにくい,などの理由)ので,小規模な低地を選んでいる.海岸に分布する砂丘や浜堤は低地を波浪から守るとともに,河川を堰き止めることで低

地に細粒な地層を堆積させている．砂丘や浜堤の陸側の低湿地では，砂丘や浜堤を乗り越えた津波や，河口から砂丘の裏の低地へと侵入した津波による砂質の堆積層が形成されやすい．このような低湿地のうち，過去の地形などから津波堆積物を保存しやすく，かつ砂質の津波堆積物と区別しやすい泥炭層やシルト・粘土層などが堆積している場所を選ぶ．津波の遡上を追跡する場合は，津波の遡上ルートを考慮して，津波の侵入口（河口や砂丘の切れ目）から内陸へと調査測線を設ける．あるいは，津波が砂丘を越えず河口から侵入したと考えられる場合は，海－陸方向だけでなく，砂丘の裏側の低湿地に沿って測線を設ける．

一方，津波堆積物の調査に不向きな場所もある．河川流路は粗粒堆積層が卓越し，津波堆積物の保存ポテンシャルが低く，保存された場合でも河川堆積物との識別が困難である．特に，礫床河川は津波堆積物の調査に不向きである．扇状地が発達する場所も，粗粒堆積物が卓越するので，津波堆積物の調査には向かない．斜面崩壊地の近傍も津波堆積物の識別にとってノイズが大きい．海岸に注目すると，岩礁海岸は津波堆積物の材料となる細粒物質が少ないので，その陸側では津波堆積物が見つかる可能性が低くなる．

5.2 古津波堆積物の観察

津波堆積物は水流から形成されたさまざまな堆積構造やベッドフォームを持つ．これらの特徴のなかには津波に特有と考えられるものもあるが，洪水や高潮などによる堆積物と共通するものも多い．このため何か一つで津波堆積物であると確定できる特徴はないと言った方がよく，津波堆積物か否かの判断には，さまざまな情報を総合する必要がある．

5.2.1 イベントの認定

調査地において，通常の堆積プロセスとは異なるイベント堆積物を認定するにはどうするかを考えよう．まず，その場において通常時の堆積物とは何かを，周辺の地形や地層の特徴から推定する．堤間湿地であれば，有機質のシルト層や粘土層，場合によっては泥炭層が堆積していることが多い．それ

らの地層は堆積速度が比較的遅いので，生物の巣穴，草や木の根，などが見られるだろう．生物擾乱のために堆積構造は乱されて，均質になっていることが多い．

ここに津波のようなイベントが発生したらどうなるかを次に考える．イベント堆積物は，高エネルギーの流れなどで急速に形成されることが特徴である．たとえば，通常時の堆積層より粗粒で，通常はその場所では見られない粒子や化石を含むことがイベント堆積物の目安となる．さらに基底が下位層を削り込んでいたり，内部に水流からの堆積を示す堆積構造（級化，逆級化，各種の葉理など）を持っていたり，下位層に荷重による変形を与えていることなどが，強い水流が発生したことを示す重要な判断材料である．

5.2.2　地層の記載

露頭やコア試料について層相の一次記載は，その後に続くすべての分析作業や考察における基礎となる情報である．露頭やコア試料がなくなった後でも元の情報が再現できるように，客観的かつ詳細な観察を心掛ける必要がある．たとえば堆積物の粒径は，誰が見ても同じになるように，「粒度表」を使って記載するとよい．ベッドフォームや堆積構造の形態的定義や名称などについては，たとえば第1章で紹介した書籍にもまとめられている．さらに典型的なベッドフォームや堆積構造を紹介した写真集的な書籍もある（Ricci Lucchi, 1995など）ので，地層の記載時に参考になる．

ここでは，相模湾東岸の館山平野に分布する堤間湿地で，ロングジオスライサーによる調査（図5.2）で得られた，関東地震による津波堆積物を例に，地層の記載方法を説明する．ここで使う試料は，藤原ほか（2006a）が地震隆起に伴う館山平野の地形や地層の発達プロセスを議論した際に採取したコアの一部である．記載はコアから作成した剥ぎ取り試料（本章末コラム4参照）を使って行った．なお，ジオスライサーの原理については，中田・島崎（1997）を参照されたい．

図5.3では2枚の津波堆積物が見られる．下側が1703年12月31日（元禄十六年十一月二十三日）に発生した元禄関東地震（M 8.2），上側が1923年9月1日の大正関東地震（M 7.9）によるものである．いずれの地震も相模ト

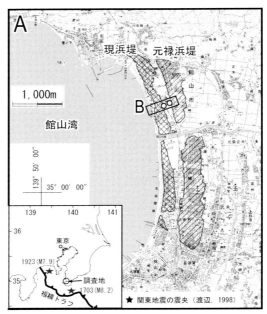

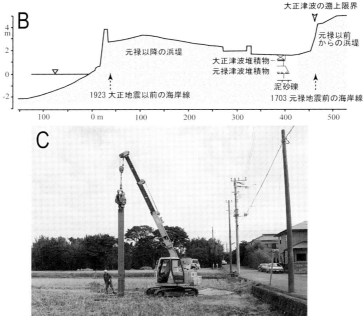

96——5 津波堆積物の調査

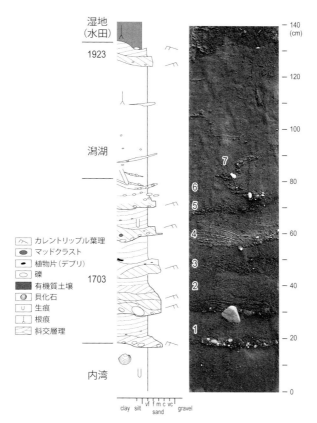

図 5.3 ジオスライサーコアから作成した剥ぎ取り試料とその柱状図(本試料は「平成 15 年度原子力安全基盤調査研究:津波堆積物によるプレート間地震のポテンシャル評価に関する研究」で採取された.2015 年 1 月再撮影)

2 枚の津波堆積物が見られる.下側が元禄関東地震(1703 年),上側が大正関東地震(1923 年)によるもの.

←**図 5.2** 関東地震による津波堆積物の掘削調査

A:千葉県館山市北条海岸での調査位置(藤原ほか,2006a;地形図は 1/25000「館山」,「那古」,「安房古川」,「千倉」を使用).

B:調査地点周辺の地形断面(藤原ほか,2006a を元に作成)

C:ロングジオスライサーによる掘削状況.長さ 6 m,幅 0.35 m のコアラーを使用.背景に見える木立の麓が元禄地震前の旧汀線.

ラフで発生した海溝型地震である.

1) 掘削地点の古地形などの情報

　記載の前に,調査地(北条海岸)の選定からコア試料採取までの作業の流れを確認する.この調査では元禄と大正の関東地震による地殻変動と津波堆積物の検出が目的であった.調査地周辺ではこれらの地震で海岸が隆起した痕跡が見られる(図3.2).北条海岸での地震隆起は,元禄地震で約2.5 m(宍倉,2003),大正地震で約1.5 m(Miyabe, 1931)と推定され,これによって海底が段階的に陸化し,海岸線が約500 mも海側へ移動した.元禄地震による隆起で形成された段丘は沼IV面と呼ばれている.

　沼IV面は海側と陸側を砂丘や浜堤で縁取られており,中央部が低湿地(堤間湿地)となっている(図5.2B).低湿地は低いところで標高1.7 m程度である.陸側の浜堤が元禄地震当時の海岸線にあたり,それより海側の部分が地震隆起で陸化したことが文献からわかっている.明治時代の地形図によれば,大正地震が起きる前には低湿地(堤間湿地)は水田などに使われていた.堤間湿地には洪水を起こすような河川はなく,海岸からは砂丘で隔離され,水平距離も200 m以上離れているので,台風の大波でも堤間湿地に海水が遡上することはない.

　北条海岸周辺での津波の高さは,最大でそれぞれ5.6 m(元禄),1.8 m(大正)と推定されている(羽鳥,1976).これは地震隆起による海岸の標高の変化を補正した値である.地震隆起でできたばかりの沿岸低地(後の堤間湿地)へ元禄津波が来襲した.また,周辺での聞き込みで,大正地震の際に津波が陸側の浜堤に達したとする証言が得られた.堤間湿地には大正津波が流入したことは確かである.

　堤間湿地は現在では宅地化が進んでいるが,一部には水田が残っている.その一角を借用して掘削を行った(図5.2C).津波堆積物の検出に重要な古流向を確認するため,2つの工夫をした.まず,コアの断面が海−陸方向になるようにジオスライサーを配置した.ちなみに,このときに用いたジオスライサーは,コアの幅が35 cmであった.もう一つは,津波堆積物が海側から陸側へ細粒化・薄層化する様子を確認するため,堤間湿地を海−陸方向

に横切る測線を設定して，海寄りと陸側の両地点で掘削を行った（図5.2 Aの丸印）．図5.3に示すコアは，内陸側（現在の海岸から約350 m内陸）で採取したものである．また，津波堆積物の層相や層厚はわずかな距離でも大きく変化するので，各地点では複数のコア試料を水平方向に数mずつ離して採取した．1本のコアでは津波堆積物を取り逃がす可能性や，仮に津波堆積物を採取できても，層相の特徴を確実にとらえることが難しい．複数のコアを採取することで，化石分析や年代測定などの試料を確保できる確率も高くなる．こうして採取したコアは成型した後，剝ぎ取り試料の作成や写真撮影などを行い，最後に各種分析試料を採取した．

2） コアの記載

記載は，剝ぎ取り試料と剝ぎ取り後のコア試料を見比べつつ行った．記載した図5.3のコアは全長（深度）が4 m余りあるが，写真はコアの上半分で，元禄津波堆積物の直下までを示している．柱状図はフィールドノートを清書したもので，地層の全体の特徴が一目でわかるように層相や化石の特徴が記号化・単純化してある．柱状図の横幅は堆積物の粒径を表しており，幅が広いほど粒子が粗いことを意味する．フィールドノートにはほかにもさまざまな情報を記載しているが，必要なことは文中で解説する．

まず，コア全体を見て，事前調査で推定した調査地の堆積環境と照合した（この際にはほかのコアの情報も総合した）．図5.3で0-18 cmまでは貝化石や生痕化石を含む極細粒砂層が主体を占める．これは元禄地震前の浅い海で堆積したものである．その上に成層した砂層があり，礫など大きな粒子を含んでいる．ここで何らかのイベントが発生したことがわかる．90 cm付近から124 cm付近までは淘汰のよい極細粒砂層で，葉理などの堆積構造はほとんどなく，貝化石も見られない．コアによっては汽水域を好む節足動物の巣穴化石が見られる．イベントが終わって静穏な環境に戻ったらしい．124-130 cm付近に葉理が発達するやや粗粒な砂層が挟まる．再び流水が発生したらしい．その上位は有機質の砂質泥層である．これは明治の地形図に見られた湿地の堆積層で，最上部は水田耕作土である．これで事前調査で推定された地形発達が確認できた．この場所は元は浅い海底であったが，地震隆起

で陸となったものの，低い部分は汽水域が残っていて，さらにその水域が後に湿地となり水田などに使われてきた．

では，コアの基底から上部へ，地層が堆積した順に詳しい記載をしていく．コア写真は画面右手が陸側である．コア基底から上位へ18 cm までは淘汰のよい極細粒砂層で，貝化石や生痕化石を含む．堆積構造はほとんど残っていない．二枚貝化石の一部は合弁で，潮間帯からやや深いところまでに棲むダンダラマテガイなどが多い．ほかのコアも観察したところ，この砂層にはまれに角の取れた細礫や，薄い粘土層が見られる．細粒な層相で底生生物に富み，一部には薄い粘土層も見られるので，通常時には波静かな内湾の環境が復元される．元禄地震以前も，現在の調査地の海岸と同じような環境であったろう．

18 cm 付近に侵食面があって，礫を含む砂層1（層厚11 cm）が覆っている．この砂層は最下部では中粒〜粗粒砂からなるが，すぐに級化して細粒砂層となり，さらに20 cm 付近より上位では淘汰のよい極細粒砂層になる．礫は最下部に多く含まれ，円〜亜円で直径は2.5 cm 程度よりも小さい．砂層1には全体に斜交層理が見られ，下部の中粒〜粗粒砂の部分にはカレントリップル葉理が発達する．写真では見えにくいが，カレントリップル葉理は画面で右から左へ向かう流れを示している．その上位の細粒〜極細流砂層に見られる斜交層理は低角で，一部には画面左へ向かうカレントリップルも見られる．砂層1は，陸側から海側へ向かう流れで堆積しており，戻り流れの堆積物である．これに先立つ遡上流による堆積層は，戻り流れで削剥されてしまったのだろう．

29 cm 付近に侵食面があり，下部に礫を含む砂層2（層厚約14 cm）が覆う．砂層は下部では中〜粗粒砂（淘汰は中程度）からなる．この砂層は級化して上部では淘汰のよい極細粒砂層となる．砂層に見られるカレントリップル葉理は画面左から右へ向かう流れを示しており，砂層2は遡上流で形成されたことがわかる．礫は最大径9 cm に達し，角の取れたものだけでなく角礫も見られる．画面中央の大きな礫は左上から右下へと砂層1の上部に食い込んでおり，左から右へ向かう流れで運ばれたことがわかる．ほかの礫の配列も観察したが，明瞭なインブリケーションは確認できていない．さらに詳

しく見ると，下部の粗粒部と上部の細粒部では堆積構造が異なる．下部で見られるカレントリップルは大型で，この画面（幅 35 cm）では尾根と谷がそれぞれ2つしか見えない．つまり波長が 20 cm 近くある．砂層の上部では，波長が短く数 cm 程度のことが多い．こうした下部と上部での堆積構造の違いは，流速の変化などと関係がある．単純化すると，速い流速で堆積した下部では，大型の堆積構造ができ，減速した流れから堆積した上部では小型のリップルなどが形成された．

43 cm 付近に侵食面があり，砂層3が覆う．下部は角の取れた細礫を含む中～粗粒砂で淘汰がよい．級化して上部は淘汰のよい極細粒砂層になる．植物片も含まれている．画面で右へ向かうカレントリップル葉理が見られる．56 cm 付近にある侵食面で砂層4が始まる．この砂層はほかの砂層と異なり白っぽい色をしている．これは砂サイズ以下の軽石の粒子を多量に含んでいるためである．軽石はよく丸まっている．砂層4は下部の亜円中礫や粘土礫を含む中粒～細粒砂層から，上部の極細粒砂層へと級化する．上位から延びてきた生痕化石も見られる．この生痕は断面がパイプ状で，泥質の壁で補強されており，その特徴から潟湖などに棲む甲殻類の生痕と思われる．砂層4には全体に画面右へ向かう大型のカレントリップル葉理が見られる．

さらに上位には砂層5-7が重なる．砂層5は画面右へ向かうカレントリップル葉理が明瞭である．砂層6は薄い何層かの砂礫層の集まりからなる．これは複数の砂層に分けるべきかも知れないが，生痕化石で乱されていて判然としない．一部には斜交層理が見られる．砂層7は軽石粒に富む中粒砂層である．ほかのコアの観察結果も参照すると，砂層1-7の一部では，それぞれ上面に侵食され残ったマッドドレイプが見られることもある．

90-124 cm までは淘汰のよい極細粒砂層で，角の取れた細礫が混じるものの，明瞭な砂層は見られない．ほかのコアも参考にすると，この区間では植物の根や，パイプ状の甲殻類の生痕が見られるが，貝化石は含まない．これは海水の影響を受ける汽水の入り江の地層と考えられる．

124 cm 付近に侵食面があり，細粒～極細粒砂層が覆う．この砂層は堆積構造と構成物の違いによって，上下2層に分かれる．下側は細粒砂層で級化を示し，角の取れた細礫を含む．中粒～粗粒の砂粒子を含むため，砂層全体

として淘汰度は中程度である．画面右手へ向かうカレントリップル葉理が見られ，これは遡上流による堆積層である．上側の砂層は淘汰のよい極細粒砂層からなる．画面左手へ向かうカレントリップル葉理が見られる．上面は波打つ形をしており，カレントリップルが保存されていると思われる．上面には直径1 cmほどの円礫が見られる．134 cm付近より上位は有機質の砂質シルト層である．元禄津波堆積物と大正津波堆積物では層厚，内部の砂層の枚数，粒径が大きく違うが，それについては第9章（津波規模の復元）で解説する．

ここでは海岸に近い堤間湿地での地層の記載例を示したが，堆積場の条件によって観察される地層の特徴はさまざまである．ここに紹介した以外にも，津波堆積物の識別に役立つ情報がある．地層の記載情報としては単に「葉理がある」だけでは不十分で，その形態やサイズなどの情報も記載する．たとえば，トラフ型斜交層理，リップル葉理，マッドドレイプなどの詳細を記載する．リップルについては，カレントリップル葉理かウェーブリップル葉理かといった種類までわかるとよい．これは流れの向きや，定性的ながら流速などを復元するのに役立つ．構成粒子の特徴としては，鉱物や岩片の種類，粒径，円磨度，淘汰度，配列パターン，化石の種類と産状なども記載する．微細な粒子の配列などを調べるには，ルーペなどを使うこともある．これらの情報はイベント堆積物の供給源とも関係があり，イベント堆積物を形成した流れの侵入方向や流路を推定するのに役立つ．

5.3 津波堆積物を識別する指標

地層中には津波以外にもさまざまなイベント堆積物が含まれている．津波堆積物の識別は，古津波堆積物研究において現在でも第一級の問題である．イベント堆積物が基底に侵食面を持つ，あるいはマッドクラストを含むことが津波堆積物の指標とされることもあるが，これらは地面を削る剪断力を持った流れで形成されたことを示すだけで，津波特有の現象ではない．一つで津波堆積物を識別できる万能のツールあるいは指標といったものは，今のところない．さまざまなデータや指標を考え，それを組み合わせることでより

津波らしい堆積物を絞り込んでいく，というのが実際のところである．

　ここでは，個々の指標や方法を先に説明し，次第に複数の指標を組み合わせた高度な方法を説明していくことにする．この問題については，藤原ほか編（2004），藤原（2007），後藤・藤野（2008），後藤ほか（2012），澤井（2014）などのレビュー論文も参考にされたい．

5.3.1　遡上流の痕跡

　津波は内陸奥深くまで遡上することが大きな特徴である．台風などの大波が到達しない内陸の地点において，海から陸へ向かって流れた痕跡を地層から検出することが，津波堆積物の識別において基礎情報と言えよう．遡上流による堆積層であることを確認するには，前節で紹介した古流向を示す堆積構造以外にも，堆積物の構成物質の特徴を利用することもある．海生生物の化石，岩片や鉱物粒子の種類，化学成分などを指標にして，海にしかない物質が内陸へ運ばれたことを示す．実際には一つの指標に頼るのではなく，複数の指標を組み合わせて使う．

1）　堆積構造からの古流向復元

　ベッドフォームや堆積構造のなかには流向を復元できるものがあり，古津波堆積物の断面でこうした構造が認定できれば，遡上流を確認できる．この方法を使う際には，津波が遡上した向きを検討しておくことが前提である．本章末コラム4で述べるように，堆積構造などから古流向を知るには，流れに平行な断面を使う必要がある．露頭調査やピットを掘るときは，推定した遡上方向に平行な地層断面を作るようにする．コア試料の場合は，すでに紹介したように，試料の断面で方位が決まっていると便利である．方位がわかる試料（定方位試料）を採取する方法はいくつか開発されている（中田・島崎，1997など）．一方，回転式のボーリングではコア自体に方位を示す情報がないので，古流向の復元には向かない．

　礫や貝殻など扁平な物質が作る配列も流れの向きを読む指標になる．砂粒子などの配列が作る堆積構造よりさらに小さい構造はファブリック（grain-fabric）と呼ばれる．たとえば，米粒のような長円形の粒子を流すと，流れ

の向きを記録した配列ができることを思い浮かべるとよい．コア試料のようにサイズが限られている場合は，堆積物のファブリックから流向を推定することもある．2011年東北沖津波による堆積物についても，Takashimizu et al. (2012) がファブリックに基づく流向の解析を行っている．

　古流向については，1地点だけのデータでは間違った結果を得てしまうことがあるので注意が必要である．津波が相当に大きければ，海岸低地に多少の地形的凹凸があっても海から内陸へ向かって流れるだろう．しかし，海岸低地には浜堤や河川などがあって，津波の遡上ルートはそれに影響を受ける．第4章の図4.16のように，流路にある障害物で流れの向きが局所的に変わることもあり得る．遡上流を確認するには，できるだけたくさんの地点で流れの向きを調べ，全体的な傾向を調べることが重要である．また，第4章で見たように，谷地形のなかでは津波堆積物の表層部には遡上流より戻り流れの構造の方がよく残る．そうした場所では津波堆積物の下部に残された遡上流の痕跡を探す必要がある．

2) 群列ボーリングによるくさび形の断面形の確認

　津波堆積物が全体として陸側へ薄く細粒になることはよく知られている．これを地層断面で見ると，陸側へ薄くなるくさび形の形態を持つ．少数の地点での堆積構造の調査だけでなく，海から陸へ向かう測線に沿って多地点で掘削調査を行いくさび形の断面形を確認することで，遡上の証拠がより確実になる．このくさび形の形態は，遡上流の流速と浸水深の減少を反映したものであり，通常は水平方向に数百 m 以上の区間で見たときに確認できる特徴である．また，地形やベッドフォームの影響で津波堆積物には局地的な層厚の増減や堆積層の欠如が起こる．そのため，くさび形の断面の復元に正確を期すには，それに対応した長い測線と多数の掘削調査が必要となる．

　図5.4は掘削調査によってくさび形の砂層を追跡した例である（藤原ほか，2013）．調査したのは浜名湖の東側にある溺れ谷で（図5.4 A, B），掘削にはハンドコアラーや小型のジオスライサーを用いている．溺れ谷を埋める汽水〜淡水性の粘土層と泥炭層の境界に，淘汰のよい細粒〜中粒砂層が分布する．図5.4 C の砂層 A がそれで，その写真を図5.5に示した．この砂層は海側で

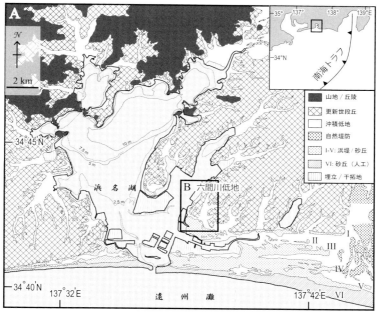

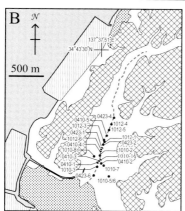

図5.4 浜名湖東側の溺れ谷での古津波堆積物調査の例(藤原ほか,2013を一部改変)
A:調査地周辺の地形分類図(地形分類は佐藤ほか,2011による).
B:谷のなかでの測線と掘削点の配置.

5.3 津波堆積物を識別する指標 ── 105

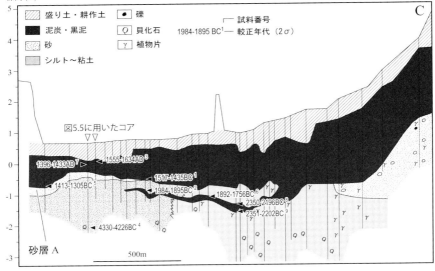

図5.4 C：測線に沿った断面図．津波堆積物（砂層A）が左から右へ薄くなりながら延びる．

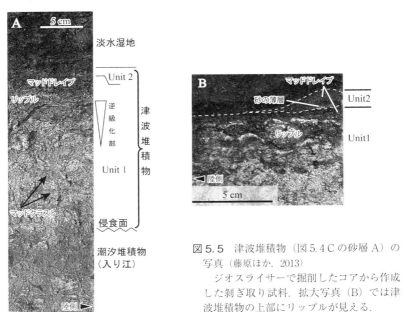

図5.5 津波堆積物（図5.4Cの砂層A）の写真（藤原ほか，2013）

ジオスライサーで掘削したコアから作成した剥ぎ取り試料．拡大写真（B）では津波堆積物の上部にリップルが見える．

は厚いところで20cmほどの層厚があるが，内陸側へ次第に薄く細粒になり，やがて目視では見えなくなる．この砂層は，谷の出口を閉塞する浜堤を津波が乗り越えて侵入した痕跡である．

　湖沼など水域での調査でも，海–陸方向の測線に沿ってコア試料を採取するのが通常である．砂州などで海から隔離されて台風などの大波が届かず，大きな河川の流入もない湖沼では，通常は泥質の地層が静かに堆積している．そこで海側から内陸側へ薄く細粒になりながら続く砂層など粗粒な堆積層が見つかれば，津波堆積物である可能性が高い．水深の十分にある湖沼での試料採取にはピストンコアラーあるいはバイブレーション式のコアラーを使う（たとえば，岡村ほか，1997，2003；都司ほか，1998）が，水深が2m程度より浅い場合は小型のジオスライサーを使うこともできる．さらに浅い場合は，塩ビパイプを船上や湖底から差し込むこともある（たとえば，箕浦ほか，1987；Matsumoto *et al*., 2010）．

3）　海から運ばれた物質の検出

　通常は海水が侵入しない場所で堆積したイベント堆積物のなかに，海にしか存在しない物質，あるいは生物の化石が見つかると，それは津波で運ばれてきた可能性がある．どのようなものがあるのか，代表例を見てみよう．

海生生物の化石

　炭酸カルシウムなどでできた殻を持つ生物の遺骸（化石）は，頑丈で地層に残ることがある．これを調査地周辺での生物（生物群集）の分布データ（できれば，津波が発生したときのデータ）と比較することで，津波堆積物の認定に使われる．津波堆積物に含まれる化石については第6章と第7章で詳述する．海生生物の遺骸の有無だけではなく，それらがどのような状態で地層に含まれているかも重要である．また，個々の遺骸だけではなく，イベント堆積物に含まれる遺骸群集全体の特徴にも注目すると，さらに多くの情報が得られる．

　ただし，砂層など粗粒物質からなる津波堆積物では，生物遺骸の含有率は一般に低い．また，生物の殻を作る炭酸カルシウムやケイ酸塩は自然界においては一般に不飽和であり，古津波堆積物では溶解が進んでいることも多い．

このため，古津波堆積物からの化石の検出には，通常の微化石等の処理に比べて大量の試料を処理する必要がある．

海から運ばれた鉱物や砕屑物粒子

海に特有の鉱物や砕屑物粒子を特定できれば，それは古津波堆積物の研究において海生生物の化石と同じ意味を持つ．海浜と河川では一般に堆積物を構成する粒子の特徴が異なる．たとえば，砂や礫の淘汰度や円摩度は海砂で高くて川砂で低いのが通常である．海岸の池や湿地などで，淘汰度や円摩度が高い砂の層などが堆積していれば，それは海から運ばれた可能性が高い．こうした海起源の粒子を津波堆積物やその候補を検出するために用いた例はいくつもある（たとえば，Minoura et al., 1994; Kench et al., 2006; Moore et al., 2007; Sawai et al., 2009）．

砂粒子の形態を元に洪水堆積物と津波堆積物を識別した例として，北村ほか（2011），Kitamura et al.（2013）がある．彼らは潟湖の跡で掘削したボーリングコア試料を解析し，粘土～シルト質の潟湖堆積物に挟まる砂層を多数検出した．これらの砂層は基底に侵食面を持ち，級化構造を持つなど強い流れで堆積したイベント堆積物と考えられた．しかし，潟湖には流入する河川もあり，砂層の起源が洪水か海からの大波かは，それだけではわからなかった．イベント堆積物は粒子の形態（円摩度）や粒径分布の特徴から2つのグループに分けられた．両グループを調査地周辺の河川や海浜の砂の特徴と比較した結果，一つは低い円摩度，小さい平均粒径，高い含泥率を示し，河川堆積物に類似していた．イベント堆積物の多くがこの特徴を持っており，これらは洪水堆積物と判断された．もう一つのグループは，高い円摩度，大きな平均粒径，低い含泥率で特徴づけられ，砂浜や海岸砂丘を構成する砂と類似していた．このグループは数は少ないが，海浜からの遡上流で運ばれたものと判断された．津波堆積物かどうかの判断は，さらに砂層の内部構造の解析（マッドドレイプを挟む多重級化構造）を持つことや，微化石分析の結果も考慮して行われた．

歴史津波の堆積物についても，構成粒子の違いを用いて津波の遡上流と戻り流れを区別した例が報告されている．この調査の対象となったのは，南海トラフに面した静岡県と愛知県の県境に近い湖西市の海岸である．海岸砂丘

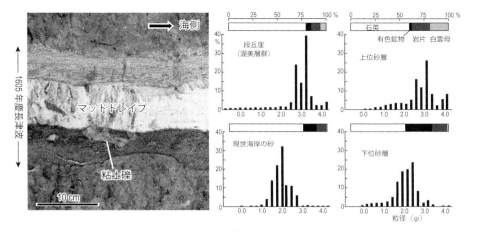

図5.6 1605年慶長地震による津波堆積物（粒度分布と粒子組成のグラフは，小松原ほか，2006とKomatsubara et al., 2008を基に作成）
マッドドレイプを挟んで，下位と上位の砂はそれぞれ海浜と段丘崖の砂に類似している．

と更新世段丘との間にある湿地（水田）で，ジオスライサーを使って定方位試料が採取された．調査結果に基づく海岸の地形発達については藤原ほか（2006b）が，15世紀から19世紀にかけての津波と高潮の堆積物については小松原ほか（2006）とKomatsubara et al.（2008）が報告している．そのコアの一部が図5.6である．1605年に南海トラフで発生した慶長地震による津波堆積物が有機質の湿地堆積物に挟まる．この津波堆積物は3層構造を持ち，下側の暗灰色の砂層，中部のクリーム色の粘土層，上側の緑灰色の砂層からなる．この構造はすでに見てきたように，マッドドレイプを挟んだ多重級化構造である．

この調査では上下の砂層を構成する粒子の組成と粒径に注目した分析が行われた．その分析結果を現在の海浜砂および後背の段丘崖の砂の分析結果とともに図5.6に示している．まず，海浜砂を見ると，有色鉱物が多く黒っぽい色をしている．粒径は2φ（0.25 mm）付近にピークがあり，ばらつきが比較的少ない（淘汰がよい）．一方，段丘を構成する砂層は有色鉱物が少なく白雲母が多い．また3φ（0.125 mm）付近にピークがあり，海浜砂より細

5.3 津波堆積物を識別する指標——109

粒である．段丘を構成する地層は旧天竜川が作った扇状地の一部である．

　これを踏まえて津波堆積物を見てみよう．下側の砂層は粒径が 2ϕ 付近にピークを持ち，有色鉱物が多く暗い色をしている．これらは海浜砂の特徴に近い．粒径が幅広い分布を取る（淘汰が悪い）のはさまざまな場所から堆積物が混合したせいであろう．上側の砂層では粒径分布が段丘の砂層と近く，岩片や白雲母が多いという特徴も似ている．こうした構成粒子の特徴から，津波堆積物の下側の砂層は遡上流によって海岸からもたらされ，上側の砂層は段丘崖から崩れた砂が戻り流れによって海側へ運ばれたと解釈できる．さらに堆積構造を見ると，下側の砂層に含まれるマッドクラストには右下へ傾くインブリケーションが認められ，右から左への流れ（遡上流）を示す．上側の砂層に見られる斜交葉理はカレントリップルの一部と思われるが，それは画面右へ傾いており，戻り流れを示している．

　過去に津波が起きたときの海岸と現在とでは，津波の流路に分布する堆積物の特徴が異なることも考えられる．その場合は，津波が起きたときに海岸に分布していた堆積層の情報が必要となる．年代が明らかなコア試料などを使って，津波が起きた当時の海浜や河川の堆積物粒子の特徴を復元しておくと，さらに説得力のある結果が得られる．

海水の残留成分

　海水の溶存イオンの濃度は淡水に比べて桁違いに高いので，海水が湖沼に流れ込んだり地面に溢れたりした跡には，海水の成分が高濃度で検出されることが期待される．2011年東北沖津波でも海水が溢れた地面に塩分が白く残っているのが見られた．ただし，このような地表の痕跡は，風雨のために短期間のうちに失われてしまう．

　津波が浸水した水田や畑では作物がうまく育たないといった被害が報告されていることから，海水成分は土壌に沈着してしばらくの間残留することが推定される．海水成分を古津波堆積物から検出できれば，津波堆積物を識別する指標になり得る．これを実用化するにはまず，現世津波の化学成分が本当に地層に残るかを検討することが先決である．たとえば，2004年インド洋大津波や2011年東北沖津波では，地表を覆った津波堆積物やその下の土壌にも海水成分が集積していることが報告されている（Chagué-Goff *et al.*,

2012 およびその引用文献を参照).代表的な分析項目としては海水由来の元素の濃度や,湖沼水の電気伝導度(EC：イオン濃度を反映)がある.Chagué-Goff *et al*. (2012) による仙台平野の 2011 年東北沖津波の研究例では,雨による希釈や蒸発による濃縮の影響を受けて地点差はあるものの,津波から半年後でも津波の遡上範囲からは海水成分が検出された.

　1983 年日本海中部地震では,津波が流れ込んだ青森県の十三湖で湖水が白濁したのが観察されたが,その原因は湖水中の炭酸イオンと海水に含まれるカルシウムイオンの反応で方解石の粒子ができたためとされている(箕浦ほか,1987；Minoura and Nakaya, 1991；Minoura *et al*., 1994).海水は湖水よりも密度が高いので,湖水と容易には混ざらず湖底にしばらく滞留する.温度成層が発達し,湖水の垂直循環が起こらない湖沼では,海水がさらに長期間滞留しやすくなる.そうした湖沼では,海水と湖沼水との反応でできた鉱物が沈殿するだけでなく,海水の化学成分が地層の間隙水に溶存することになる.十三湖以外にも,下北半島の湖沼堆積物からは海水の主成分である Na^+,Ca^{2+},Mg^{2+},Cl^-,硫黄(SO_4^{2-} の形で存在)を高濃度で含む砂層が何枚も報告されており,津波堆積物の可能性が指摘されている(箕浦ほか,1987；Minoura and Nakaya, 1991；Minoura *et al*., 1994).

　化学成分を古津波堆積物調査に応用するには未解決の問題もある.大きな問題は,海水成分の雨や地下水による希釈や再移動である.海水の残留成分がどの程度の期間にわたって地層に残るかは確認されていない.また,津波以外の原因で海水成分が内陸にもたらされることもあるので,それと津波との区別ができるか,といった問題もある.たとえば,台風の風で内陸まで海水の飛沫が届くことはよくある.あるいは,人工的な水路開削で湖沼への海水の侵入が起こり,それが湖底堆積物に記録されることもある.日本海岸の若狭湾に面した三方五湖がその例である(福沢,1995).三方五湖の一つである水月湖は,1664 年に人工的な水路開削によって海水が流入する以前は淡水湖であった.湖底堆積物のコア試料に含まれる鉱物の組成を調べた結果では,海水侵入以前には菱鉄鉱($FeCO_3$)が認められるが,侵入後には通常は菱鉄鉱とは共存しない黄鉄鉱(FeS_2)や白鉄鉱(FeS_2：黄鉄鉱の同質異像)が認められる.これは硫黄を豊富に含む海水の侵入を示している.古津波堆

積物の調査では,単に化学成分だけでなく,調査地の地形の成り立ちなどと合わせて考察する必要がある.

5.4 津波堆積物の識別

ここまで述べてきた海水の遡上による堆積層を識別する指標や方法を使えば,その堆積物が洪水で内陸から由来したのではなく,海からもたらされたことは説明できる.しかし,津波堆積物であることを決定づけるにはまだ不十分である.われわれが未経験の大規模な高潮などもあり得るので,それとの識別が必要となる.そこで注目するのが,第3章で解説した「津波の波長と周期は,台風などの風波に比べて桁違いに長い」という特徴である.これまでに説明した地形学,堆積学,古生物学などの情報を総合して,この波長や周期が非常に長いという特徴を地層から読み出すことを考えてみる.

5.4.1 遡上距離や遡上高に基づく識別

通常の高潮では説明できないほど内陸奥深くまで遡上した痕跡や,大きな遡上高を持つイベント堆積物が見つかれば,それは非常に長い波長や周期を持つ津波で堆積したと判定することが可能であろう.これは台風などによる堆積層との区別にきわめて有効である.

1) 長い遡上距離

遡上流で形成されるという面からは,津波も高潮や暴風(ストーム)時の大波によるウォッシュオーバー堆積物も類似している.これらはいずれも陸側へ薄くなるくさび形の断面形態を持つので,単に古流向やくさび形の断面形状に注目していては区別ができない.しかし,暴風時の大波は海岸でのエネルギーは大きいが,波長が短いので遡上距離は小さい.このため「陸側へ薄くなるくさび形の砂層が,ストーム時の波の遡上範囲を大きく越えて内陸まで入り込んでいる」場合には,それは津波堆積物である可能性が非常に高い.このことを確認するには,海岸から内陸へ向かう測線に沿って遡上流で形成された堆積層を追跡し,その内陸の先端を確認する.それには自然露頭

を使うこともあるし，さまざまな方法で掘削調査を行うこともある．

　図5.4の例では，谷口を閉塞する浜堤のすぐ内陸の地点から掘削調査を始めて，そこから600m以上内陸まで砂層を追跡している．この砂層以外には海側から続く砂層は見られないので，通常の台風の大波や高潮に比べて遡上距離が極端に大きいことがわかる．同様の調査は，第2章で述べた北海道東部の「500年間隔地震」や仙台平野の貞観津波の研究で成功を収め，脚光を浴びた．これらの地域では，当時の海岸から3-4km以上内陸まで津波堆積物が追跡されている．北海道東部や仙台平野での津波堆積物の追跡調査には，平野が広く人工擾乱が少ない地層が広がっていたことに加えて，歴史時代の降下火山灰が津波堆積物の直上に分布していたことが大いに役立った（図1.5）．そうした指標がない場合は，調査地点の間隔を短くして観察点の密度を上げたり，掘削地点ごとに細かく年代測定を行う必要がある．

　遡上距離の調査では，第4章で述べたように，津波堆積物の層厚が局所的に変化することも念頭に置く必要がある．1本のコアや小さなピットで津波堆積物が見つからなくとも，それで即，津波堆積物の陸側限界と判断するのは早計である．著者らの調査では，津波堆積物の分布の連続性が怪しまれる場合は，周辺で確認のために複数の掘削をしている．

2） 大きな遡上高

　通常の台風の波では到達し得ない高い海成段丘上などに，海起源の物質が打ち上がっており，それらが大きな遡上高を持った津波による堆積物とされることがある（平川ほか，2000など）．後背地から崩れたのではなく，前面の海浜からもたらされたことは，礫が円磨されていること，後背地の地質と異なる物質からなること，等から確認される．ときには礫にインブリケーションが発達する事例もある．この場合は，大波は段丘上に駆け上がっただけでなく，その上面にある程度の浸水深を持つ流れを起こしたと判断される．打ち上がった礫などの一部には，ほかの地点で確認された津波の証拠（平地での大きな遡上距離など）とも総合して，津波堆積物と判定されるものもある．

　一方，津波か台風由来かが未決着のものも，それ以上にある．すでに述べたように，波高が高いことは必ずしも津波に特有な特徴ではない．台風の波

は，ときには津波より波高が高いことがある．たとえば，イギリスの岩石海岸ではストーム時の波によって長径が1mを超える礫が多数，標高10-15mを超える断崖の上に打ち上がっており，Hansom et al. (2008) によってそのメカニズムが検討されている．津波か台風かの判断には，段丘などの高所に打ち上がった堆積層についても，上述してきたような分布形態や（砂層の場合は）内部構造などの検討が必要である．いずれにせよ，段丘等に打ち上がった堆積物の問題はまだしばらく議論が続くだろう．

5.4.2 堆積構造やベッドフォームに基づく識別

　第4章で津波に特有の堆積構造やベッドフォームがあることを説明したが，それを古津波堆積物に応用する際に重要な点を考える．それは，長い周期で再来する津波が作る多重級化構造である．

1）　マッドドレイプ—流れの停滞と再開

　すでに述べたように，内部に流れの停滞と再開を示すマッドドレイプを持つことは，津波堆積物の重要な特徴である．上述した関東地震の津波堆積物でもこの特徴が確認できる．典型的な例では，マッドドレイプを挟んで上下の砂層では古流向が反転する．つまり，遡上流と戻り流れのセットが見られる．ただし，戻り流れは地形に沿って流れることが多いので，遡上流とは異なる流路を通ることがあり，その場合は遡上流と戻り流れとで，流れの向きが完全に反転するとは限らない．また，後続の流れによる侵食などのために，遡上流か戻り流れの一方しか地層に残らないこともあり，上述の元禄津波堆積物の中部から上部の場合は，遡上流ばかりが繰り返したように見える．

2）　一連の堆積物を示す上方細粒化・薄層化

　マッドドレイプを内部に挟む多重級化構造は，津波堆積物の指標として非常に有効なのだが，古津波堆積物に応用する場合には，さらにクリアすべき問題がある．それは，対象としている津波堆積物が1回の津波によるもので，複数の台風などによるイベントの集合体ではない，と証明することである．現世津波堆積物は，非常に短い時間に形成された一連の堆積物であることが

観察によって証明できている．津波堆積物内部の砂層とマッドドレイプの一つのセットは1回の遡上流または戻り流れでできるので，それは数分から数十分のオーダーで堆積したことになる．津波堆積物を作るような大波がどれくらい続いていたかを検潮記録から調べれば，津波堆積物全体が数時間からせいぜい半日程度の間に形成されることもわかる（池の底などで堆積した場合は，最上部のマッドドレイプの形成にはより長期間かかることもある）．

しかし，古津波堆積物では，たいていの場合，その形成に要した時間が直接にはわからない．洪水や高潮でも砂層とそれを覆うマッドドレイプのセットは形成される．何十年・何百年の間に洪水や高潮が何度も発生してその堆積層が重なり合ったら，粘土・シルト層と砂層の細互層が形成されることがある．数時間から半日程度続いた津波でできたものか，数十年の間の台風の繰り返しによるものかを，地層の年代測定によって区別することは不可能である．

これを解決するには，堆積物の特徴から，それが1回のイベントに起因するものと判定する必要がある．その特徴とは，イベント堆積物が全体として上方細粒化を示すことである．図5.3の元禄津波堆積物は，級化する砂層が少なくとも7枚重なっている．下部にある砂層1や2では礫など粗粒な粒子が多く，それより上位では礫が少なく砂層の平均的な粒径も細粒になる．また，砂層1から4までは比較的厚いが，それより上では上位へ行くほど砂層は薄くなる．これは上に重なる砂層ほど弱い流れで堆積したことを示している．7枚の砂層の重なりは，初めのうちは大きな波が押し寄せたが，時間とともに来襲する波が小さくなっていったことを記録しており，全体として一つの津波の記録と読める．これは一種の波形記録のようなものである．また，生痕化石は，津波堆積物が堆積した後に上面から入り込んだもののみで，津波堆積物の内部にある個々の砂層の上面から掘り進んだ生痕はない．このことも砂層1-7が地質学的には一瞬で堆積したことを示している．

一方で，台風の強さはその都度異なるので，形成される堆積層の粒径や層厚も台風ごとに変化があるはずで，それでは図5.3のような規則的に上方へ細粒化・薄層化する構造は説明できない．台風の規模が昔は大きかったが，時代とともに来襲する台風の規模が規則的に小さくなっていったという解釈

には無理があろう．

3) 津波に特有な変形構造

　堆積層が未固結のうちに力が加わると，さまざまな変形が生じる．地層にはそうした変形構造がしばしば見られる．津波も下位の地層に大きな力を加えるので，津波堆積物で覆われた地層や津波堆積物の内部にも，変形構造が生じることがある．変形を起こす要因としては，津波自体の重量，津波堆積物の重量，あるいは津波と地面との間の摩擦がある．津波を起こした地震による揺れも，液状化の原因になるだろうが，ここではそれは扱わない．

　未固結堆積層の変形は土石流などほかの現象によっても起きるが，津波堆積物に特有と考えられる変形構造を，2004年インド洋大津波でスリランカの海岸に形成された堆積物から Matsumoto *et al.* (2008) が報告している（図5.7）．この津波堆積物は，間にマッドドレイプを挟む2層の砂層から構成される多重級化構造を持っており，2回の津波遡上で形成されたことが目撃証言からわかっている．最初に遡上した波は地面に砂層を残し，遡上流が静まってから砂層の上に厚いマッドドレイプが沈殿した．そして，2回目の遡上流がこのマッドドレイプを変形させた．図5.7ではその様子が炎が立ったような形で残っている．これは未固結の堆積層に上載圧がかかることで生

図5.7 津波に特有な変形構造 (truncated frame structure; TFS)（産総研活断層・火山研究部門 松本 弾博士撮影）
　　スリランカの海岸に2004年インド洋大津波で形成された堆積物の断面で見られたもの．

じる荷重痕の一種（frame structure：フレームストラクチャー）である．ただし，この図で見られるフレームストラクチャーは少し違っていて，炎が一様な方向（遡上流の流向）にたなびき，さらに上面が流れと平行な面で裁断されている．つまり，2枚目の砂が堆積するときに，マッドドレイプを下流側へ引きずる荷重（せん断力）がかかったことを示している．Matsumoto et al.（2008）は，この構造を truncated frame structure（TFS）と名づけた．

　このような変形を作るには，粘性のある堆積層をある程度の時間をかけて引き延ばすことが必要である．津波の遡上は何分も継続するのでこのような変形を作ることができた．周期が短い風波ではこのような変形構造は作れない．TFSはまだほかの場所からは報告例がないが，今後発見例が増える可能性がある．

5.4.3　地震を示すほかの情報との組み合わせ

　津波特有の堆積構造や，非常に遡上距離が長いことを示せればよいが，それはむしろまれなケースである．それに変わるものとして，地震性地殻変動との同時性がある．台風などの気象現象では地殻変動は起きないので，地震に伴う地殻変動との同時性がわかれば，津波堆積物の認定を確実にする．

1)　地震性地殻変動との同時性

　海溝型地震が発生すると海岸で隆起や沈降が発生することがある（図3.2）．海岸が沈降すると，それまで陸であった場所が海水に没する部分が生じる．逆に隆起が起きると，地震前には海面下であった場所で陸化する部分ができる．潮間帯周辺では海水の影響の度合いなどによって，生物や堆積物の分布が細かく分かれているため，わずかな海岸の上下変動でも層相や生物相の変化が現れやすい．地震に関連する潮間帯周辺での上下変動の検出については，澤井（2007，2012，2014）などが詳しく解説しているので，ここでは概要を説明する．

　潮間帯周辺の地形断面を既存の研究を参考にして示したのが図5.8である．中段の図で見ると，海側から順に，常に海面下にある部分（潮下帯），潮の

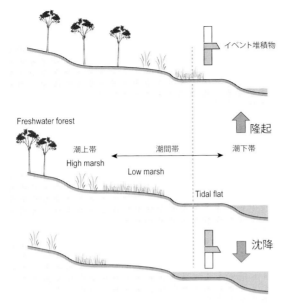

図 5.8　潮間帯周辺の地形断面（さまざまな資料から作成）

干満によって 1 日のうちに陸になったり海中になったりする部分（潮間帯），満潮線より上の地帯で常に陸となっている部分（潮上帯）に分かれる．これらは諸条件によってさらに細分されることがある．図 5.8 では干潟（tidal flat）と，その後背で塩分に耐性を持つ植物群落の生育する湿地（tidal marsh）が発達する場合を示している．tidal marsh は高潮位時に汽水・海水で冠水する部分（low marsh）と，平均高潮位より高い部分（high marsh）に分かれるのが普通である．さらにその陸側（潮上帯）には，淡水環境で生育する林（freshwater forest）が分布する．

図 5.8 中段のような場所で，隆起が起きると上段の図のようになり，海が引いていく形になる．その結果，潮間帯を含むシステム全体が海側へシフトする．点線の位置で地層断面を見ると，柱状図に示したように，海水の影響が強い地層からそれが弱い地層へと急変する様子が記録される．これとは逆に，海岸の沈降が起きると図 5.8 下段のようになり，海が内陸へ侵入することになる．その結果，潮間帯を含むシステム全体が陸側へシフトする．点線の位置では，海水の影響が弱い地層からそれが強い地層へと急変する様子が

記録される．このような環境が変化する境界にイベント性の堆積層が挟まっていれば，それは津波堆積物である可能性が非常に高い．

このような海岸で復元された地震性隆起・沈降との同時性から，津波堆積物であることの確証を得ているケースはいくつかある．たとえば，カスケード沈み込み帯に面した北米大陸太平洋岸の湿地では，地震沈降を示す埋没土壌の上に，海から運ばれた砂層が見つかり，カスケード沈み込み帯で発生した巨大地震による津波の堆積物と考えられている（たとえば，Atwater, 1987）．これと類似した埋没土壌とそれを覆う津波堆積物の組み合わせは，チリ地震の震源域周辺の海岸湿地でも報告されている（Cisternas et al., 2005）．

2) 津波に起因する環境変化

上記のような地殻変動が検出できるのは，限られた条件下でのことであり，実際に地殻変動を直接に検出するのは難しいことが多い．このため，さまざまな指標を使って間接的に地殻変動を検出したり，津波と関連する海岸の環境変化を検出することも行う．たとえば，2011年東北沖地震で見られたように，海岸の地殻変動だけでなく，津波による潟湖の破壊なども起きる．こうした環境変化の例を図5.9に示した．中央の図は地震前の状態である．星印の位置で見ると，通常時には静穏な環境で汽水性の地層が堆積している．地震隆起が起きると，左側の図のように海岸が遠のくことになる．潟は内陸に取り残されて小さくなり，潟の地層には汽水性堆積物を覆って，潟が縮小・淡水化した環境への急変が記録される．逆に地震沈降が起きると，右側の図のように潟湖が広がり，場合によっては海とつながって内湾化することもある．星印の位置で見ると，汽水性堆積物から内湾堆積物への急変が起きる．いずれの場合も，環境が急変する境界にイベント堆積物が挟まっていれば，それは津波堆積物である可能性が非常に高い．

地殻変動の量や津波による地形改変の様式によって，地層の累積パターンにはバリエーションがある．2011年東北沖地震では，津波で潟湖が破壊されて一時的に海とつながり，その後に海浜が再生して潟湖が復活した例もある（図4.2）．その場合には，図5.9の下図のように，潟湖の地層には，汽水域→内湾→汽水域，といった地層の累積パターンが記録される．この場合，

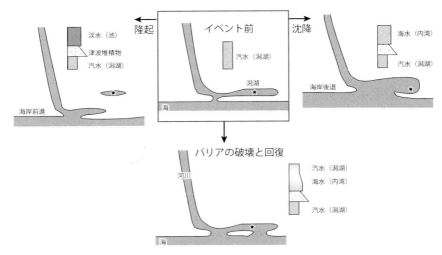

図5.9 地震と津波に起因する海岸の環境変化

　汽水域から内湾に変わる境界に挟まるイベント堆積物があれば,津波堆積物である可能性が高い.ただし,海岸の地形や環境変化には,地殻変動だけでなく世界的な海水準変動の影響もあるので,それを考慮することが上記の調査には前提となる.

　ここでは著者自身による研究例を2つ紹介しよう.一つ目は房総半島南東岸に分布する溺れ谷の地層に挟まる砂礫層が,地震隆起との関係から津波堆積物と判定された例である（藤原ほか,2009）.房総半島南部は相模トラフ周辺で発生する地震に関連して隆起速度が大きいため,かつて海底や海面付近で堆積した地層が地上に露頭として現れている.温石川沿いの谷では,現在の海岸から約700m内陸の地点で,高さが2m前後のほぼ水平な粘土質の地層（主に干潟堆積物）が北東―南西方向に80m以上も連続して観察できる.露頭には水平に連続する砂礫層（厚数cmから数十cm）が何層か挟まっている（図5.10）.この図では特に連続性がよい砂礫層に1から4まで番号をつけている（図5.10A）.砂礫層は下位の粘土層を削り込んで覆い斜交層理が発達する.礫はシルト岩や細粒砂岩が主体の中礫でよく円摩しており,波の影響を受ける海岸で堆積していたものが,泥干潟へ運び込まれたも

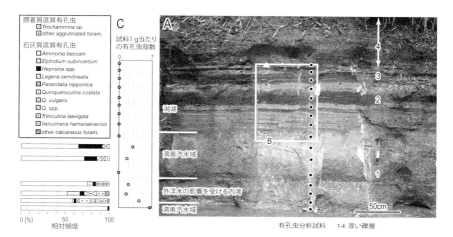

図5.10 地震隆起との関係から津波堆積物と判定された礫層（藤原ほか，2009）

房総半島南東岸に分布する溺れ谷（温石川）の例．A：露頭写真．少なくとも砂礫層1は津波によるものと判定される．B：ラグーン堆積物の剝ぎ取り試料の写真．C：有孔虫分析の結果．

のであろう．

　ここでは層相と化石のデータから，露頭下部の砂礫層1を挟む部分の古水深変遷に注目する（図5.10C）．砂礫層1の下位のシルト層はリップル葉理を伴う砂質シルトと粘土層の細互層からなる．これは潮流の発生時に砂が移動し，潮流の停滞時に浮遊していたシルト粒子などが沈殿することで形成された潮汐堆積物である（たとえば，増田ほか，1988；坂倉，2004）．貝化石や有孔虫化石からは外洋水の影響を受ける内湾の環境が推定された．砂礫層1は

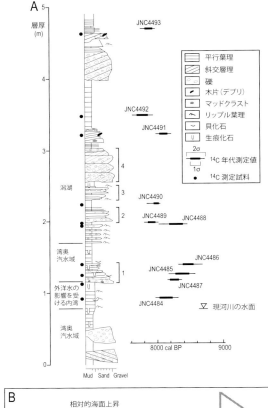
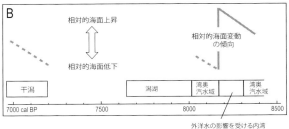

図5.11 温石川露頭の環境復元(藤原ほか,2009)
　A:露頭の柱状図と ^{14}C 年代測定値.柱状図左のスケールは,露頭の観察できる下限を基底とし,そこからの層厚で示す.
　B:堆積相の重なりから復元された相対的海水準変動.

海生のオキシジミやイボウミニナの化石を含み,礫の特徴とともに海から内陸側（干潟）へ堆積物の移動があったことを示唆する．また，この砂礫層は内部にマッドドレイプを挟む多重級化構造を持ち，全体として上方細粒化を示す一連の堆積層である．砂礫層1を覆う粘土層は，底生有孔虫化石はほとんど*Ammonia beccarii*と*Heynesina* spp.のみからなり，塩分濃度が低い湾奥の環境が推定された．さらに上位には炭質物に富む淡水のラグーン環境で堆積したと考えられる粘土層が重なる．以上のことから，砂礫層1の堆積と時を同じくして，外洋水の影響を受ける内湾から湾最奥部の汽水環境への変化（相対的海面低下）が検出された．

^{14}C年代測定の結果，この地層は8400-7700 Cal BP頃にかけて堆積したもので，相対的海面低下が起きた時期は8200 Cal BP頃と推定される（図5.11 A, B）．この時期には後氷期の海面上昇（縄文海進）によって，氷期の低海面期に形成された谷に海が侵入しつつあった．したがって，相対的な海面低下があったとすれば，それは陸が隆起したことを示す．この隆起は房総半島沖で起きた巨大地震によるものと考えられる．堆積年代からは，砂礫層1は本書で紹介する古巴湾で見られるT2またはT2.1津波堆積物と対応する可能性が高い．房総半島南部には縄文海進ピークの7300 Cal BP以降に離水した海成段丘（沼面などと呼ばれる）が分布しており，海溝型地震の繰り返しで形成されたと考えられている．しかし，海面が上昇中であったより古い時代の地震の痕跡は海岸地形からは知られていない（仮にそのような痕跡ができたとしても，現海面下に沈んでいる）．砂礫層1と隆起イベントは，海成段丘からわからない，より古い時代の海溝型地震の証拠でもある．

もう一つの例は，本章で紹介した元禄と大正の関東地震による津波堆積物である．元禄津波堆積物は内湾堆積物を覆い，汽水の入り江で堆積した地層に覆われている．この変化は周辺の地形などから推定された2m程度の隆起に対応している．大正関東地震の津波堆積物は入り江の堆積物を覆い，有機質の湿地堆積物に覆われている．これは測量結果から推定された1.5m程度の隆起とも整合している．

5.4.4 肉眼で識別が難しい津波堆積物

津波堆積物を認定する第一歩は，通常とは異なる堆積作用が起きた証拠をさまざまな視覚的情報から得ることである．そのためには地層の構成物の種類や粒径などを使っている．しかし，津波堆積物には，これまで示した砂層などだけでなく，肉眼では堆積層として識別が難しいものもある．

たとえば，泥炭湿地では津波で海岸から運ばれた砂層を見分けやすい．これはバックグラウンドとなる堆積層が暗色かつ細粒なので，外来の粒子が細粒で少量でも肉眼で識別しやすいからである．黒色の画用紙の上に少量の細粒砂をばら撒いたのと同じである．同じ環境でも津波で再移動した泥炭の塊は，背景に紛れて見分けにくい．同様に，2011年東北沖津波で内陸部の湿地などを覆う泥質の津波堆積物も，古津波堆積物となった場合には見分けにくい．このように，肉眼での識別が難しい条件の一つは，津波堆積物の構成物がバックグラウンドとなる地層と似通っている場合である．もう一つ，堆積後の擾乱で津波堆積物が地層中に拡散してしまった場合も見分けがつきにくい．これは津波堆積物が薄い場合に起こりやすい．

しかし，このような目視で識別困難な津波堆積物は，目に見える津波堆積物と同じくらい，あるいはそれ以上に地層に含まれている可能性がある．これを見つけることは，津波の繰り返しの間隔や，津波の遡上限界を推定するのに重要である．そのためには，まず，津波堆積物の候補となるイベント堆積物がどこに隠れているか目星をつけ，次に化学成分や化石などの分析を行って検証を得ることになる．

ソフトX線写真は，コア試料などで目視ではわかりにくい構造を確認するのによく使われる．X線の透過率は地層の密度などと関連するので，X線写真を使うと第4章の図4.11のように，目で見えない堆積構造なども判別できる．図4.11では相対的に高密度な部分（主に砂層）は白く写り，低密度な部分（主に泥層）は黒く写っている．中部に見える黒い円形の部分はタニシの殻で，なかに水や泥が入っているので黒く見える．

露頭の場合は，より簡便な方法として，差別侵食を用いる．これは津波で運ばれた砂粒子などがさまざまな擾乱の結果，元々津波堆積物があった層準を中心として上下の地層中に拡散した場合に有効である．沖積層のような固

結が進んでいない地層では，粗粒な砂粒子を含む部分は，細粒な粘土やシルト層よりも風雨による侵食に弱い．このため，差別侵食が起こる．たとえば，第6章の図6.13は内湾で堆積したシルト層の露頭であるが，砂層からなる津波堆積物の部分が差別侵食のために窪んでいる．風化した露頭にできた窪みに注目すると，そこに相対的に粗粒な堆積層がある（あった）ことを認識できることがある．風化していない露頭やコア試料の断面でも，剝ぎ取り試料を作ることで粒子の粗粒・細粒の分布を見やすくして，イベント堆積物の挟まる位置に目星をつけることができる．目星がついたところで次に，上述した方法を使った津波堆積物の認定を進めることになる．

コラム4　地層の剝ぎ取り試料

　露頭で見られる地層を薄く剝がして持ち帰り，あとでゆっくり観察したいというのは，地層の研究者であれば誰もが思ったことがあるだろう．あるいは，海岸や川で今まさにできつつある地層についても，これを崩さずに持ち帰る方法があったら，じっくり研究することができるだろう．剝ぎ取り試料は地層を何らかの固化材で固め，その断面を固定して薄く剝がしたもので，コア試料に比べて嵩張らず，軽く，カビが生えることも少なく，運搬や保管に向いている．堆積したての柔らかく含水率が高い地層は，変形しないように採取すること自体が大変な作業であるが，剝ぎ取り試料にすればそれも解決する．本書でも剝ぎ取り試料の写真をいくつか示している．

　実験水槽で作ったり自然に堆積しつつある地層を，希望する方向の断面で切り取り，内部構造を観察しようとする試みは古くから行われてきた．地層の固化にはいろいろな方法が試され，古くはレジンなどの樹脂材料が使われたり，後には瞬間接着剤が使われたこともある．しかし，こうした材料だと，堆積構造を調べるには固化した試料を切り出して研磨する必要がある．剝ぎ取り試料はこうした不便も解消してくれる．剝ぎ取り試料は一般の目に触れるところでは，遺跡で現地の様子を保存し博物館などで展示する目的に使われることが多かった．土壌や遺構の一部を専用の樹脂や接着材，ウレタンポリマーなどで固めて展示してあるのを博物館などで見たことのある読者もいるだろう．

露頭の状態（乾湿など），試料の固化にかかる時間，コスト，作業の簡便性などに応じて，剝ぎ取りに使う薬剤も異なる．本書に示した写真で使っているのは，親水性のグラウト剤である．これは元々土木工事で透水性の高い岩盤に対する遮水作業に使われていたものである．親水性のグラウト剤は水と反応して固まる性質を持つので，その性質を使って地層を構成する粒子を固めて，薄く剝がし取ることができる．この作業を行うと，剝がし取った薄い試料（こちらを一般に剝ぎ取り試料という）と，剝がされた側の堆積物試料が残る．本書では特に断らない限り，「剝ぎ取り試料」の方を示している．地層の性状（粒径や含水率）によっては，「剝がされた側」の方がより観察しやすいこともある．その場合は，剝ぎ取り試料と「剝がされた側」の両方を比較しつつ層相の記載をする．

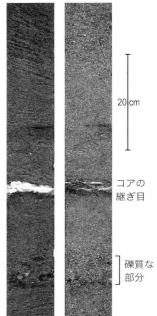

図 5.12　剝ぎ取り作業の前と後の沖積層のボーリングコア試料

　剝ぎ取り試料を作ることで，地層の堆積構造などの観察の効率と確実性が向上する例を図 5.12 で示す．同じボーリングコアの写真であるが，右はコアを半裁して断面を平らに整形しただけの状態である．粒径の差や構成粒子の種類の違いで何となく葉理がわかるが，それ以上の情報は読み取れない．左が剝ぎ取りをした後（剝がされた側）の試料で，斜交層理や礫の配列などが明瞭にわかる．

　試料の粒子が粗い（空隙率が高い）ほどグラウト剤が多く染み込むので，剝ぎ取り試料では粗粒な部分が凸，細粒な部分が凹になり（「剝がされた側」ではこの逆），粒径の違いによる葉理などの堆積構造が「3 次元的」に見えて判読しやすくなる．また，コアの成型時に表面の粒子配列が乱れたり，人為的な構造ができることが堆積構造の観察で問題となるが，剝ぎ取りを行うことで乱れのない地層面を露出させることができるという利点もある．

　堆積構造の解析にはソフト X 線写真も使われるが，これは透過画像であるので，サンプルが厚いと堆積構造が重なり合ってしまい，うまく見えな

いことがある．何より剥ぎ取りは現地で手軽にでき，地層の保存にも都合がよい．ただし問題点として，グラウト剤には有機溶剤など人体や環境に悪影響を及ぼす成分や可燃性成分がわずかではあるが含まれることがあり，取扱いや保管には十分注意が必要である．また，その性質上，自然には難分解性であるので，剥ぎ取り作業に伴って発生するゴミは産業廃棄物として適切に処分しなければならない．

第5章引用文献

Atwater, B. F. (1987) Evidence for great Holocene earthquakes along the outer coast of Washington State. *Science*, **236**, 942-944.

Chagué-Goff, C., Niedzielski, P., Wong, H. K.Y., Szczuciński, W., Sugawara, D. and Goff, J. (2012) Environmental impact assessment of the 2011 Tohoku-oki tsunami on the Sendai Plain. *Sediment. Geol.*, **282**, 175-187.

Cisternas, M., Atwater, B. F., Torrejón, F., Sawai, Y., Machuca, G., Lagos, M., Eipert, A., Youlton, C., Salgado, I., Kamataki, T., Shishikura, M., Rajendran, C. P., Malik, J. K., Rizal, Y. and Husni, M. (2005) Predecessors of the giant 1960 Chile earthquake. *Nature*, **437**, 404-407; doi:10.1038/nature03943.

藤原　治・池原　研・七山　太編（2004）地震イベント堆積物—深海底から陸上までのコネクション．地質学論集，**58**，169p.

藤原　治・平川一臣・入月俊明・鎌滝孝信・内田淳一・阿部恒平・長谷川四郎・高田圭太・原口　強（2006a）1703年元禄・1923年大正関東地震に伴う房総半島南西岸の館山浜堤平野システムの発達過程．第四紀研究，**45**，235-247.

藤原　治・小松原純子・高田圭太・宍倉正展・鎌滝孝信（2006b）静岡県湖西市白須賀付近の浜堤平野システムの発達過程．地学雑誌，**115**，569-581.

藤原　治（2007）地震津波堆積物：最近20年間の主な進展と残された課題．第四紀研究，**46**，451-462.

藤原　治・鎌滝孝信・内田淳一・阿部恒平・原口　強（2009）房総半島南東岸の完新世前期の溺れ谷堆積物にみられる地震隆起の痕跡と津波堆積物．第四紀研究，**48**，1-10.

藤原　治・佐藤善輝・小野映介・海津正倫（2013）陸上掘削試料による津波堆積物の解析—浜名湖東岸六間川低地にみられる3400年前の津波堆積物を例にして．地学雑誌，**122**，308-322.

福沢仁之（1995）天然の「時計」・「環境変動検出計」としての湖沼の年縞堆積物．第四紀研究，**34**，135-149.

後藤和久・藤野滋弘（2008）2004年インド洋大津波後の津波堆積物研究の課題と展望．地質学雑誌，**114**，599-617.

後藤和久・西村裕一・宍倉正展（2012）地質記録を津波防災に活かす—津波堆積物研究の現状と課題．科学，**82**，215-219.

Hansom, J. D., Barltrop, N. D. P. and Hall, A. M. (2008) Modelling the processes of cliff-top erosion and deposition under extreme storm waves. *Marine Geology*, **253**, 36-50.

羽鳥徳太郎（1976）南房総における元禄16年（1703年）津波の供養碑—元禄津波の推定

波高と大正地震津波との比較．地震研究所彙報，**51**，63-81．
平川一臣・中村有吾・越後智雄（2000）十勝地方太平洋沿岸地域の巨大古津波．月刊地球号外**31**，92-98．
Kench, P. S., McLean, R. F., Brander, R. W., Nichol, S. L., Smithers, S. G., Ford, M. R., Parnell, K. E. and Aslam, M.（2006）Geological effects of tsunami on mid-ocean atoll islands: The Moldives before and after the Sumatran tsunami. *Geology*, **34**, 177-180.
北村晃寿・藤原 治・小林小夏・赤池史帆・玉置周子・増田拓朗・浦野雪峰・小倉一輝・北村賀子・増田俊明（2011）静岡県静岡平野東南部における完新統のボーリングコアによる遡上した津波堆積物の調査（速報）．静岡大学地球科学研究報告，**38**，3-19．
Kitamura, A., Fujiwara, O., Shinohara, K., Kobayashi K., Tamaki, C., Akaike, S., Masuda, T., Ogura, K., Urano, Y. and Mori, H.（2013）Identifying possible tsunami deposits on the Shizuoka Plain, Japan and their correlation with earthquake activity over the past 4000 years. *The Holocene*, **23**, 1684-1698.
小松原純子・藤原 治・高田圭太・澤井祐紀・タン・ティン・アォン・鎌滝孝信（2006）沿岸低地堆積物に記録された歴史時代の津波と高潮：南海トラフ沿岸の例．活断層・古地震研究，No. 6，107-122．
Komatsubara, J., Fujiwara, O., Takada, K., Sawai, Y., Aung, T. T. and Kamataki, T.（2008）Historical tsunamis and storms recorded in a coastal lowland, Shizuoka Prefecture, along the Pacific Coast of Japan. *Sedimentol.*, **55**, 1703-1716.
増田富士雄・中山尚美・池原 研（1988）茨城県行方郡北浦内宿の更新統にみられる9日間の潮流によって形成された斜交層理．筑波の環境研究，**11**，91-105．
Matsumoto, D., Naruse, H., Fujino, S., Surphawajruksakul, A., Jarupongsakul, T., Sakakura, N. and Murayama, M.（2008）Truncated flame structures within a deposit of the Indian Ocean Tsunami: evidence of syn-sedimentary deformation. *Sedimentol.*, **55**, 1559-1570.
Matsumoto, D., Shimamoto, T., Hirose, T., Gunatilake, J., Wickramasooriya, A., DeLile, J., Young, S., Rathnayake, C., Ranasooriya, J. and Murayama, M.（2010）Thickness and grain-size distribution of the 2004 Indian Ocean tsunami deposits in Periya Kalapuwa Lagoon, eastern Sri Lanka. *Sediment. Geol.*, **230**, 95-104; doi:10.1016/j.sedgeo.2010.06.021
箕浦幸治・中谷 周・佐藤 裕（1987）湖沼底質堆積物に記録された地震津波の痕跡―北津軽郡市浦村十三付近の湖沼系の例．地震，**40**，183-196．
Minoura, K. and Nakaya, S.（1991）Traces of tsunami preserved in inter-tidal lacustrine and marsh deposits: Some examples from northeast Japan. *J. Geol.*, **99**, 265-287.
Minoura, K., Nakaya, S. and Uchida, M.（1994）Tsunami deposits in a lacustrine sequence of the Sanriku coast, northeast Japan. *Sediment. Geol.*, **89**, 25-31.
Miyabe, N.（1931）On the vertical earth movements in Kwanto districts. *Bull. Earthq. Res. Inst., Univ. Tokyo*, **9**, 1-21.
Moore, A. L., McAdoo, B. G. and Ruffman, A.（2007）Landward fining from multiple sources in a sand sheet deposited by the 1929 Grand Banks tsunami Newfoundland. *Sediment. Geol.*, **200**, 336-346.
中田 高・島崎邦彦（1997）活断層研究のための地層抜き取り装置（Geo-slicer）．地学雑誌，**106**，59-69．
岡村 眞・栗本貴生・松岡裕美（1997）地殻変動のモニターとしての沿岸・湖沼堆積物．月刊地球，**19**，469-473．
岡村 眞・都司嘉宣・宮本和哉（2003）沿岸湖沼堆積物に記録された南海トラフの地震活

動．月刊海洋，**35**，312-314．

Ricci Lucchi, F.（1995）Sedimentographica. A photograph atlas of sedimentary structures, Second edition. Columbia University Press, New York, 255p.

坂倉範彦（2004）潮汐環境の堆積物：日本の干潟の理解に向けて．化石，**76**，48-62．

佐藤善輝・藤原　治・小野映介・海津正倫（2011）浜名湖沿岸の沖積低地における完新世中期以降の環境変化．地理学評論，**84**，258-273．

澤井祐紀（2007）珪藻化石群集を用いた海水準変動の復元と千島海溝南部の古地震およびテクトニクス．第四紀研究，**46**，363-383．

Sawai, Y., Jankaew, K., Martin, M. E., Choowong, M., Charoentitirat, T. and Prendergast, A.（2009）Diatom assemblages in tsunami deposits associated with the 2004 Indian Ocean tsunami at Phra Thong Island, Thailand. Marine Micropaleontol., **73**, 70-79.

澤井祐紀（2012）地層中に存在する古津波堆積物の調査．地質学雑誌，**118**，535-558．

澤井祐紀（2014）古地震研究において珪藻化石分析が果たす役割．Diatom，**30**，57-74．

宍倉正展（2003）変動地形からみた相模トラフにおけるプレート間地震サイクル．地震研究所彙報，**78**，245-254．

Takashimizu, Y., Urabe, A. Suzuki, K. and Sato, Y.（2012）Deposition by the 2011 Tohoku-oki tsunami on coastal lowland controlled by beach ridges near Sendai, Japan. Sediment. Geol., **282**, 124-141.

Tamura, T.（2012）Beach ridges and prograded beach deposits as palaeoenvironment records. Earth-Sci. Rev., **114**, 279-297.

都司嘉宣・岡村　眞・松岡裕美・村上嘉謙（1998）浜名湖の湖底堆積物中の津波痕跡調査．歴史地震，**14**，101-113．

渡辺偉夫（1998）日本被害津波総覧（第2版）．東京大学出版会，248p．

6
さまざまな津波堆積物

　古津波堆積物はさまざまな場所と時代の地層から報告がある．その顔つき（粒径，堆積構造，層厚など）は，津波の原因となったイベントの種類，津波の規模，堆積場の条件（周辺の地形，地質，生物相など），構成物などによって多様である．津波堆積物を原因，構成物，堆積場の違いで分けて，代表的な例を見てみよう．

　原因では地震と火山噴火に関連するものが大半を占め研究例も多いので，この2つについて詳しく紹介する．海底地すべりが原因で起こった津波による堆積物も知られてはいるが，数が限られるので詳しくは取り上げない．隕石の衝突で起きた津波による堆積物については本章末コラム5で取り上げた．

　構成物は海岸の地質や土地利用によって粗粒（津波石）から細粒（粘土質）までバリエーションがある．また，火山灰や生物遺骸（貝殻や植物片）の集積層からなる津波堆積物もある．砂質と泥質の津波堆積物はすでに多数の例を示したので，ここでは津波石と生物遺骸からなる津波堆積物を取り上げる．火山灰を主構成物とする津波堆積物も火山噴火との関連で取り上げている．

　堆積場としては海岸の平野などが主であるが，浅い内湾のほか，大陸棚や深海底からの報告もある（たとえばCita and Aloisi, 2000）．海岸平野に堆積した津波堆積物についてはすでに紹介したので，ここでは縄文時代の内湾（溺れ谷）に堆積した津波堆積物を紹介する．

6.1 火山噴火による津波堆積物

　海溝型地震と並んで津波の原因としてよく知られているのは，火山噴火である．火山噴火に伴う津波の発生事例は，過去1万年間に世界中の42の火山で起きた延べ62回の噴火で知られており（Simkin and Siebert, 1994），さらに1994年以降に4回発生した（Nishimura, 2008）．火山噴火に伴う津波の発生機構は複雑だが，カルデラの崩壊，火砕流や山体崩壊に伴う岩屑の海への突入，海底での火山噴火などが考えられる（Latter, 1981；Nishimura, 2008）．

　火山噴火に伴う津波堆積物は，地中海のサントリニ火山（1600-1300BC）（Minoura *et al.*, 2000），北海道駒ケ岳（1640年）（Nishimura and Miyaji, 1995），雲仙普賢岳（1792年），1815年タンボラの噴火（Self *et al.*, 1984），スンダ海峡のクラカタウ（1883年）（Carey *et al.*, 2001），パプアニューギニアのブルカン火山（1994年）（Nishimura *et al.*, 2005）などの例が知られている．いくつかの研究例では，津波堆積物について詳しい報告がされ，津波堆積物から噴火の様相が推定できるものもある．

6.1.1　1994年ラバウル火山の噴火，および1640年北海道駒ヶ岳噴火による津波堆積物

　1994年9月19日，パプアニューギニア国のラバウル市にあるシンプソン（Simpson）湾で，2つの火山がほぼ同時に噴火した．一つは湾の西側にあるブルカン（Vulcan）火山，もう一つは湾の東側にあるタブルブル（Tavurvur）火山である．検潮記録によれば，ブルカン火山の噴火中に津波が複数回起こっているが，それが噴火のプロセスのなかでいつ発生したかを特定することは難しい．Nishimura *et al.*（2005）は，津波堆積物の内部構造や空間的な分布から，津波の起きたタイミングやその規模を推定した．以下はその概略である．

　シンプソン湾の海岸で見つかった津波堆積物は軽石に富む砂層からなり，2つの火山から噴出した火山灰層に挟まっていた．この砂層には軽石のほかに，サンゴの破片，海生の貝の殻，木の枝，プラスチック片等を含み，葉理が見られる．砂層の層厚は10 cm以下で，海岸から内陸へ薄くなりながら

100 m ほど追跡された. 火山灰に挟まる砂層は1枚のこともあるが, 場所によっては砂層が2枚または3枚見られ, 少なくとも3回の流れが起きたと考えられる (遡上と戻り流れの両方があり得る). 浮力の大きな軽石は砂層の上部に集積しやすく, また内陸へ運ばれやすいので, 内陸ほど砂層中で軽石粒子の頻度が高くなる. 軽石は木の枝などのデブリとともに内陸奥深くまで運ばれ, その集積部が津波の遡上限界を示している. 降下した火山灰で覆われたことが, この津波堆積物の保存に役立った.

ブルカン火山の主要な噴火は19日の朝と日中 (噴火の最高潮) の2回起こった. 朝の噴火では白色の火山灰が降下し, 日中の噴火では大量の軽石が降った. また, 夜にはタブルブル火山の大きな噴火があり, 黒っぽい火山灰を降らせた. 津波堆積物は直接地面を覆うのではなく, 白色の火山灰と軽石層に含まれている. 津波の来襲に先立って火山灰と軽石の降下があり, 軽石の降下は津波来襲後まで続いていたことがわかる. 津波堆積物と火山灰の層序関係からは, 津波はブルカン火山の噴火が最高潮を迎えていた間に何度か発生したと考えられる. 津波堆積物の分布高度から推定した津波の遡上高は, 3.5 m 以上で場所によっては8 m に達していた. しかし, この遡上高の推定には注意が必要である. 調査地周辺では噴火の直前に大きいところでは数 m も隆起したが, その後の沈降で調査時には土地の高さは噴火前のレベル近くに戻っていた. したがって, 実際の津波の遡上高は隆起していた分だけ高かった可能性がある.

この例と同様に, 火山灰と津波堆積物の層序関係が調べられた例が日本でもある. 1640年7月31日に起きた北海道駒ヶ岳の噴火に伴う津波による堆積物がそれである. 駒ヶ岳は北海道の南部, 渡島半島の内浦湾南岸に位置する. 噴火に関連して山体崩壊が発生し, 崩壊物が内浦湾になだれ込むことで津波が発生した. 津波は内浦湾沿岸各地に被害を出し, 700人以上が犠牲となった. この津波で内浦湾周辺の低地に残された津波堆積物を, Nishimura and Miyaji (1995), 西村・宮地 (1998) 等が報告している. それによると, この津波堆積物は砂層や礫層からなり, 陸側へ層厚を減じるが, 観察された多くの地点で噴火最初期に降下した細粒火山灰に覆われている. 津波堆積物が確認できる最高地点は標高 7.3 m とされる. 津波堆積物の堆積したタイミ

ングや分布高度は，文書に残された津波の記録とよく調和している．

6.1.2 1883年クラカタウ大噴火による津波堆積物

クラカタウ（Krakatau）は，ジャワ島とスマトラ島の中間にある火山島の総称である．その一つであるラカタ島は1883年に大噴火を起こし，山体の大半が消滅した．その噴出量は25 km^{3}と見積もられ，歴史上最大規模の噴火の一つである．1883年8月27日に破局を迎えた噴火により，大津波が発生した．津波の原因としては火砕流と山体崩壊の両方が考えられるが，夜中に発生したこともあって直接の目撃記録がなく，詳細は不明である．この津波による死者はスンダ海峡沿岸で3万6000人以上に達し，2004年にスマトラ島沖地震が起こるまでは世界最大の津波災害であった．

クラカタウから北東へ約80 km離れたインドネシアのバンテン（Banten）湾では，津波は初期の振幅が4-6 mもあったと推定されている（Simkin and Fiske, 1983）．van den Bergh et al. (2003) は，バンテン湾で採取したコア試料（内径9 cm）から，この津波による堆積物を報告している．彼らはコアの肉眼観察だけでなく，ソフトX線写真撮影，粒度分析，帯磁率測定などを行った．それによれば，クラカタウ噴火による津波堆積物は淘汰の悪い砂層からなり，均質な泥層に挟まっていた．バンテン湾はサンゴ礁に囲まれていてサイクロンの影響が小さく，通常は泥質の地層がゆっくり沈殿している．そこに急激な流れが起きて，基底に侵食面を持ち貝殻片やその他の石灰質の殻片などに富む砂層を形成した．貝殻は異地性の種（*Oyster*など）と現地性の種（*Turritella*など）が混合しており，強い流れで貝殻の洗い出しと再堆積が起きたことを示している．この津波堆積物は1883年噴火に由来する軽石質の火山灰を含み，噴火との同時性が確認できる．層厚は湾内の場所によって異なり，たいていは7 cm以下であるが，まれに30 cmに達する．侵食が卓越して津波堆積物が認められないところもあるが，津波堆積物は海岸から4 km沖（水深20 m以上）の海底まで見つかっている．厚く堆積した場所では，津波堆積物は級化や逆級化を示す何枚かのレイヤーに区分される．これは波が何度も来襲した（あるいは湾内で波が反射を繰り返して何度も強い流れが起こった）ことを示すと解釈されている．津波堆積物に含まれる陸

源物質（亜角の火山岩片など）の比率は海岸部で高く，これは引き波で海底へ運ばれたと解釈される．なお，噴火に由来する火山灰は津波堆積物の上部に濃集しているので，本格的な火山灰降下に先立って津波がバンテン湾に到達したと考えられている．津波規模のわりに見つかっている津波堆積物が薄いことも注目すべきであろう．

6.1.3　鬼界アカホヤ噴火による津波堆積物

読者のなかには，鬼界アカホヤ火山灰（K-Ah）という名称を聞いたことがある方もあるだろう．これは日本列島周辺の考古学や古環境学では非常に重要な指標火山灰である．その起源は南九州沖にある鬼界カルデラ（図6.1 A）で，約7300年前に起こった完新世における地球上で最大規模の噴火（鬼界アカホヤ噴火）である．K-Ah は，この噴火の最後に発生した大規模な

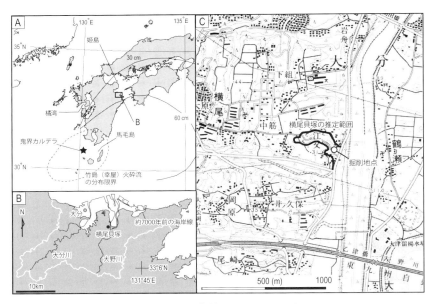

図6.1　鬼界カルデラと横尾貝塚の位置（藤原ほか，2010）
　　　A：K-Ah 火山灰の等厚線を示す．
　　　B：K-Ah 降灰時の海岸線（千田，1987；古川，2008）と横尾貝塚の位置．
　　　C：横尾貝塚は枝谷のなかにある（塩地，2008；地形図は1/2.5万「鶴崎」を使用）．

水蒸気プリニアン噴火による巨大火砕流（竹島（幸屋）火砕流）から立ち上った噴煙柱から降下したものである（町田・新井，1978，2003）．

鬼界カルデラは東西 20 km，南北 17 km の大型の海底カルデラである（篠原ほか，2008）．鬼界アカホヤ噴火による全体の噴出量は 100 km^3 をはるかに超える（町田・新井，1978）．その噴出にはカルデラの陥没や火砕流を伴ったと考えられる．Maeno et al.（2006），Maeno and Imamura（2007）によるシミュレーション結果では，火砕流とカルデラ陥没のいずれも大きな津波を起こす．また，この結果によれば火砕流による津波の方がより大きくなり，鬼界カルデラに面した薩摩・大隅半島南岸や種子島・屋久島などの沿岸では条件によっては津波の波高は 20 m にも達した可能性がある．しかし，確実に鬼界アカホヤ噴火によると考えられる津波堆積物は最近まで未確認であった．

1) 横尾貝塚からの発見

鬼界アカホヤ噴火に伴う津波堆積物が，鬼界カルデラから北に約 300 km 離れた別府湾南東岸に位置する横尾貝塚（国指定史跡）（図 6.1 B）から藤原ほか（2010）によって報告された．横尾貝塚は大分市街地から南東へ約 7 km 内陸に入った台地の東縁部に位置する縄文早期から後期にかけての集落跡で，九州で最も有名な縄文遺跡である．K-Ah が降灰した頃は縄文海進の最盛期に近く，大分平野も広い範囲が浅い内湾になっていた．横尾貝塚はその内湾の最も奥まった部分に面した丘陵（更新世の河成段丘）に立地している．

横尾貝塚の発掘調査では，段丘を開析する小規模な谷の内側に，層厚 60 cm 以上もある K-Ah が泥炭質の谷底湿地を覆って堆積している様子が見られた（図 6.2）．K-Ah 直下の地層からは，約 60 km 北の周防灘に浮かぶ姫島から運ばれた黒曜石の石核が大量に発見されている．なかには植物で編まれた籠に収納された状態の石核もあったことから，横尾貝塚は黒曜石の集散地であったと推定されている（大分市教育委員会，2004）．実は，この K-Ah の一部が津波で堆積したものである．

図 6.2　横尾貝塚で見られる K-Ah（藤原ほか，2010）

2）　K-Ah の水平分布

　K-Ah は図 6.2 A に示す発掘ピットの底面を一面に覆っているが，表面に露出している部分を白枠で示した．遺跡の断面を観察するために掘られた試掘坑で，K-Ah の内部構造や，水平方向の層相の変化を観察できた（図 6.2 B）．K-Ah は当時の谷底斜面に沿って堆積しており，斜面の低い側（図 6.2 A の手前側）では泥炭湿地の堆積物を覆う．泥炭層は干潟周辺に住む珪藻の化石を含み，当時の谷底は塩水の影響を受けていた（金原ほか，2008）．K-Ah の層厚は図 6.2 A の手前側で厚く，写真奥へ谷底斜面を登るにつれて薄くなる．この分布形態からは，K-Ah が谷底の斜面を遡上して堆積したことが推定される．この K-Ah は基底部を除いてほとんど全体が火山ガラス（平均最大径 1-0.5 mm 程度の淡褐色または透明なバブル壁ガラス）とごく微量の斑晶鉱物（斜方輝石など）からなり，降灰した K-Ah と同じく，外来物質が少なく非常に純粋である．

3）　K-Ah の内部構造

　発掘ピットの壁面から作成した剝ぎ取り試料の観察から，この K-Ah は構成物や堆積構造の違いなどで 6 枚の堆積ユニット（下位よりユニット I 〜 VI）に分かれることがわかった（図 6.3）．この層序からはラバウルの例と同様に，津波が来襲したときの様子を推定することができる．

　ユニット I は下位の泥炭などを削り込んで覆う．取り込んだ泥炭などのために全体に黒色〜暗灰色を示す．ピット内の場所によっては基底部に層厚 5

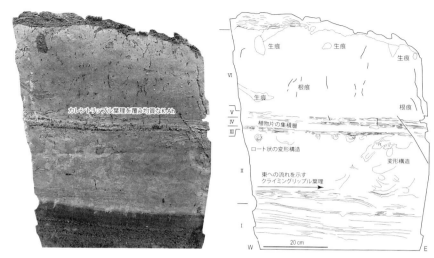

図6.3 K-Ah 剝ぎ取り試料（藤原ほか，2010）
図6.2Bのピットの壁から作成．

cm以下の砂礫層（径1cm未満の亜円〜亜角礫を主とする）が見られる．この砂礫層は強い一方向流から堆積したことを示す低角斜交層理やプレーンベッド[*1]と考えられる平行葉理が見られ，一部では逆級化構造も発達する．ユニットⅠは全体としては上方細粒化を示し，上部ほど堆積構造が小型になる．上部に見られる小型のクライミングリップル葉理[*2]の成長方向からは，西（谷を遡上する向き）への古流向が読み取れる．K-Ah起源の物質は下位の泥炭質層には含まれず，ユニットⅠから産出し始める．

ユニットⅡ（層厚約30cm）はユニットⅠを削り込んでおり，白色の細粒火山灰層からなる．下部にはクライミングリップル葉理が見られ，東向き（谷を流下する向き）の古流向を示す．このユニットの中部・上部には，コンボリュート葉理[*3]あるいはロート状の変形構造が多数見られる．ロート

[*1] プレーンベッド：地層の表面が平らで滑らかなものを言う．平滑床とも．
[*2] クライミングリップル葉理：カレントリップルは上流側斜面で侵食された堆積物が下流側斜面に付け加わることで下流に移動していく（第4章のコラム1）ので，そのままでは移動した後には堆積層が残らない．しかし，上流側斜面での侵食量を十分に上回る堆積物の供給があると，下位のリップルの上流側斜面を登るように新しいリップルが成長する．この構造がクライミングリップル葉理である．

状の変形構造は，辻・宮田（1987）や姉川・宮田（2001）が未固結堆積物中での流体噴出構造としたものに似ている．戻り流れが谷に集まり，降下した火山灰を集めながら流下したのであろう．谷底に火山ガラスを高濃度で含む混濁液が溜まり，そこから空気や水が抜ける際に変形構造ができたと考えられる．

ユニットIIIは極細砂～シルトサイズの粒子を主とする白色細粒火山灰層で，層厚は1cm前後と薄い．ユニットIIを削り込んで覆い，平行葉理や上部にリップル葉理が発達する．ユニットIVは層厚2-3cmの白色細粒火山灰層で，ユニットIIIを部分的に削り込んで覆う．プレーンベッドと考えられる平行葉理などが発達し，比較的速い流れで形成されたと推定される．上下のユニットと異なり，木片や植物片に富むことから，ユニットIVは陸側からもたらされた可能性が高い．ユニットVは層厚2-3cmの白色細粒火山灰層で，下部では谷を遡上する向きを示すクライミングリップル葉理が観察される．最上部にはさざ波の痕跡であるリップル葉理が見られる．

ユニットVIはほかのユニットと異なり，均質で流水から堆積したことを示す堆積構造が見られない．また，ユニットV上部のリップル葉理を壊すことなく，雪が地面を覆うかのようである．ユニットVIは降下火山灰と判断され，層厚は最低でも30cm以上ある．

4) K-Ahの堆積プロセス

図6.4に横尾貝塚で見られるK-Ahの堆積プロセスをまとめた．ユニットIからVに見られる特徴は，第4章や第5章で解説した多重級化構造を持つ津波堆積物とよく似ている．各ユニットのなかではそれぞれ，下部から上部へと次第に小さい流速で形成された堆積構造が重なっており，一つのユニットが1回の流れから堆積したことを示す．古流向は，ユニットIとVでは谷を遡上する向き，IIでは下る向きである．陸源物質に富むユニットIVもおそらく下り流れの堆積物である．上下のユニットで流れが反転している．

---

*3　コンボリュート葉理：地層中に見られる変形構造の一つで，波状または小さな褶曲のように歪められた葉理構造．未固結の地層に力が加わって流動変形することで形成される．

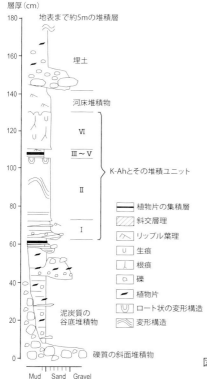

図 6.4　K-Ah の模式柱状図と堆積プロセス
（藤原ほか，2010）

　各ユニットはある程度の時間間隔を置いて堆積した証拠もある．たとえば，ユニット II に見られる流動変形は，ユニットの上面へ噴出しているものが多く，堆積中だけでなく堆積後にも流動したと考えられる．その流動変形が落ち着く程度の時間が経った後に，ユニット III が変形構造を切って堆積した．また，ユニット IV ではデブリが沈水した後にユニット V が堆積したことが読み取れる．さらに，I～V のユニット全体として見ると，上位のユニットほど薄く細粒で，内部に見られる堆積構造も小型になる．これは上位のユニットほど弱い流れで堆積したことを示し，ユニット I～V までが一連のイベントで堆積したことを示している．ユニット VI は津波が収まった後に降下した火山灰である．

6.1　火山噴火による津波堆積物——139

5) 津波の到達タイミング

　横尾貝塚の K-Ah からは，噴火と津波との時間関係も読み取れる．津波堆積物が堆積し終えてからも K-Ah の降下は続き，厚いユニット VI を形成した．大分周辺ではいたるところで降下した K-Ah が見られるが，その厚さはユニット VI のそれと近い．つまり，この津波は K-Ah の降灰の比較的初期に横尾貝塚に到達した．この時間関係は，津波と鬼界アカホヤ噴火のプロセスを考える上で重要である．上述のようにアカホヤ噴火に伴う津波の発生については，火砕流とカルデラの陥没のどちらが原因となったか（あるいは両方の相乗効果か）は決着を見ていない．計算によってカルデラから津波の伝播にかかる時間と火山灰の到達にかかる時間を比較すれば，噴火のどのタイミングで津波が起きたかがわかるかもしれない．

6) 津波の規模と起源

　アカホヤ噴火の津波堆積物（ユニット I～V）は，層厚が 35 cm にも達することに加えて礫層を伴うことも，津波の規模と関連して重要である．細粒の火山灰粒子は小さな流速でも浮遊・移動するが，礫の移動，逆級化構造やプレーンベッドの形成には相当の流速が必要である．カルデラから 300 km も離れた別府湾の奥に，そのような流れを起こした津波の規模はどれほどであろうか．

　鬼界カルデラから別府湾へ津波が伝播するには，水深が浅く狭い大隅海峡を通らなければならない．その際に海峡から太平洋へ伝播する津波は制限されるので，別府湾まで大きな津波が届くには何か理由が必要である．その理由の一つとして，別府湾は波源である鬼界カルデラから見て九州本島の「影」にあたるので，対岸の四国などで反射して回り込んだ波が干渉して局地的な波の増幅が起きたのかもしれない．

　一方，成尾・小林（2002）は，鬼界アカホヤ噴火に関連する多数の噴砂や噴礫の脈を種子島・屋久島から薩摩・大隅半島に至る地域から報告し，この噴火に伴って強い地震が発生したことを示した．彼らによれば地震は 2 回発生し，そのタイミングは降下軽石の堆積から竹島（幸屋）火砕流の到達までの間，および K-Ah の降灰中であった．もし，この地震が琉球海溝で起こっ

た海溝型地震であれば，有力な津波の発生源となる．鬼界アカホヤ噴火のような巨大噴火であれば，地殻にかかる応力の変化なども相当であろうから，周辺の海溝で地震を誘発したかもしれない．こうした未解明の問題の存在は，新たな研究テーマを提供する．

　鬼界アカホヤ噴火に伴う津波堆積物の可能性がある堆積物は，以前からほかにも報告があるが，いずれも確証に欠ける．たとえば，鬼界カルデラの北縁をなす竹島では，K-Ah の元となった竹島（幸屋）火砕流堆積物の基底に層厚約 1 m の礫層が挟まり，これが津波堆積物かも知れない（町田・白尾，1998）．しかし，礫は津波ではなく火砕流と一緒に移動した可能性もある．噴火源と地理的に近く火砕流そのものの影響が大きすぎて，津波堆積物とは判定し難い．横尾貝塚は噴火源から遠く離れていたからこそ，津波堆積物の研究に好条件であった．

6.2　津波石

　津波で打ち上げられた巨礫は一般に津波石（英語では tsunami boulder）と呼ばれる．巨礫は直径 25.6 cm 以上の粒子の総称であるが，津波石の研究では，一般に直径 1 m 以上のものを対象にする場合が多い（後藤，2012）．津波石の認定法や活用法，課題などは後藤（2009，2012）が詳しく解説している．

6.2.1　2004 年インド洋大津波による津波石

　津波石の移動プロセスなどが詳細に調べられた最初の例は，2004 年 12 月のインド洋大津波でタイ国のパカラン（Pakarang）岬（観光地で有名なプーケットの近く）に打ち上がったものである（Goto *et al.*, 2007）．津波後のパカラン岬では，津波前にはなかった大きなサンゴの塊が大量に出現した（図6.5）．ビーチに点々と見える黒い小山がサンゴ塊で，写真上部の家と比べるとその大きさが推定できる．サンゴ塊は元は海岸から沖合に約 600 m 離れた礁縁付近にあったが，最大で直径 4 m（重量約 22 t）にも達するものが幅300-400 m くらいにわたって 1000 個以上，津波によって潮間帯に打ち上げ

図 6.5 2004 年インド洋大津波でタイ国パカラン岬に打ち上がった津波石
(2006 年 2 月 25 日撮影. 東北大学災害科学国際研究所　後藤和久准教授提供)

られた (Goto *et al*., 2007).

Goto *et al*. (2007) は，サンゴ塊の分布パターンや長軸の配列から，津波の沿岸での流れの様子を推定している．それによると，長軸の向きには規則性があり，津波の進入方向と対応しているようである．一方，海－陸方向でのサンゴ塊のサイズ分布には一見規則性が認められず，単純に陸側へサイズが小さくなるということはない．しかし，ある程度大きなサンゴ塊（この場合は 3.3 m^3 以上）に注目すると，それらは海－陸方向に特定の集中パターンを示した．大きなサンゴ塊が集中する場所は弓形の細長い区画をなしていて，海－陸方向に約 136 m の間隔で並んでいた．これは非常に大きなベッドフォームかも知れない．大きなサンゴ塊が集中する場所が尾根で，少ない場所が谷と考えれば，波長 136 m のマウンド状の構造とも考えられる．これは津波が起こした長い周期の振動流で形成されたと推定される．

サンゴ塊を動かす（スライディングさせる）のに必要な流速の閾値は，最大サイズのサンゴ塊（14 m^3, 22.7 t）で約 3.2 m/s，平均サイズのサンゴ塊（1.3 m^3, 2.1 t）で 2.0 m/s と推定されている．計算で求められたこの海岸での 2004 年津波の第一波による最大流速は，サンゴ礁の外縁付近で 8-15 m/s,

潮間帯ベンチでは6m/s，陸上では5m/s以下であった．これは上記の閾値よりかなり大きい．津波石を使って推定される流速は，それを動かす最低値であり，実際の津波の値よりも小さく見積もられそうである．

　津波石は汀線付近で急になくなり，陸上には見られない．津波のエネルギーは遡上過程で急速に失われるので，津波の流速がサンゴ塊を運ぶ閾値を下回ると，そこで移動が停まる．戻り流れは平坦な地形であるために，遡上流よりも流速が顕著に小さい．戻り流れがサンゴ塊を動かすこともあるが，あまり長距離は運べないと考えられている．Goto et al.（2009a）は既存の研究を元に津波によって巨礫に働く外力（抗力，重力，摩擦力など）を計算する方法を改良し，パカラン岬の巨礫群の移動をシミュレートした．その結果，インド洋大津波と同規模の波高・周期の波によってのみ，現地の巨礫の分布を再現できることを確認している．

6.2.2　2011年東北沖津波による津波石

　2011年東北沖津波でも多くの地点で津波石が海岸に残された．その構成物は岩石の場合もあるが，図3.8や図4.4に示したような，津波で破壊されたり移動した人工物（コンクリート塊）も多い．岩石からなる津波石の場合は，海中からの打ち上げだけでなく，地震に伴う崖崩れで崩落した岩塊が直後に来襲した津波で再移動したものや，津波で岩盤から剥ぎ取られたものもある（たとえば，Goto et al., 2012; Nandasena et al., 2013）．Nandasena et al.（2013）は三陸海岸で津波石のサイズや移動距離などを調査し，それらの移動と分布を説明するのに必要な流速などの計算を試みている．彼らが計測した津波石は，重量は小さいもので11t，最大で167tに達し，運搬距離は数mから最大で600mにも及んだ．

　2011年東北沖津波による津波石は，単独で堆積している場合もあるが，より細粒な礫や砂などと一緒に堆積している場合もある．その場合は図4.4のように大きな津波石が細粒な堆積層の上に載っていることが多い．流水中で大きな礫やコンクリート片が運ばれるとき，単独よりも砂や礫などと一緒の方が運ばれやすい．これは，媒体となる水に細粒物が多量に含まれることで，大きな礫と地面との摩擦を小さくしたり（Goto et al., 2012），媒体の密度

が高くなって浮力が大きくなるといった効果があるだろう．

6.2.3 歴史津波による津波石

歴史津波による津波石も見つかっており，代表的な例は石垣島や宮古島など琉球列島南部の島々からの報告である（たとえば，加藤・木村，1983；河名・中田，1994；Goto et al., 2010a）．なかでも，石垣島に分布する1771年（明和八年）に起こった八重山津波によるとされる津波石は有名である（図6.6）．それらはサンゴ礁起源の石灰岩塊であるが，最大のものは750 t もあるという（加藤・木村，1983）．上述した1883年クラカタウ大噴火による津波でも津波石が残された（Simkin and Fiske, 1983）．北村ほか（2014）は，伊豆半島南部の波食台の上にある巨礫（約32 t）を発見し，台風などの大波による運搬可能性も検討をした上で，年代測定結果を元に，この巨礫が1854年安政東海地震による津波で運ばれた津波石と判断した．

より古い時代についても，沿岸域で打ち上がった巨礫群は世界各地から報告がある（たとえば，河名・中田，1994；Nott, 2004；Scheffers et al., 2005）．し

図6.6 1771年八重山津波で打ち上がった津波石（石垣島伊原間，2008年10月10日撮影，東北大学災害科学国際研究所　後藤和久准教授提供）
「バリ石」と呼ばれている津波石で，2013年には国の天然記念物に指定された．直径9 m，高さ3.6 m，推定重量220 t のハマサンゴからなる．

かし，それらが打ち上がったときの状況を記述した古文書記録などが存在せず，巨礫を動かした原因が津波かそれとも台風などの大波か未決着のものも多い．台風などで打ち上がった巨礫の研究によれば，高波でも数十～100 tを超える巨礫をサンゴ礁や岩礁上，または 10 m を越える（場合によっては数十 m）崖の上にも打ち上げうる（Goto *et al.*, 2009b, 2011; Hall, 2011; Paris *et al.*, 2011）．そのため，巨礫の重量や打ち上がった標高だけでは，津波起源の巨礫との識別に有効とは言えない．こうした気象現象起源の巨礫と津波石を区別すること自体が研究のテーマとなっている（後藤，2009，2012）．

　津波石かストーム（嵐）で移動した巨礫かの識別について，沖縄諸島でサンゴ礁上などに分布する巨礫を例に行われた研究を見てみよう（Goto *et al.*, 2010a, b, c, 2011）．まず，巨礫の大きさ（重さ）だけに注目すると，台風の波でも重量が 100-200 t もある巨礫を動かすことがあり，これだけでは津波石と判定できなかった．一方，巨礫の移動距離に注目すると，移動距離の短いものは台風でも説明できるが，ある閾値より移動距離が長いと津波でしか説明できないことが示された．石垣島の東海岸などの海岸線沿いに存在する「津波石」は，礁縁からの距離にして最大 1300 m も内陸にある．一方，台風起源のものはその距離が 300 m 以内であった．この違いは，津波の周期（波長）が台風の波よりも大幅に長いことと関係している．津波の場合は，継続する流れを起こすので巨礫への波力の作用時間が長く，巨礫が長距離を移動しうる．しかし，台風の大波のエネルギーは遡上すると急速に失われるので，巨礫を長距離は運べない．このように水理学的にも津波でしか説明し得ないことが明らかになれば，津波石であることの確実度は高くなる．

6.3　生物遺骸の集積からなる津波堆積物

　津波堆積物に含まれる生物遺骸については第 7 章で詳しく解説するが，ここでは大型の生物遺骸が集積してできた津波堆積物を見てみよう．2011 年東北沖津波では，場所によって貝殻や植物片が集積した津波堆積物が見られた．また，海生の魚や甲殻類などが打ち上がっている例もあった．こうした津波堆積物の存在がわかってくると，地層中に見られるさまざまな化石層の

一部には津波で形成された物もあると思われる．

6.3.1 貝殻の集積した津波堆積物

津波で多量の貝類が打ち上がった事実は過去にも例があるので，著者は2011年東北沖津波でどのような貝類が打ち上がったか，それは台風によるものとどう違うのか，などに興味を持っていた．そうしたところ，仙台平野周辺と九十九里海岸での緊急調査の際に，短時間ではあるが貝類の打ち上げ状況も観察する機会があった（詳細は第7章参照）．

図6.7は東松島市野蒜海岸で撮影したものであるが，貝殻は海浜で一様に分布するのではなく，多くは幅1-3 m，長さ数mの舌状の集積部を作っていることが多かった．舌状の集積部どうしは数mから10 m程度離れ，その間では貝殻の分布密度が低い．集積部では貝殻は津波堆積物の表面に「浮かぶように」に密集しており，砂層の内部では含有密度が低かった．特に大型の貝類は表面に多く分布する．貝殻は破片であっても摩耗が進んだものは少な

図6.7 2011年東北沖津波で打ち上がった貝類（宮城県東松島市野蒜海岸，2011年5月21日撮影）
　　舌状の貝殻集積層（点線で囲った）がいくつも見られる．中央に置いたスケールは1 m．

図6.8 2011年東北沖津波で集積した貝類(仙台港南方の蒲生海岸,2011年5月20日)
新しくできつつある砂浜の前面に,吹き分けられた貝殻が集積層を作る.右端のスケールは1m.

い.また,二枚貝は凸側を上にしていることが多く,この配置が流れの下では安定することを示している.これらは貝殻がほかの砕屑物粒子とは異なる水理学的特徴を持ち,津波で運ばれるうちに集積が進んだことを示している.貝殻の舌状の分布パターンは,津波の最大波で一度に形成されたのではなく,後続波で何度か移動させられて最終的に落ち着いた結果であろう.

図6.8は,津波後に再生しつつある蒲生干潟の海浜(図4.2)にできた貝殻集積層である.津波堆積物が波で洗われて再移動し,篩分けを受けるうちに貝殻が残留して,厚いところで10cm以上もあり,海岸に平行に数十mも続く貝殻集積層を作っている.構成種は,津波で打ち上がった貝類だけでなく,干潟に棲んでいたと考えられるイソシジミなども混合している.また,貝殻はさまざまな程度に破損した個体が多いが,摩耗が進んだものは少ない.2011年東北沖津波で砂浜海岸が大きく侵食された場所では,その後に波や沿岸流の作用で速やかに海浜の再生が進んだ.その様子は Tanaka et al. (2012)などの報告や,Google Earth の画像で確認でき,日を追うごとに砂

浜の地形が変化している．そうした場所では同様の貝殻集積層が形成されたと思われる．

図 4.4 はマウンド状の貝殻集積層で，九十九里海岸（蓮沼海岸）で観察されたものである．カレントリップルが発達する砂層や礫層の表層部にハマグリなどの貝殻が集積している．津波で砂などの細粒物が洗い流され，重い貝殻や礫が残留したものである．周辺にはこのようなマウンドがまばらに分布していた．二枚貝は凸面を上に向けている個体が多く，場所によっては遡上流によるインブリケーションが見られる（津波は写真の奥から手前へ遡上した）．このようなマウンドの分布は海岸近くのみで，貝殻の分布密度は内陸側へ急速に低下し，海岸から約 300 m より内陸では目立たなくなる．

マウンドを作っている貝の種構成を，2011 年 6 月 21 日に海岸に打ち上がっている貝類と比較してみた．この直前には大きな嵐はなく，これは主に通常時の波による打上げである．その結果，両者で種構成はよく似ている（チョウセンハマグリとウバガイが多く，チゴバカガイ，フジノハナガイ，タマキガイなども見られる）が，異なる点もあった．その違いはチョウセンハマグリとウバガイで顕著で，津波で打ち上がった個体は老成した個体が多く，変質して黒ずんだ個体（化石化しつつある）が目立つ．6 月 21 日の海岸ではそのような個体はほとんど見られなかった．大型の個体の多くと化石化しつつある貝殻は，海浜堆積層に埋もれていたものが，津波で掘り出され再移動したと考えられる．現在の海岸では，漁獲によって大型の個体が少ないこともあるだろう．

このように，津波による貝殻集積層は，図 6.7 や図 4.4 のように津波で直接に形成された「一次的」なものと，図 6.8 のように津波後に土砂の再移動によって「二次的」に形成されたものがある．

6.4　縄文時代の内湾（溺れ谷）に堆積した津波堆積物

日本では縄文海進で各地の海岸に溺れ谷が形成された．溺れ谷とは，氷期の低海面期に河川の侵食で形成された谷に，その後の海面上昇で海水が侵入してできた入り江（湾）のことである．このような内湾は，谷の形に添って

細長く入り組んだ形をしているので,津波が来襲すると波高が高くなりやすい地形でもある.こうした場所では津波堆積物が形成されやすいと考えられる.

実際,宮城県北部の気仙沼湾では,2011年東北沖津波で大きなデューンが湾の底に形成された(Haraguchi et al., 2012).また,内陸深くまで入り組んだ溺れ谷では通常時には波浪や海流の影響が少ないので,海底に物理的な擾乱が起こりにくく,津波堆積物が残りやすい条件を備えている.

6.4.1 古巴湾の津波堆積物

古巴湾は縄文海進で房総半島南部に形成された溺れ谷の一つである(図6.9).これらの溺れ谷には沼層などと呼ばれる泥質の地層が堆積している.

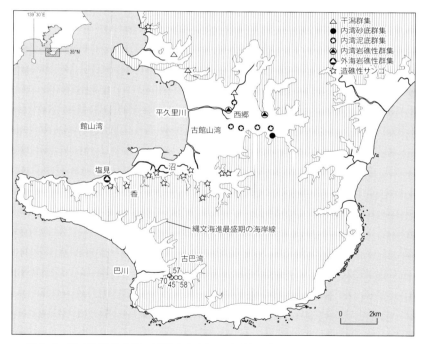

図6.9 縄文海進最盛期の房総半島南部の地形と貝類やサンゴ礁の分布(松島,1984,2006を元に作成)
　　　古巴湾には本文中で紹介した露頭位置も示した.

この地域は相模トラフで発生する巨大地震に伴って大きな速度で隆起しているために，かつて内湾で堆積した地層を露頭で観察することができる．沼層には豊富な貝類やサンゴなどの化石が含まれ，1900年代初期から研究が行われてきた（たとえば，松島，2006を参照）．1990年代になって，古巴湾などに分布する沼層に津波堆積物が保存されていることが明らかになった（藤原ほか，1997，1999など）．その後，古巴湾の津波堆積物については，堆積構造（藤原ほか，2003a；Fujiwara and Kamataki, 2007）や貝化石（藤原ほか，2003b），有孔虫化石（内田ほか，2004；阿部ほか，2004），貝形虫化石（佐々木ほか，2007）の特徴が研究された．

　古巴湾の中軸部を流れる巴川に沿って，かつての湾口部から湾奥へと約1kmにわたって沼層の露頭が点在しており，古巴湾の断面を観察できる．巴川を遡りながらかつての海底を歩いて行くと，湾口から湾奥へと津波堆積物が層相を変えつつ分布している様子が観察できる．縄文海進最盛期（7200-7300 Cal BP頃）の古巴湾は，奥行き約2.6 km，幅0.3-0.6 kmの細長い形であった．湾口部に基盤が張り出してボトルネックのような形になっており，外海から閉塞された環境にあった．湾口周辺や湾内には一部で基盤岩が顔を出し，岩礁海岸となっていた．縄文海進最盛期頃の湾中央部の水深は貝化石や貝形虫化石群集の解析から15 m前後と推定される（Fujiwara $et\ al.$, 2000）．波の営力が及びにくい湾内には，泥質の地層が堆積した．

　古巴湾の沼層には津波堆積物と考えられる礫層や砂層が少なくとも7枚認められ（藤原ほか，2003a；Fujiwara and Kamataki, 2007），下位から順にT2からT3.3と命名されている（図6.10）．この番号は三浦半島の溺れ谷や古館山湾の堆積物に挟まる津波堆積物（藤原ほか，1997, 1999）との比較からつけられた．これらの研究によれば，沼層中の津波堆積物の一部は，年代が房総半島や三浦半島に分布する海成段丘の離水時期と対応しており，縄文時代に発生した関東地震に由来すると考えられている．

1) 湾口部の津波堆積物

　湾口部で基盤が作る高まりのすぐ内側の地点（図6.9の地点70）では，図6.11のような露頭が見られる．主にシルト層からなる露頭が，幅約50 m，

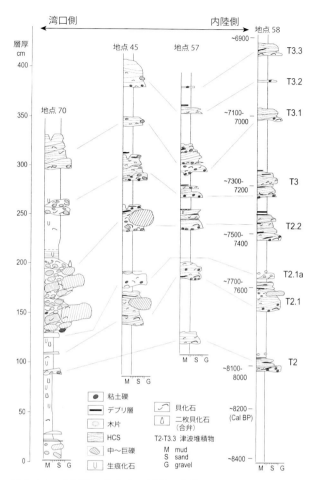

図 6.10 古巴湾に分布する沼層の柱状図（藤原ほか，2003a；Fujiwara and Kamataki, 2007 を元に作成）

高さ最大で4mほどの範囲に露出している．図6.11では礫層からなるT2.2津波堆積物が露頭の中央部を横切る．この津波堆積物はさまざまなサイズの礫や貝化石を主構成物としており，層厚は最大で1m以上に達する．T2.2津波堆積物は，貝化石や生痕化石を含む灰色のシルト層をシャープな面で削り込んでおり，通常は泥粒子が静かに沈殿する内湾に，突然起こった大量の

6.4　縄文時代の内湾（溺れ谷）に堆積した津波堆積物——151

図 6.11 古巴湾の湾口部（地点 70）で見られる T2.2 津波堆積物（7500-7400 Cal BP 頃）
　　角の取れたさまざまなサイズの礫や貝化石などからなり，内湾性のシルト・粘土層に挟まる．T2.2 と示したところの層厚約 90 cm．当時の海岸線は写真の左奥にある．大きな礫は右下へ傾き下がるインブリケーションを示し，写真の左奥へ向かう流れ（遡上流）の卓越を示す．

礫や砂が流れ込むイベントを記録している．

　T2.2 津波堆積物を構成する礫は，沼層の基盤岩に由来する新第三系の砂岩・シルト岩が大半で，最大で長径が 1 m に達するものがある．礫はよく円摩されており，表面に穿孔貝の開けた巣穴が密集しているものが多い．穿孔貝は主に潮間帯周辺に棲んでおり，巣穴が密集した礫は沿岸の岩礁から津波で運ばれて内湾の底に堆積したと考えられる．これらの礫に混じって大小の泥炭層などのブロックも見られ，津波が湾奥の湿地などに突入して地層を削り取り，戻り流れで湾の底に運ばれてきたと考えられる．礫と礫の間は，泥質の砂または砂で充塡されている．津波堆積物には，上下のシルト層と異なり貝化石が密集している（写真では大きな礫の間で白っぽく見える点が貝化石である）．

　貝化石は上下のシルト層と共通する内湾泥底の種もあるが，岩礁に付着するサザエなどさまざまな環境に棲む種が多量に混在している．岩礁の貝類は

湾周辺の岩礁や波食棚から津波で剥ぎ取られて湾内に持ち込まれたものである．内湾泥底の種は，湾内に突入した津波で海底堆積物が侵食され，巻き上げられた堆積物が篩い分けられて，津波堆積物中に集積したのであろう．貝化石の多くは保存が良好で，破損していても摩耗は少なく，津波で一気に運ばれ堆積したものである．

この津波堆積物の堆積構造については，Fujiwara and Kamataki（2007）が詳しく解析している．礫のサイズや配列に注目すると，T2.2津波堆積物は1枚の礫層ではなく，複数枚の礫層が重なり合う多重級化構造をしている．認識できる礫層の枚数は露頭の位置で異なるが，少なくとも9枚認められる．礫層の枚数が場所によって異なるのは，上位に重なる礫層による侵食で礫層どうしが癒着しているためである．個々の礫層は級化や逆級化を示し，最上部には泥質の砂層が侵食を免れて残っていることもある．個々の礫層は，逆級化構造を作る強い流れが起こり，それが次第に減衰していく過程で堆積したものである．礫の一部にはインブリケーションが見られる．そこからは湾に流入した流れと，戻り流れの両方が確認でき，Fujiwara and Kamataki（2007）は遡上流と戻り流れが交互に繰り返した様子を復元している．

図6.11では津波堆積物が相対的に厚い部分を示しているが，層厚は一定ではなく，写真奥（左側）へ移動すると，急に薄くなって泥層のなかに消えてしまう．この津波堆積物は波長が数十mで，厚い場所と薄い場所が繰り返しているらしい．これは大型のデューンのようなベッドフォームを作っていると考えられる．この津波堆積物のなかで一番大きな礫が含まれる部分に注目すると，それは津波堆積物の基底部ではなく，だいたい中部あたりである．この津波堆積物を構成する9枚の礫層のうち，下から2-4枚目が相対的に粗粒で厚く，そこから上位へ次第に細粒で薄い礫層が重なる．さらにその上位は砂礫層と泥層の細互層を経て，木片などを含むシルト層に漸移する．粗粒で厚い礫層ほど強い流れで形成されたとすると，2-4枚目の礫層を形成した流れが最も強く，上位の礫層や砂層ほど弱い流れで形成されたことが推定される．流れが収まった後に浮遊していた木片や細粒の粒子が沈殿して礫層を覆った．これは図5.3の元禄津波堆積物と類似したパターンである．

T2.2津波堆積物最上部の礫には津波堆積物を足場にして成長したマガキ

の小さなコロニーが付着している（第7章参照）．これは津波の直後に形成されたもので，約 7500 Cal BP の ^{14}C 年代測定結果が得られている．

2) 湾口から湾中央部へ至る途中の津波堆積物

図 6.9 の地点 70 の露頭から 100 m ほど湾の内側へ入った地点 45 では，T2.2 津波堆積物は礫の含有率と平均粒径が減少して図 6.12 に示すような礫質砂層となる．礫の含有率や最大径は，湾口に比べてかなり小さい．複数の砂礫層が重なった多重級化構造を示す点や，さまざまな環境から運び込まれた貝化石が密集する点は湾口部で見られたのと同じである．個々の砂礫層には並行葉理や低角の斜交層理が見られ，逆級化−級化構造を示す．一部の砂礫層では上面に木片などを含む泥質細粒砂層（マッドドレイプに相当）が上

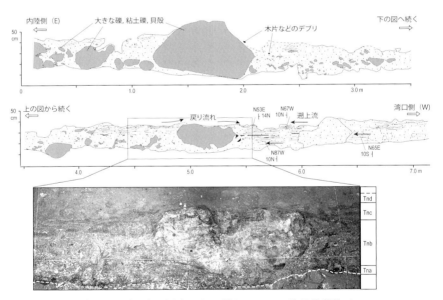

図 6.12 古巴湾の湾口部（地点 45）で見られる T2.2 津波堆積物（Fujiwara and Kamataki, 2007；藤原ほか，2003a を元に作成）
　植物片に富むラミナで区切られた何枚かの砂礫層の重なりからなる．津波堆積物の中部に挟まる砂礫層が最も粒径の大きい礫を含む．Tna から Tnd までの記号については，第 8 章で説明する．斜交層理の走向・傾斜や，巨礫周辺の斜交層理の形状からは，遡上流と戻り流れが読み取れる．

位層による侵食を免れて部分的に残っている．ここでも最も粗粒で厚い砂礫層は津波堆積物の中部に挟まり，そこから上位へ次第に細粒化・薄層化し，最上部では木片に富む砂層やシルト層に漸移する．

　砂礫層に見られる斜交層理は主に大型のカレントリップルやデューンの断面と考えられる．その傾斜方向から推定される古流向を図6.12に黒矢印で示した．ここでは画面左手が湾奥に当たり，遡上流で堆積した砂礫層と戻り流れで堆積した砂礫層が重なっている．津波堆積物の中部に含まれる巨礫の上部では，葉理が左から礫へぶつかり，これを乗り越えて礫の上に堆積が進んでいる．また，礫の右側では右下へ傾斜する葉理が見られ，これは礫の下流側に成長したデューンなどの断面と考えられる．このように，大きな礫などの障害物の周辺では古流向を示す堆積構造が見られることがある．

3）　湾中央部の津波堆積物

　図6.12の露頭からさらに600m余り湾奥の地点58では，図6.13に示す高さ4mほどの露頭が見られる．露頭が階段状になっているのは，差別侵食のためである．水平方向に溝状に暗く見えるところが津波堆積物，出っ張

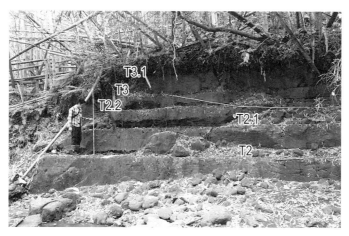

図6.13　古巴湾の中央部（地点58）で見られる津波堆積物を含む露頭
　　津波堆積物は侵食に弱い砂層からなるので，差別侵食で窪んでいる．
　　T3.2および3.3津波堆積物は露頭の上の藪に隠れている．

っている部分は内湾性のシルト層や粘土層である．津波堆積物は固結の弱い砂層からなるため，上下のよく締まった泥層に比べて侵食に弱く，洪水や湧き水，あるいはカニなどが巣穴を掘るために窪んでいる．窪みが深くなると上に載っている泥層が支えを失って崩れ，それを繰り返すことで階段状の崖ができた．

　津波堆積物は厚いもので30 cm，薄いもので15 cmほどである．図6.13では柱状図（図6.10）に示したうちのT2からT3.1津波堆積物までが見えている．^{14}C年代測定値に基づくと，津波堆積物の形成年代はそれぞれ，T2（8100-8000 Cal BP），T2.1（7700-7600 Cal BP），T2.2（7500-7400 Cal BP），T3（7300-7200 Cal BP），T3.1からT3.3は7100-6900 Cal BP頃と考えられる．

　小竹ほか（2006）は，地点58の露頭に含まれる火山ガラスを詳細に分析し，鬼界アカホヤ火山灰（約7300 Cal BP）の降灰層準が，T3.1津波堆積物の約15 cm上位の内湾泥層中にあるとしている．この結果は，^{14}C年代測定値が示す地層の年代よりもやや古い．このずれの原因は，^{14}C年代測定に用いた試料が海生の貝化石であり，それに含まれる海洋リザーバー効果の補正が不完全なためと解釈される．

　図6.14はT2.2津波堆積物の写真である．層厚30 cm余りの砂質津波堆積物が，明瞭な侵食面をもって内湾泥層を覆っている．貝殻片など粗粒子が多い葉理が写真では白っぽく見えており，そこではまれに大小の礫を含むこともある．湾口近くでの層相と比べると，ここで見られるT2.2津波堆積物は，礫や大型の貝化石といった粗粒粒子の含有率やサイズが小さい．

　図6.14では，波長が20 cmほどでゆるく上下にうねる堆積構造が特徴的である．これはハンモック状斜交層理（hummocky cross-stratification；HCS）（たとえば，Harms *et al.*, 1975）と呼ばれる構造である．HCSは3次元的に見ると，挿図に示したようなマウンド状の小丘がいくつも配列したベッドフォームである．これを地層の断面で見た場合は，連続する葉理によって緩やかな凸部（ハンモック部）と凹部（スウェール部）からなる堆積構造として認識される．HCSは，振動しながら流れる複合流から形成されるとされ，波浪の影響を受ける海底や湖底で見つかっている．つまり，この津波堆積物

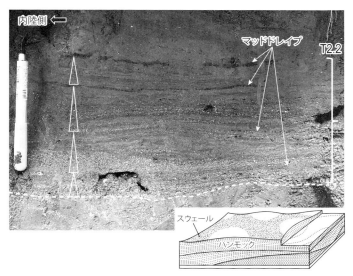

図 6.14 T2.2 津波堆積物（地点 58）に見られるハンモック状斜交層理
（HCS）(Fujiwara, 2014 を改変；挿図は Harms *et al.*, 1975 を参考に作成)
ネジリガマの柄の部分は長さ約 25 cm.

は，湾内を波打ちながら流れる強い水流で形成された．

さらに詳しく見ると，T2.2 津波堆積物も級化や逆級化を示す砂層が複数重なった多重級化構造を持っている．個々の砂層は，下部に貝殻片などの粗粒粒子が多い白っぽい葉理が発達し，上位へ次第に細粒化して粘土分が高く植物片が集積した黒い葉理（マッドドレイプ）で覆われる．マッドドレイプに注目すると，ここに示した T2.2 津波堆積物は最低でも 4 枚の砂層が重なっていることがわかる．マッドドレイプは上位層を形成した流れで侵食されることもあり，そうした場合には上下の砂層が癒着してしまう．したがって，この津波堆積物は実際には 4 層以上の砂層からなると思われる．これは，HCS を作る複合流の発生と減衰が少なくとも 4 回繰り返したことを示している．この構造は，数十分間隔で繰り返し大波が到達する津波の特徴をよく表している．

地点 58 で見られるほかの津波堆積物も，T2.2 津波堆積物とよく似た特徴を持つ．図 6.15 は T3 津波堆積物の粒度分析結果であるが，これを見ると

6.4 縄文時代の内湾（溺れ谷）に堆積した津波堆積物——157

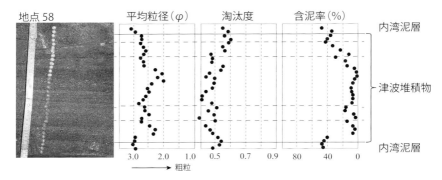

図6.15 T3津波堆積物(地点58)の粒度分析結果(藤原ほか,2003aより作成)
上下の2試料ずつが内湾泥層で,その間が津波堆積物.破線4本の横の位置がマッドドレイプにあたる.

津波堆積物内部の多重級化構造がよくわかる.堆積構造を記載した上で,主要な侵食面や堆積構造を跨がないように,カラーピンの位置から粒度分析サンプルを採取した.垂直方向のサンプルの厚さは約1 cmである.平均粒径の垂直方向の変化から,級化・逆級化を示す砂層が何層も重なっていることがわかる.含泥率を見ると,級化した砂層の上に含泥率が高い層があり(点線の層準),ここがマッドドレイプにあたる.津波堆積物の下部で含泥率が高いのは,下位層から巻き上げた粘土礫やシルト・粘土粒子を含むためである.淘汰度は平均粒径と類似した変化を示し,堆積ユニットの下部から中部で淘汰がよく,マッドドレイプの部分で悪い.マッドドレイプは浮遊していたさまざまなサイズの粒子が沈殿してできている.

6.5 海底地すべりによる津波堆積物

巨大な海底地すべりによって大量の海水が動かされ,津波が発生することがある.代表例は約7300年前に北海で発生したストレッガ海底地すべり(Storegga Slide)による津波堆積物で,Bondevik *et al.*(1997, 2003)などが層相や堆積プロセスなどを報告している.この海底地すべりは崩壊幅290 km,移動した土砂の体積は3500 km^{3}にも達し,ノルウェーやイギリスで津波堆積物が報告されている.津波の高さは20 mを超えた場所もあった.

ハワイ諸島の周辺海底には，巨大な海底地すべり地形がいくつも分布しており，この地すべりによって巨大津波が発生したと考えられている（たとえば，Moore et al., 1989）．その海底地すべりの一つに「アリカ2海底地すべり」（Giant Alika 2 landslide）がある．これは12万5000年前頃に起こったとされ，アリカ2を含む巨大地すべり集合体は全体で4000 km^{2}の広がりと200-800 km^{3}の体積を持つ（McMurtry et al., 1999）．アリカ2が引き金となった津波で形成された津波堆積物とされるものが，たとえばMoore et al.（1994）によってラナイ（Lanai）島やモロカイ（Molokai）島から報告されている．それはサンゴ塊や玄武岩溶岩の破片などからなり，現在の海岸から2 kmも内陸の標高60 m以上のところにまで分布している．

6.6　1495年明応関東地震を示唆する津波堆積物

　明応地震は謎の多い地震である．明応地震というと明応七年八月二十五日（グレゴリオ暦1498年9月20日；ユリウス暦1498年9月11日）に南海トラフ東部で発生したと考えられているものが有名で，その規模はM 8.2-8.4と推定されている．この地震による津波は非常に大きく，房総半島から紀伊半島にかけての太平洋沿岸に大きな被害を与えた（たとえば，渡辺，1998；矢田，2005，2009）．また，この津波によって浜名湖では南岸を塞いでいた砂州が切れて「今切」ができ，現在のように遠州灘と繋がったことは通説となっている（都司，1979；静岡県，1996）．

　一方，中世の年代記の一つである『鎌倉大日記』には，明応四年八月十五日（グレゴリオ暦1495年9月12日）に鎌倉を地震津波が襲ったとする記述がある．しかしこの記述は，歴史津波を研究する上では冷遇されてきた．それは，明応四年八月十五日というのは，史料を書き継いでいく際に明応七年八月二十五日を誤記したもので，鎌倉の地震津波は1498年の津波だとする解釈である．しかし，南海トラフで起きた津波が，東方の伊豆半島を迂回して鎌倉にまで大波として届くかは疑問である．やはり，『鎌倉大日記』の記述は正しくて，1495年に鎌倉の近くで別の海溝型地震が起きたとは考えられないだろうか．

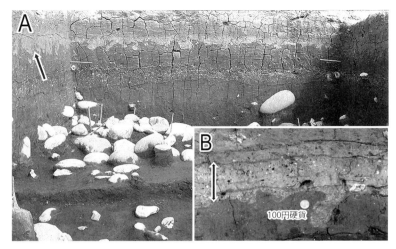

図 6.16 1495 年明応津波による可能性がある堆積層(静岡県伊東市北部の宇佐美遺跡)
　　A:暗色の有機質シルト層を明色のイベント堆積物(砂質粘土層)が覆う.イベント堆積物の堆積に伴って,有機質シルト層の上面にはフレームストラクチャーが形成されている(伊東市教育委員会提供).
　　B:フレームストラクチャーの拡大.イベント堆積物は下部の粘土礫密集層と上部の明青灰色の含礫粘土層からなる(藤原ほか, 2007 の図 4-C).

　最近,この疑問について進展があり,1495 年に相模トラフで津波を伴う地震が起きた(つまり関東地震)という考えが有力になってきた.その契機が,相模湾に面した静岡県伊東市北部の宇佐美遺跡で見つかったイベント堆積物である.これは堆積構造などから津波堆積物の可能性が高いが,珪藻化石など海起源の証拠が未確認なので(藤原ほか, 2007),ここでは単にイベント堆積物と呼ぶ.
　宇佐美遺跡は現在の海岸から約 150 m 離れた浜堤の背面と後背地に沿って分布しており,縄文時代中期中葉から中世までの遺物・遺構からなる複合遺跡である.問題のイベント堆積物は遺跡の発掘ピットの標高 7.9 m 前後の層準から見つかった.図 6.16 A に発掘ピット壁面の写真を示す.その上部で暗色の土層を覆って明色の地層が見えるのが問題のイベント堆積物である.基底は下位層を削り込んで凹凸(フレームストラクチャー)が激しい.図

6.16 B はその一部を拡大したものであるが，基底のフレームストラクチャーがよくわかる．

　このイベント堆積物は全体の層厚は 5-15 cm 前後で，上下 2 層からなる．下部は黄色の粘土礫（あるいは軽石の風化物？）の密集層で，種々のサイズの礫（角〜亜円の中礫が主体）を含む．密度の大きい礫が細粒な基質のなかに浮かぶ構造は，津波堆積物や土石流などの密度流の特徴の一つである．上部は明青灰色の含礫粘土層で，下位層を削り込んで覆い，径数 cm 以下の岩片，軽石，炭片を含む．最上部は軽石や炭化物の含有量が高く，流動中に浮力による含有粒子の分別が進んだことがわかる．下部と上部のユニットで構成物が異なることから，流入経路の異なる少なくとも 2 回の堆積が起こったことがわかる．葉理などトラクション（掃流）による堆積構造が見られない点は，層流状態で移動した土石流堆積物にも似ている．イベント堆積物の上には，有機質のシルト層が覆う．このイベント堆積物を藤原ほか（2007）が最初に報告した際には，いくつかの ^{14}C 年代測定結果と発掘に伴い採取された土器片の予察的な年代考証に基づいて，15 世紀末頃に堆積したと考えた．そして，1498 年明応（東海）津波の堆積物の可能性が示されていた．

　その後，宇佐美遺跡の発掘データを見直した金子（2010）によって，このイベント堆積物の広がりや，そこに含まれる遺物の特徴が判明し，津波堆積物である可能性がさらに高まった．イベント堆積物はほかの発掘ピットでも確認でき，少なくとも南北 200 m，東西 50 m にわたって広がっていた．イベント堆積物から見つかった約 600 点の陶磁器片などを調べると，それらはさまざまな時代のものが混在しているが，一番新しいものは 15 世紀後半で，16 世紀を示すものはなかった．つまりイベントの発生は 15 世紀末ということになる．これ以外にも遺物の出土状況には，1）生活具，嗜好品，武具などさまざまなものが雑多に混じる，2）陶磁器や土器は砕片で散在する，3）遺物同士で接合するものはほとんどない，4）遺構を伴っておらず，遺物だけが出土する，5）その場で割れたり，人為的に集めたりしたような痕跡はない，という特徴が見られた．こうした出土状況は，図 4.7 に示した津波後に瓦礫が散在した状況を思わせる．

　金子（2010）は『鎌倉大日記』の明応四年八月十五日という記述が誤記で

あるという従来の解釈に異議を唱え，その他の歴史史料の検討も加えて，このイベント堆積物が明応四年八月十五日の鎌倉の地震に対応すると考えた．さらに，『鎌倉大日記』彰考館本を再検討した片桐（2014）は，明応四年八月十五日を含む年代記事の大部分は1501年か少し後に加筆されたもので，加筆した人物は当時，鎌倉かその周辺に住んでいた可能性が高いことを明らかにした．これにより，明応四年八月十五日の地震は，発生から10年ほどの間に近所に住んでいた人物が記述したことになり，実在する可能性が非常に高いと言える．

　宇佐美は1703年元禄地震による津波で大きな被害を受けた．元禄津波は今回のイベント堆積物が見つかった浜堤（標高8m前後）の上に達し，そこに避難していた多くの人が亡くなったとされる（小野・都司，2008）．1923年大正関東地震津波の高さは5-7mと推定されており（羽鳥，1985），宇佐見湾の沿岸などでは多くの家屋が流出した（伊東市史編纂委員会・伊東市教育委員会，2013）．一方，南海トラフで発生した東海地震による津波は，宇佐見ではそれほど大きくなかった．1854年安政東海地震による津波の高さは4m程度とされる（羽鳥，1985）．この津波で宇佐見では防波堤の破損や漁船の流出などの被害が出た程度であった（伊東市史編纂委員会・伊東市教育委員会，2013）．当時の標高8m近い場所に層厚10 cm以上の堆積物を残したイベントが津波であれば，その高さは既知の津波よりもかなり大きかったことになる．

　1495年に関東地震が発生していたとすれば，関東地震の繰り返しを考える上で，その意義は非常に大きい．歴史上確定している関東地震は，1923年大正関東地震と1703年元禄地震のみである．Shimazaki *et al.*（2011）は，三浦半島で行った古地震と津波堆積物調査の結果から，元禄地震の前の関東地震が1293年に起きた可能性を示した．もし，宇佐見のイベント堆積物が1495年に関東地震が起きたことを示すならば，関東地震の再来間隔は1293年，1495年，1703年，1923年とほぼ200年間隔となる．宇佐見のイベント堆積物の履歴と関東地震の再来間隔を確定するために，今後の調査の発展が期待される．

コラム 5　恐竜は超巨大津波を見たか？

　地球の歴史のなかでは何度か生物の大量絶滅事件が起こったが，そのうち最新の事件は約 6500 万年前の中生代と新生代の境界（K/T 境界；現在は白亜紀と古第三紀の境界として K/Pg 境界と呼ぶ方が正しい）で発生し，恐竜やアンモナイトが絶滅したことでよく知られている．この大量絶滅事件の原因として，1980 年に巨大隕石衝突説が唱えられた（Alvarez *et al.*, 1980）．現在では多くの研究者が，直径 10 km ほどの隕石が現在のメキシコのユカタン半島北部に衝突したとする説を信じている．そして，さまざまな証拠から衝突場所は石灰岩等が堆積する水深 100 m 程度の浅海域であり，衝突のインパクトで巨大津波が発生したと考えられている．この津波による堆積物が発見されたことも，巨大隕石衝突説を支持する材料の一つとなっている．

　K/Pg 境界に堆積した粘土層中に地球の表層にはごくわずかしか含まれないイリジウムが異常に濃集していることを根拠とする Alvarez *et al.* (1980) の仮説を巡っては，大量絶滅の原因を大規模な火山噴火などに求める仮説が出され，賛否両論の長い論争が行われた．そして，Schulte *et al.* (2010) によって，この大量絶滅は巨大隕石の衝突によってのみ，観察されたすべての現象が整合的に説明できることが論証され，今日では巨大隕石衝突説が確定したと言える．この論争とそれを巡る物語は，後藤（2005, 2011）や松井（2009）に紹介されている．

　当初，巨大隕石の衝突した痕跡（クレーター）が見つからないことが隕石衝突説の弱点の一つであった．しかし，ユカタン半島北部で直径約 180 km のチチュルブクレーター（Chicxulub Crater）が見つかったことで，この点は解消した（Hildebrand *et al.*, 1991）．この衝突に関連する津波堆積物と考えられる堆積層も，衝突説の発表から比較的早いうちに北アメリカから報告されていた（Bougeois *et al.*, 1988）．

　隕石の衝突で津波が起きた原因は，浅海にできた巨大な衝突クレーターに海水が流入と流出を繰り返したためと考えられている（たとえば後藤ほか，2004）．まず，クレーターに海水が流入することで周辺に巨大な引き波が起こった．この流れはクレーターが満水になってもすぐには止まらず，巨大な海水の盛り上がり（水柱）ができた．この水柱が崩壊して流れ出すことで，押し波が起こった．この波の高さは，衝突地点に近い北アメリカ沿岸では最大で 300 m にもなったと推定される（Matsui *et al.*, 2002）．

巨大隕石の衝突で形成された地層はインパクタイトと呼ばれ，衝突の巨大な圧力や高温によって形成された物質や，衝突地点周辺に分布していた地層の破片からなる．チチュルブクレーターのなかで掘削されたボーリングコアの解析によれば，層厚約100mのインパクタイトのうち，上部の約13.5mが津波堆積物と考えられている（Goto et al., 2004：後藤ほか，2004）．この津波堆積物は少なくとも8層の礫層や砂層が重なる多重級化構造を持ち，全体として上方へ細粒化を示す．これはクレーターを出入りする流れが少なくとも8回は繰り返し起こったことを記録している．特に最上部の0.5mは，クライミングリップルなどが見られる砂岩層とシルト岩層の互層からなり，本書で解説している「マッドドレイプを間に挟む多重級化モデル」と類似している．

　また，この津波堆積物に含まれる浮遊性有孔虫化石等の微化石を調べると，下位では新しい時代の化石が含まれ，上位ほど古い時代の化石が含まれるという特徴がある．これは通常の地層では下位から上位へと時代が新しくなるのと逆である．この時代の逆転は，津波によって海水がクレーターに流れ込んだことの証拠でもある．クレーターに流れ込む海水が周辺の海底を侵食するとき，最初は表層の地層を侵食する．次の波は侵食でむき出しになった古い地層を削る．これが繰り返された結果，後続の波になるほど古い地層を持ち込んだと考えられている．

第6章引用文献

阿部恒平・内田淳一・長谷川四郎・藤原　治・鎌滝孝信（2004）津波堆積物中の有孔虫組成の概要と殻サイズ分布の特徴について―房総半島南部館山周辺に分布する完新統津波堆積物を例にして．地質学論集，**58**，77-86.

Alvarez, L. W., Alvarez, W., Asaro, F. and Michel, H. V.（1980）Extraterrestrial cause for the Cretaceous-Tertiary extinction. Science, **208**, 1095-1108.

姉川知史・宮田雄一郎（2001）未固結砂泥互層における流体の移動過程―宮崎県日南層群の砂岩泥岩互層中に見られる流体噴出構造．地質学雑誌，**107**，270-282.

Bondevik, S., Svendsen, J. I. and Mangerud, J.（1997）Tsunami sedimentary facies deposited by the Storegga tsunami in shallow marine basins and coastal lakes, western Norway. Sedimentol., **44**, 1115-1131.

Bondevik, S., Mangerud, J., Dawson, S., Dawson, A. and Lohne, Ø.（2003）Record- breaking height for 8000-year-old tsunami in the North Atlantic. EOS, **84**, 289-293.

Bourgeois, J., Hansen, T. A., Wiberg, P. L. and Kauffman, E. G.（1988）A Tsunami deposit at the Cretaceous-Tertiary boundary in Texas. Science, **241**, 567-570.

Carey, S., Morelli, D., Sigurdsson, H. and Bronto, S.（2001）Tsunami deposits from major

explosive eruptions: An example from the 1883 eruption of Krakatau. *Geology*, **29**, 347-350.
千田　昇（1987）大分平野のなりたち．大分市史編さん委員会編：大分市史（上），大分市，37-80.
Cita, M. B. and Aloisi, G.（2000）Deep-sea tsunami deposits triggered by the explosion of Santorini（3500 y BP), eastern Mediterranean. *Sediment. Geol.*, **135**, 181-203.
藤原　治・増田富士雄・酒井哲弥・布施圭介・斎藤　晃（1997）房総半島南部の完新世津波堆積物と南関東の地震隆起との関係．第四紀研究，**36**, 73-86.
藤原　治・増田富士雄・酒井哲弥・入月俊明・布施圭介（1999）房総半島と三浦半島の完新統コアに見られる津波堆積物．第四紀研究，**38**, 41-58.
Fujiwara, O., Masuda, F., Sakai, T., Irizuki, T. and Fuse, K.（2000）Tsunami deposits in Holocene bay mud in southern Kanto region, Pacific coast of central Japan. *Sediment. Geol.*, **135**, 219-230.
藤原　治・鎌滝孝信・田村　亨（2003a）内湾における津波堆積物の粒度分布と津波波形との関連―房総半島南端の完新統の例．第四紀研究，**42**, 67-81.
藤原　治・鎌滝孝信・布施圭介（2003b）津波堆積物中の混合貝類化石群の形成プロセス―南関東における完新世の内湾の例．第四紀研究，**42**, 389-412.
藤原　治・平川一臣・金子浩之・杉山宏生（2007）静岡県伊東市北部の宇佐美遺跡に見られる津波（？）イベント堆積物．津波工学研究報告，**24**, 77-83.
Fujiwara, O. and Kamataki, T.（2007）Identification of tsunami deposits considering the tsunami waveform: an example of subaqueous tsunami deposits in Holocene shallow bay on southern Boso Peninsula, central Japan. *Sediment. Geol.*, **200**, 295-313.
藤原　治・町田　洋・塩地潤一（2010）大分市横尾貝塚におけるアカホヤ噴火に伴う津波堆積物．第四紀研究，**49**, 23-33.
Fujiwara, O.（2014）Traces of paleo-earthquakes and tsunamis along the eastern Nankai Trough and Sagami Trough, Pacific coast of central Japan. *J. Geol. Soc. Jpn.*, **120**, Supplemt, 165-184.
古川　匠（2008）地理的環境．大分市教育委員会編：横尾貝塚―大分県大分市大字横尾所在の横尾貝塚範囲確認調査報告書，大分市教育委員会，1-3.
後藤和久・田近英一・多田隆治・松井孝典（2004）白亜紀/第三紀境界における巨大衝突クレーターの形成過程と衝突津波発生メカニズムの検証．日本惑星科学会誌，**13**, 241-248.
Goto, K., Tada, R., Tajika, E., Bralower, T. J., Hasegawa, T. and Matsui, T.（2004）Evidence for ocean water invasion into the Chicxulub crater at the Cretaceous/Tertiary boundary. *Meteor. Planet. Sci.*, **39**, 1233-1247.
後藤和久（2005）The great Chicxulub debate―チチュルブ衝突と白亜紀/第三紀境界の同時性をめぐる論争．地質学雑誌，**111**, 193-205.
Goto, K., Chavanich, S. A., Imamura, F., Kunthasap, P., Matsui, T., Minoura, K., Sugawara, D. and Yanagisawa, H.（2007）Distribution, origin and transport process of boulders deposited by the 2004 Indian Ocean tsunami at Pakarang Cape, Thailand. *Sediment. Geol.*, **202**, 821-837.
後藤和久（2009）津波石研究の課題と展望―防災に活用できるレベルにまで研究を進展させるために．堆積学研究，**68**, 3-11.
Goto, K., Okada, K. and Imamura, F.（2009a）Importance of the initial waveform and coastal profile for the tsunami transport of boulders. *Pol. J. Environ. Stud.*, **18**, 53-61.

Goto, K., Okada, K. and Imamura, F. (2009b) Characteristics and hydrodynamics of boulders transported by storm waves at Kudaka Island, Japan. *Marine Geol.*, **262**, 14-24.

Goto, K., Kawana, T. and Imamura, F. (2010a) Historical and geological evidence of boulders deposited by tsunamis, southern Ryukyu Islands, Japan. *Earth- Sci. Rev.*, **102**, 77-99.

Goto, K., Miyagi, K., Kawamata, H. and Imamura, F. (2010b) Discrimination of boulders deposited by tsunamis and storm waves at Ishigaki Island, Japan. *Marine Geol.*, **269**, 34-45.

Goto, K., Shinozaki, T., Minoura, K., Okada, K., Sugawara, D. and Imamura, F. (2010c) Distribution of boulders at Miyara Bay of Ishigaki Island, Japan: A flow characteristic indicator of tsunami and storm waves. *Island Arc*, **19**, 412-426.

後藤和久（2011）決着！恐竜絶滅論争．岩波科学ライブラリー，岩波書店，102p.

Goto, K., Miyagi, K., Kawana, T., Takahashi, J. and Imamura, F. (2011) Emplacement and movement of boulders by known storm waves—Field evidence from the Okinawa Islands, Japan. *Marine Geol.*, **283**, 66-78.

後藤和久（2012）津波石研究の課題と展望 II―2009年以降の研究を中心に津波石研究の意義を再考する．堆積学研究，**71**，29-139.

Goto, K., Sugawara, D., Ikema, S. and Miyagi, T. (2012) Sedimentary processes associated with sand and boulder deposits formed by the 2011 Tohoku-oki tsunami at Sabusawa Island, Japan. *Sediment. Geol.*, **282**, 188-198.

Hall, A. M. (2011) Storm wave currents, boulder movement and shore platform development: A case study from East Lothian, Scotland. *Marine Geol.*, **283**, 98-105.

Haraguchi, T., Goto, K., Sato, M., Yoshinaga, Y., Yamaguchi, N. and Takahashi, T. (2012) Large bedform generated by the 2011 Tohoku-oki tsunami at Kesennuma Bay, Japan. *Marine Geol.*, **335**, 200-205.

Harms, J. C., Southard, J. B., Spearing, D. R. and Walker, R. G., eds. (1975) Depositional environments as interpreted from primary sedimentary structures and stratification sequences. SEPM Short Course, 2, 161p.

羽鳥徳太郎（1985）東海地方の歴史津波．月刊地球，**7**，182-191.

Hildebrand, A. R., Penfield, G. T., Kring, D. A., Pilkington, M., Camargo Z. A., Jacobsen, S. B. and Boynton, W. V. (1991) Chicxulub crater: A possible Cretaceous/Tertiary boundary impact crater on the Yucatán Peninsula, Mexico. *Geology*, **19**, 867-871.

伊東市史編纂委員会・伊東市教育委員会編（2013）伊東の自然と災害：伊東市史別編．436p.

金原正明・古環境研究所奈良研究室・奈良教育大学古文化財科学研究室（2008）横尾貝塚における環境考古学分析．大分市教育委員会編：横尾貝塚―大分県大分市大字横尾所在の横尾貝塚範囲確認調査報告書，大分市教育委員会，206-225.

金子浩之（2010）宇佐見遺跡検出の津波堆積物と明応四年地震・津波の再評価．伊東市史研究，**10**，102-124.

片桐昭彦（2014）明応四年の地震と『鎌倉大日記』．新潟史学，**72**，1-16.

加藤祐三・木村政昭（1983）沖縄県石垣島のいわゆる「津波石」の年代と起源．地質学雑誌，**89**，471-474.

河名俊男・中田　高（1994）サンゴ質津波堆積物の年代からみた琉球列島南部周辺海域における後期完新世の津波発生時期．地学雑誌，**103**，352-376.

北村晃寿・大橋陽子・宮入陽介・横山祐典・山口寿之（2014）静岡県下田市海岸から発見

された津波石．第四紀研究，**53**，259-264．

小竹信宏・藤岡導明・佐藤　茜・伊藤康弘（2006）千葉県房総半島南端に分布する完新統沼層における鬼界ーアカホヤテフラの降灰層準：生物擾乱作用の観点からのアプローチ．地質学雑誌，**112**，210-221．

Latter, J. H. (1981) Tsunamis of volcanic origin: summary of causes, with particular reference to Krakatoa, 1883. *Bull. Volcanol.*, **44**, 467-490.

町田　洋・新井房夫（1978）南九州鬼界カルデラから噴出した広域テフラ―アカホヤ火山灰．第四紀研究，**17**，143-163．

町田　洋・白尾元理（1998）写真で見る火山の自然史．東京大学出版会，204p．

町田　洋・新井房夫（2003）新編 火山灰アトラス―日本列島とその周辺．東京大学出版会，360p．

Maeno, F., Imamura, F. and Taniguchi, H. (2006) Numerical simulation of tsunamis generated by caldera collapse during the 7.3 Ka Kikai eruption, Kyushu, Japan. *Earth Planets Space*, **58**, 1013-1024.

Maeno, F. and Imamura, F. (2007) Numerical investigations of tsunamis generated by pyroclastic flows from the Kikai caldera, Japan. *Geophys. Res. Lett.*, **34**, L23303.

Matsui, T., Imamura, F., Tajika, E., Nakano, Y. and Fujisawa, Y. (2002) Generation and propagation of a tsunami from the Cretaceous-Tertiary impact event. *Geol. Soc. Am. Spec. Pap.*, **356**, 69-77.

松井孝典（2009）新版 再現！　巨大隕石衝突―6500万年前の謎を解く．岩波書店，121p．

松島義章（1984）日本列島における後氷期の浅海性貝類群集―特に環境変遷に伴うその時間・空間的変遷．神奈川県立博物館研究報告（自然科学），**15**，37-109．

松島義章（2006）貝が語る縄文海進―南関東，＋2℃の世界．有隣新書，219p．

McMurtry, G. M., Herrero-Bervera, E., Cremer, M. D., Smith, J. R., Resig, J., Sherman, C. and Torresan, M. E. (1999) Stratigraphic constraints on the timing and emplacement of the Alika 2 giant Hawaiian submarine landslide. *J. Volcanol. Geotherm. Res.*, **94**, 35-58.

Minoura, K., Imamura, F., Kuran, U., Nakamura, T., Papadopoulos, G.A., Takahashi, T. and Yalciner, A. C. (2000) Discovery of Minoan tsunami deposits. *Geology*, **28**, 59-62.

Moore, J. G., Clague, D. A., Holcomb, R. T., Lipman, P. W., Normark, W. R. and Torresan, M. E. (1989) Prodigious submarine landslides on the Hawaiian ridge. *J. Geophys. Res.*, **94**, B12, 17465-17484.

Moore, J. G., Bryan, W. B. and Ludwig, K. R. (1994) Chaotic deposition by a giant wave, Molokai, Hawaii. *Geol. Soc. Am. Bull.*, **106**, 962-967.

Nandasena, N. A. K., Tanaka, N., Sasaki, Y. and Osada, M. (2013) Boulder transport by the 2011 great east Japan tsunami: Comprehensive field observations and whither model predictions? *Marine Geol.*, **346**, 292-309.

成尾英仁・小林哲夫（2002）鬼界カルデラ，6.5 ka BP噴火に誘発された2度の巨大地震．第四紀研究，**41**，287-299．

Nishimura, Y. and Miyaji, N. (1995) Tsunami deposits from the 1993 southwest Hokkaido earthquake and the 1640 Hokkaido Komagatake eruption, northern Japan. *Pure Appl. Geophys.*, **144**, 719-733.

西村裕一・宮地直道（1998）北海道駒ヶ岳噴火津波（1640年）の波高分布について．火山，**43**，239-242．

Nishimura, Y., Nakagawa, M., Kuduon, J. and Wukawa, J. (2005) Timing and scale of

tsunamis caused by the 1994 Rabaul eruption, East New Britain, Papua New Guinea. Satake, K. (ed.) Tsunamis: Case studies and recent developments. Springer, 43-56.
Nishimura, Y. (2008) Volcanism-induced tsunamis and tsunamiites. Shiki, T., Tsuji, Y., Yamazaki, T., and Minoura, K. (eds.) Tsunamiites—Features and Implications, Elsevier, 163-184.
Nott, J. (2004) The tsunami hypothesis—comparisons of the field evidence against the effects, on the Western Australian coast, of some of the most powerful storms on Earth. *Marine Geol.*, **208**, 1-12.
大分市教育委員会（2004）横尾遺跡．大分市教育委員会編：大分市市内遺跡確認調査概報―2003年度．大分市教育委員会，1-53.
小野友也・都司嘉宣（2008）元禄地震（1703）における相模湾沿岸での津波高さ．歴史地震，**23**, 191-200.
Paris, R., Naylor, L. A. and Stephenson, W. J. (2011) Boulders as a signature of storms on rock coasts. *Marine Geol.*, **283**, 1-11.
佐々木裕美・入月俊明・阿部恒平・内田淳一・藤原　治（2007）房総半島館山市巴川流域にみられる完新世津波堆積物および静穏時内湾堆積物中の貝形虫化石群集．第四紀研究，**46**，517-532.
Scheffers, A., Scheffers, S. and Kelletat, D. (2005) Paleo-tsunami relics on the southern and central Antillean Island arc. *J. Coast. Res.* **21**, 263-273.
Schulte, P., Alegret, L., Arenillas, I., Arz, J. A., Barton, P. J., Bown, P. R., Bralower, T. J., Christeson, G. L., Claeys, P., Cockell, C. S., Collins, G. S., Deutsch, A., Goldin, T. J., Goto, K., Grajales-Nishimura, J. M., Grieve, R. A., Gulick, S. P., Johnson, K. R., Kiessling, W., Koeberl, C., Kring, D. A., MacLeod, K. G., Matsui, T., Melosh, J., Montanari, A., Morgan, J. V., Neal, C. R., Nichols, D. J., Norris, R. D., Pierazzo, E., Ravizza, G., Rebolledo-Vieyra, M., Reimold, W. U., Robin, E., Salge, T., Speijer, R. P., Sweet, A. R., Urrutia-Fucugauchi, J., Vajda, V., Whalen, M. T. and Willumsen, P. S. (2010) The Chicxulub asteroid impact and mass extinction at the Cretaceous-Paleogene boundary. *Science*, **327**, 1214-1218.
Self, S., Rampino, M. R., Newton, M. S. and Wolff, J. A. (1984) Volcanological study of the great Tambora eruption of 1815. *Geology*, **12**, 659-663.
Shimazaki, K., Kim, H. Y., Chiba, T. and Satake, K. (2011) Geological evidence of recurrent great Kanto earthquakes at the Miura Peninsula, Japan. *J. Geophys. Res.*, **116**, B12408. doi:10.1029/2011JB008639.
篠原宏志・斎藤元治・松島喜雄・川辺禎久・風早康平・浦井　稔・西　祐司・斎藤英二・濱崎聡志・東宮昭彦・森川徳敏・駒澤正夫・安原正也・宮城磯治（2008）火山研究解説集：薩摩硫黄島．産総研地質調査総合センター URL：https://gbank.gsj.jp/volcano/Act_Vol/satsumaioujima/vr/index.html
塩地潤一（2008）横尾貝塚の集落範囲．大分市教育委員会編：横尾貝塚―大分県大分市大字横尾所在の横尾貝塚範囲確認調査報告書，大分市教育委員会，9.
静岡県（1996）静岡県史別編2自然災害誌，808p.
Simkin, T. and Fiske, R. S. (1983) Krakatau 1883: The volcanic eruption and its effects. Smithsonian Institution Press, Washington, DC, 464p.
Simkin, T. and Siebert, L. (1994) Volcanoes of the World. 2nd ed., Geoscience Press, Tucson, Arizona, 349p.
Tanaka, H.,Tinh, N. X., Umeda, M., Hirao, R., Pradjoko, E., Mano, A. and Udo, K. (2012)

Coastal and estuarine morphology changes induced by the 2011 great east Japan earthquake tsunami. *Coast. Engineer. J.*, **54**, doi: 10.1142/S0578563412500106.

辻　隆司・宮田雄一郎（1987）砂岩層中に見られる流動化・液状化による変形構造―宮崎県日南層群の例と実験的研究．地質学雑誌，**93**，791-808．

都司嘉宣編（1979）東海地方地震津波史料（I・上巻）―静岡県・山梨県・長野県南部編．防災科学技術研究資料，35，科学技術庁国立防災科学技術センター，436p．

内田淳一・阿部恒平・長谷川四郎・藤原　治・鎌滝孝信（2004）有孔虫殻の分級作用からみた津波堆積物の形成過程―房総半島南部館山周辺に分布する完新統津波堆積物を例に．地質学論集，**58**，87-98．

van den Bergh, G. D., Boer, W., de Haas, H., van Weering, Tj. C. E. and van Wijhe, R. (2003) Shallow marine tsunami deposits in Teluk Banten (NW Java, Indonesia), generated by the 1883 Krakatau eruption. *Marine Geol.*, **197**, 13-34.

渡辺偉夫（1998）日本被害津波総覧（第2版）．東京大学出版会，238p．

矢田俊文（2005）1498年明応東海地震の津波被害と中世安濃津の被災．歴史地震，**20**，9-12．

矢田俊文（2009）中世の巨大地震．吉川弘文館，203p．

7
津波の古生物学

　生物は水深や底質などに合わせて棲み分けをしている．したがって，津波で打ち上がった生物は，津波で海底のどのあたりが大きく侵食されたかや，どのくらい沖合から堆積物が運ばれてきたかなどを示す指標となりうる．このことは，生物学的な視点から津波が海底や海岸に与えるインパクトを推定することにも利用できる．また，津波に特有な生物の打ち上げ現象（種構成や産状）が認定できれば，それは地層中から津波堆積物を識別する手がかりにもなる．

　生物が生きている状態から遺骸となり，さらに化石化するプロセスのことを一般にタフォノミー（Taphonomy）と言う（たとえば，Martin, 1999）．化石には，その生物がどのような生活をしていたか，どのようにして遺骸になったか，どのような経路で運ばれ地層に埋もれたか，さらにどのような変質を経て化石になったか，などの情報が記録されていることがある．タフォノミーにかかわる情報は，津波堆積物の形成プロセスや地層中での識別にも重要となる．貝化石などの大型化石と有孔虫などの微化石では，津波堆積物研究においてそれぞれ有利な点・不利な点がある．たとえば大型化石は露頭で目視によって産状を確認できる利点があるが，含有密度が相対的に低いのでボーリングコアなどの小さな試料を使った解析には不向きである．そうした限界も含めて解説する．

7.1　津波による貝類の打ち上げと集積

　津波による生物の打ち上げは世界各地で報告があるが，産状や群集構成の

解析が行われた例はわずかである．2011年東北沖津波による貝殻の打ち上げや集積についても，九十九里海岸や仙台平野で行われた著者らによる概報的な報告（藤原ほか，2011，2012，2014）が主なものである．

7.1.1　1933年昭和三陸津波と1983年日本海中部地震津波

Nomura and Hatai（1935）は，1933年昭和三陸津波の数日後に岩手県南部から宮城県北部にかけての11地点で，打ち上がった貝類を集め記載した．その結果230種もの貝類が報告された（元の論文では240種とされているが，同定リストに欠番があり，実数は230種）．現在の仙台平野や三陸の海岸で通常目につく貝類はせいぜい数十種なので，津波で海岸のさまざまな場所から貝類が移動・集積したことが推定される．また，そのなかの5種が新種として記載されており，通常は見られない種が打ち上がった（それだけ広範な場所から集積した）という点でも貴重な報告だろう．

日本海中部地震では，青森県日本海岸の十三湖に津波が侵入し，貝殻集積層を残した．津波は湖底の土砂とともに大量のヤマトシジミを掘り起こして移動させ，湖岸に貝殻が集積したマウンドができた（斎藤・沢田，1984；Minoura and Nakaya, 1991）．

7.1.2　1945年インド洋北西部の津波と1956年エーゲ海の津波

1945年11月28日にインド洋で起きた地震（M_w8.1）によって発生した津波で，インド洋西岸のオマーン海岸では海生貝類が大量にラグーンへ運び込まれ，ラグーンの広範囲に貝殻集積層を残した．Donato et al.（2008）は津波から約60年後に，ラグーンに埋もれていた貝類を調査した．多数のコア試料（直径7.5 cm）の分析によれば，貝化石層は層厚が5-25 cmで，広がりは1 km^{2}以上にわたっていた．彼らは，この研究に基づき，津波が作る化石層の特徴として3点を挙げている．1) 水平方向に大きな広がりを持つ．2) ラグーンの外（潮下帯（subtidal）と沖浜（offshore））から流れ込んだ合弁の二枚貝が多く混じっている（全体の貝類の59%）．3) 破片であっても摩耗が少なく角ばったものが多い．

1956年7月9日に南エーゲ海で，ギリシャでは20世紀における最大の地

震（M,7.4）が発生した．この地震による津波でアテネの南東約 310 km にあるアスティパレア（Astypalaea）島に打ち上がった貝類を，Dominey-Howes（1996）が報告している．この島での津波の遡上高は 4-20 m とされる．海岸から最大で 40 m 離れた標高 6-10 m の崖の上に，礫とともに多量の貝殻が打ち上がったが，いずれの種も水深 50 m よりも浅い海底に棲むものであった．

7.1.3　2011 年東北沖津波

　藤原ほか（2014）が，仙台平野北部の蒲生干潟（図 6.8）と，その北方で石巻に近い野蒜海岸（図 6.7）で打ち上がった貝類を報告している．この地域では東北大学総合学術博物館（現静岡大学）の佐藤慎一博士らによって津波の前から貝類の観察が行われており，津波前後での変化を比較できると考えたからである．調査の時期は津波から約 2 カ月半後の 5 月 20-22 日である．生物学的な調査としては，鳥などによる採餌や貝殻の薄い種の選択的風化が起きる前の方が好条件であるが，古津波堆積物は地層中に定置されるまでに種々の擾乱を受けるので，現世津波堆積物と古津波堆積物との比較という意味では，今回の調査のように津波から多少時間が経過してからの方がむしろ条件が近いと思われる．

　津波の高さは蒲生干潟では 9 m 前後，野蒜海岸で 8 m 前後と推定される．蒲生干潟では幅 100-200 m 以上あった砂州と芦原が津波で大きく崩壊し，潟の内部には流れ込んだ砂が厚く堆積した（図 4.2）．この干潟は津波前にはアサリやハマグリ，サビシラトリ，イソシジミなどが多く見られたが，津波で様相は一変し，われわれの調査時にはアサリやハマグリはほとんど見られず，生貝はほとんどがイソシジミ（多くは稚貝）であった．野蒜海岸は弧状の砂浜海岸であったが，ここでも広範囲で海岸の侵食と再生が起こった．

　津波で打ち上がった貝類の量と内陸側への広がりは，通常の台風によるものに比べて大規模である．しかし，津波の浸水域が内陸 3-4 km にも達しているのと比べれば，貝殻が認められるのは海岸部の狭い範囲に限られる．貝殻の分布密度は海岸から内陸へ 100-200 m ほどの間に急速に低下し，防砂林の陸側の縁付近（海岸から 400 m 以内のことが多い）より内陸ではほとんど見られない．仙台平野では蒲生干潟と野蒜海岸以外でも 2011 年 5 月にいく

つかの海岸で打ち上がった貝類の分布を確認したが，貝殻の分布密度の変化は上記と同様であった．なぜ貝殻の分布が海岸付近に限られるのかはわかっていないが，遡上した津波の流速などと関係があるのであろう．

1) 種構成の特徴

蒲生干潟と野蒜海岸では代表的な貝殻集積部を対象に，何カ所かで1m四方のピットを掘って貝類の定量サンプリングを行った（図7.1）．各ピットでは，表層から深さ5-20 cmまでの津波堆積物を採取して，3 mmメッシュの篩にかけ，得られた貝殻を同定した．蒲生干潟では，一つのピットから得られた貝類の個数は200-300個，種数にすると少ない場所で20種足らず，多くても30種ほどであった．種数だけ見ると通常の台風による打ち上げと大きな差はないが，種構成は異なり，潟に生息していたと思われる種の比率が低く，潟の外の砂底に棲むタマキガイ類やコタマガイが多く見られた．ま

図7.1 蒲生干潟北部の防潮林内で行った定量サンプリングの様子（2011年5月20日）
　　1m四方，厚さ約20 cmの津波堆積物を分析．

た，砂泥底などに深く潜る（数十 cm になることもある）オオノガイが多数見られたことも台風との違いであった．これは，オオノガイの潜没深度以上の厚さの堆積物が津波で取り払われたと推定される．調査した海岸では，通常の台風でオオノガイが多数打ち上がった記録はないようなので，津波による浅海底の侵食が台風よりも相当に大きかったことがうかがわれる．2011年東北沖津波の際に干潟に生きたままのオオノガイなどが多数打ち上がった理由については，干潟の堆積物が地震で液状化し，貝類が液状化した堆積物とともに地表に噴出したことも考えられている（大越ほか，2014）．

　野蒜海岸では，一つのピットから得られた貝類は約 600 個，30 種余りであった．主要な種の構成は通常時の打ち上げと大差ないが，津波以前に見られていたエゾイシカゲガイ，ヌノメアサリ，アサリが非常に少なかった．選択的な貝殻の運搬があったのかもしれない．コタマガイ，ムラサキイガイなどの波浪の影響のある浅海に棲む厚手で頑丈な貝類に混じって，チヨノハナガイやフリソデガイなど波浪の影響の少ない砂泥底や泥底に棲む種も見られるが，わずかである．マガキやホタテガイも目立ったが，これは養殖の影響と思われる．合弁の二枚貝が少なかったのは，打ち上げから時間が経過し，鳥などによる採餌の影響が大きいと思われる．また，特に潟の奥で採取した試料では，殻の溶食が進んでいる個体が多いのも特徴であった．こうした種構成などの偏りは古津波堆積物の調査でも考慮する必要がある．

　打ち上がった貝類の種構成や個々の種の頻度は，基本的には前面の海の生物相を反映している．蒲生干潟で卓越するのはヒメシラトリ，サビシラトリ，タマキガイ，イソシジミ，アサリなどである．一方，野蒜海岸ではこれらに代わって，コタマガイ，ムラサキイガイ，バカガイ類，キュウシュウナミノコ，サクラガイ類が卓越する．概要的な調査ながら著者の見たところ，仙台平野南部から福島に近くなると，蒲生干潟や野蒜海岸では少数派だったホッキガイが目立つところもあった．

2）　深い海の生物は含まれるか

　通常の台風などの大波が海底の堆積物を動かす深度をストームウェーブベース（storm wave base；暴浪時波浪作用限界水深）と言い，日本周辺外洋

では水深 60-80 m 程度とされる（斎藤, 1989）. 風波の大きさは風の強さだけでなく，風が吹き渡る距離（吹送距離）や風の継続時間によっても変わる. 小規模な内湾では大きな風波は立たないので，ストームウェーブベースは外洋より浅くなる. 海岸の堆積層中にストームウェーブベース以深から打ち上がった生物遺骸が見つかれば，津波堆積物を識別する重要な指標になり得る.

2011 年東北沖津波後の仙台平野では，確実にストームウェーブベース以深からもたらされたと判断できる種は未確認である. その原因の一つには，仙台湾は海岸から沖合 30 km 付近までは水深 50 m 程度より浅い部分が大半であり，深い海に棲む種が元々少ないことが考えられる. さらに，深い海に棲む種は薄く壊れやすい殻を持つことが通常であり，津波による運搬過程や打ち上げ後の風化，あるいは採取過程で欠落した可能性もある.

Nomura and Hatai（1935）が調査した三陸のリアス海岸は，沖の海底が急斜面で深い海に繋がっており，ストームウェーブベース以深に棲む種が見つかってもおかしくはない. しかし，この例でも深い海の種は未報告である. その理由の一つとして，当時は貝類の生息水深のデータ自体が未整備であったこともあるだろう. 仮に深い海から運ばれてきた個体があっても，そう判断する根拠がなかったのかもしれない. さらには，現在と比べて分類体系も大きく異なっているので，保管されている標本に基づく同定と再検討が必要である.

3）　貝殻の修復痕が示すイベント発生時期

大越ほか（2014）は，2011 年東北沖津波を生き延びた貝類が，津波の痕跡をどのように貝殻に記録しているかを報告している. 彼らは大きく分けて 2 種類の記録を報告した. 一つは貝殻の修復痕である. 貝類は殻が破損すると外套膜から石灰分を分泌して破損した部分を修復するが，その痕跡が手術痕のように残る. もう一つは殻の色や構造の変化である. 津波後に一時的に貝殻の成長が止まった痕跡が見られる個体が報告されている. 成長が止まった部分が溝のように残っており，さらに，成長を再開したあとでは貝殻の模様や色が変わっていた. つまり，地震・津波のストレスで生体に何らかの変化が起こり，それが殻の色や模様，あるいは構造の変化として現れたのである.

2011年東北沖津波の約2年後に著者が九十九里海岸で観察した例でも，海浜に打ち上げられた貝殻には，修復した痕跡がかなりの頻度で見られた．これらは遺骸ではあったが，貝殻は新鮮な状態だったので，津波を生き延びたものがつい最近遺骸となったと思われる．貝殻の修復は，津波が起きていないときでも，捕食や大波などの影響で生じることもある．こうした「バックグラウンド」での貝殻修復に比べて地層中の貝化石に顕著に高い割合で修復痕が見られれば，それは津波などのイベントが起きた指標となるだろう．

7.2　沼層の津波堆積物に含まれる貝類群集

　南関東では7200年前頃（暦年補正値）に縄文海進のピークを迎え，最も海面が高くなった．その結果，溺れ谷は最も拡大し，館山周辺では図6.9のように出入りの激しい複雑な海岸線を持つ入り江が形成された．房総半島南東岸に分布する溺れ谷の堆積物は，館山市にある地名に因んで「沼層」と呼ばれている．溺れ谷では複雑な海岸地形，水深，底質などに対応して，場所ごとに特徴的な貝類群集が分布していた．

　その一例として，図6.9には古館山湾周辺で復元された貝類群集とサンゴ礁の分布を示した（松島，1979，1984，2006など）．これが津波など破局的なイベントが起きていない「通常時」の湾内における貝類の分布状況である．サンゴ礁は多くが古館山湾の南岸の溺れ谷の奥に分布している．波浪の影響が弱く，土砂供給が少ない場所にサンゴ礁が生育した．これは造礁性サンゴ礁としては世界最北端に位置するもので，沼周辺のものは千葉県の天然記念物に指定されている（「沼サンゴ礁」と呼ばれている）．当時は現在よりも2℃程度水温が高く，造礁性サンゴの生育に好都合であった（たとえば，松島，2006）．湾中央部では泥層や砂層が堆積し，ウラカガミやトリガイを主とする泥底群集や，カガミガイやヒメシラトリなどからなる砂底群数が見られる．細く奥まった湾奥では腐植質の泥層が分布し，ハイガイやマガキなどからなる干潟群集が分布する．湾中央部に形成された波食台の上や湾口部の岩礁には，固着性の貝類などからなる岩礁性貝類群集が見られる．

　古館山湾と古巴湾の周辺の地形を拡大して図7.2に示した．これらの溺れ

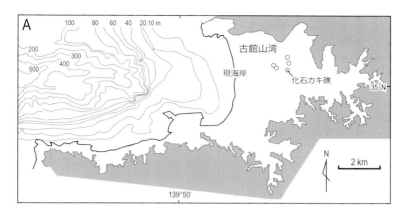

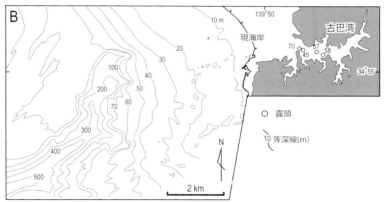

図 7.2 7200 Cal BP 頃の古館山湾（A）と古巴湾（B）と周辺の海底地形（海底地形は海上保安庁，1995 による．旧海岸線は宍倉，2001 などを参考にした．藤原ほか，2003 を元に作成）

谷は沖で急傾斜な海底谷につながっており，さらに相模トラフへと流下している．ここでは，第 6 章で紹介した沼層に挟まる津波堆積物を研究した藤原ほか（2003）を元に，「通常時」の内湾に堆積した地層と比べて，津波堆積物に含まれる貝化石群集はどのような違いがあるかを解説する．

7.2.1 化石の産状

化石の産状を記載するにはさまざまな用語があるが，ここでは鎮西・近藤

(1995)に従って「生没的」，「同相的」および「異相的」の3つを使い分けることにする．「生没的 (living position あるいは *in situ*)」は，生息位置・生息姿勢を保ったまま化石化したものを示す．たとえば堆積物に深く潜って生活する二枚貝が生息姿勢を保ったまま化石になったようなものである．「同相的 (indigenous)」は二枚貝が離弁になっているなど，生息姿勢からは移動しているが，元々の生息環境の範囲内で化石になったものである．これに対して，生活圏外へ移動した化石は異相的 (exotic) と呼ぶ．たとえば，波の影響の強い岩礁に棲む種が，内湾の泥層に含まれるような場合である．

7.2.2 急速な堆積を示す貝殻集積層

通常時の内湾堆積物（特に湾奥部のシルト層や粘土層）では，貝化石は生没的あるいは同相的な産状を示すことが多い（図7.3 A）．そこでは貝化石は一般に地層中に散在しており，目立った集積層を作ることはない．また，離弁や破片になった個体でも，摩耗は少ない．通常時の堆積物中で貝殻が破片になっているのは，肉食種による摂食や巣穴をほる生物による擾乱の影響が大きい．異相的な個体がまれに混じることがあるが，それは近くにあるイベント性の堆積物から生物擾乱で紛れ込んだものが多い．

これに対して，津波堆積物中では異相的な貝化石が多い．図7.3 Bは古館山湾の湾央部に位置する露頭で見られる T2.2 津波堆積物（藤原ほか，1997, 2003）の一部で，内湾泥層中に岩礁性の巻貝が横たわっている．泥粒子がゆっくり沈殿する湾の底に，このような厚く重い殻を持つ貝殻が運ばれてくることは通常は起こらない．これは突然起こった強い流れの跡である．貝殻には摩耗がなく，表面にはゴカイなどの付着もほとんどないので，急速に運搬・埋没したことが推定される．また，先に見てきた津波堆積物と違って，砂質のマトリックスがなく，貝化石が泥層中に単独で「浮かんで」いる．大きな流速のために，砂などの細粒物質は流されてしまい，大きく重い貝殻だけが流れから離脱して堆積したと解釈される．

図7.4は，古巴湾で内湾性のシルト層に挟まる津波堆積物である．津波堆積物中で白く写っているのがすべて貝殻で，上下の通常時の堆積物と比べて貝殻の含有密度が顕著に高い．津波堆積物に含まれる貝化石は，さまざまな

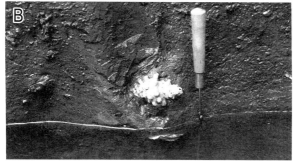

図7.3 古館山湾の湾奥部での貝化石の産状 (Fujiwara, 2004MS)
A：通常時の内湾に堆積した砂質シルト層で生没的な産状を示すウラカガミ．
B：内湾泥層中に点在する岩礁性の巻貝（レイシガイ）．

程度に破損したものが多いが，摩耗した個体や表面にゴカイやフジツボなどが付着したものは少ない．これは貝殻が海底に滞留する時間が短く，急速に埋積されたことを示している．厚い津波堆積物では堆積構造がよく保存されていることから，生物擾乱の影響が少ないことがわかる．これは砂や貝殻などの粗粒物からなる津波堆積物が一気に堆積したため，一時的に湾の底に「固いシート」が敷かれた状態になり，海底を掘り起こす生物の活動が阻害されたと考えられる．

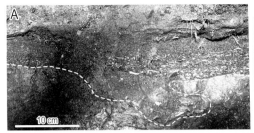
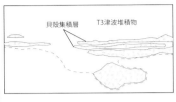

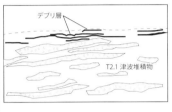

図 7.4 古巴湾に分布する津波堆積物中での貝化石の産状（Fujiwara, 2004MS を改変）

Donato et al. (2008) が 1945 年インド洋北西部の津波で指摘した合弁率の高さはどうであろうか．古巴湾の中央部にある露頭の 3 枚の津波堆積物（T2.1, T2.2, T2.3）について，合弁の二枚貝の比率はせいぜい 2% に過ぎない（母数はそれぞれ 43-176 個）．合弁の種は，津波で下位の泥層から掘り起こされて取り込まれたか，周辺の岩礁などから剝ぎ取られてきたと考えられる．前者の例はウラカガミやクチベニデガイ，後者の例は，ウミギクガイ，イワホリガイなどである．ウラカガミのような大型の二枚貝の一部には，津波後に上位の内湾泥層から潜り込んできたと考えられる個体もある．これはイベントと直接には関係がない個体である．合弁率を津波堆積物の指標とするには，堆積環境による違いも考慮する必要がある．

7.2.3 レンズ状に浮かぶ貝殻集積層

図 7.4 で，貝殻は津波堆積物の中で一様に分布するのではなく，細長いレンズ状の集積層をなしている．厚さ数〜10 cm，長さは 50-100 cm ほどの貝

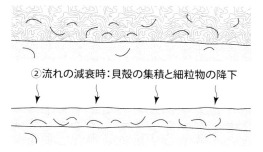

図7.5 津波による貝殻集積層の形成プロセス
　何度も来襲する大波で，貝殻の集積が繰り返す．

殻集積層が津波堆積物中で水平方向に繰り返し現れる．これは，2011年東北沖津波で海岸に見られた舌状あるいはマウンド状の貝殻集積層（図6.7）の断面に似ている．貝殻集積層がレンズ状の断面を持つのは，津波堆積物中にハンモック状斜交層理（図6.14）が発達しているからかもしれない．

　貝殻集積層は津波堆積物の断面で垂直方向にも繰り返し現れる．つまり，貝殻集積層と貝殻の少ない泥質の薄層が互層している．これは津波では数十分の周期で大波が繰り返すことと関係している．湾内で激しい流れが起きているときは，湾の底で堆積物の篩い分けが起こり，大きく重い貝殻が集積する．流れが収まると浮遊していた細粒物質が降下して貝殻集積層を覆う．これを模式的に表したのが図7.5である．

7.2.4　貝化石の集積密度

　古館山湾と古巴湾で，通常時の堆積物と津波堆積物で種構成などを比較した結果が図7.6である．ここでは合計49個の定量サンプル（各3500-7000 cm^3）を分析した．殻長が2mm以上の個体を対象に，二枚貝（片殻を1個とカウント）は殻頂のある個体，巻貝は全体の2/3が残っている個体を分析対象としている．白抜きの記号で示した通常時の内湾堆積物では，種数で

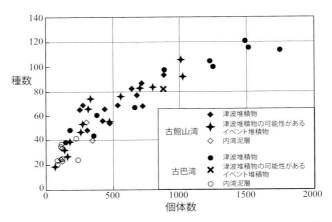

図 7.6 古巴湾,古館山湾における通常時の堆積物と津波堆積物での種数・個体数の比較(藤原ほか,2003)

40種,個体数で150個を超えることは少ない.一方,黒塗りの記号で示した津波堆積物では,1試料に含まれる貝類は一般に50種以上で,100種を超えることも少なくない.1試料あたりの個数は一部の例外を除いて600個以上で,いくつかの試料では1200個を超えていた.

7.2.5 貝類の生活型から見た津波堆積物の特徴

二枚貝類を食性と底質への定着の仕方によって「生活型」に分け,その比率を示したのが図7.7である.食性は堆積物中の有機物などを餌とする堆積物食者,水中の微生物や有機物を餌とする懸濁物食者,ほかの生物を捕食する種に分かれる.底質への定着の仕方は,底質に潜って生息する内生種と表面に生息する外生種に分かれる.後者は底質への定着方法によって細分され,糸足と呼ばれる糸,あるいは石灰分を分泌して固着するもの,比較的軟らかい岩石に穿孔するものなどがいる.また,ホタテガイのように殻を閉じる力で水を噴出しその反動で「遊泳」するものや,別の動物に共生するものもいる.

これらの組み合わせで,図7.7では二枚貝類を8グループに分類した.小型の種の方が一般に産出密度が高いので,グラフは個数だけでなく種数の比

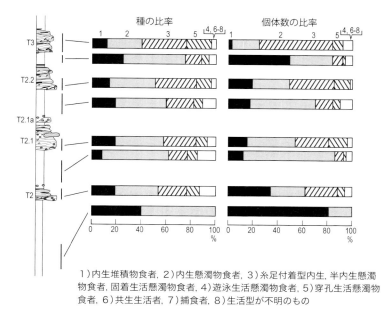

1)内生堆積物食者, 2)内生懸濁物食者, 3)糸足付着型内生, 半内生懸濁
物食者, 固着生活懸濁物食者, 4)遊泳生活懸濁物食者, 5)穿孔生活懸濁物
食者, 6)共生生活者, 7)捕食者, 8)生活型が不明のもの

図 7.7 二枚貝の生活型から見た通常時の堆積物と津波堆積物の違い(藤原ほか, 2003 を元に作成)

も示しているが,どちらのグラフでも同じ傾向が読み取れる.津波堆積物の上下の通常時の内湾堆積物では,種構成が単純で個体密度も低い.内湾の底質に潜って堆積物を食べる種(分類 1)と,海底から水管を出して懸濁物を濾しとって食べている種(分類 2)が大半である.また,内生種は生没的な産状を示す個体が多い.これが水深 10 m 程の泥質の海底における通常時の生物群集である.それ以外の生活型を持つ種も含まれているが,その多くは近くにある津波堆積物から生物擾乱で混じり込んだと思われる.

一方,津波堆積物では,生活型の異なる種が混在している.調査した例では岩礁などに付着(分類 3)する種や,柔らかい岩石などに孔を掘って棲む種(分類 5)が特に多い.これらの種は津波で棲息場から剝ぎ取られて泥質の湾の底に持ち込まれ,そこで本来棲息していた種と混合したと考えられる.

7.2.6 貝類の生息環境から見た津波堆積物の特徴

古巴湾で採取した定量サンプルから得られた貝類化石について，生息する底質を比較したのが図 7.8 である．ここでも個体数と種数に分けて示したが，どちらも同じ傾向になっている．白抜きで示した通常時の堆積層では，md と sm が多数（種数比率で 40-60%，個体数比率 50-80%）を占める．ss は種数比で 10-30% 程度（個体数比率で 25% 程度），rb は種数比率・個体数比率とも 0-20% 程度である．

一方，黒印で示した津波堆積物では，分布が全体として三角グラフの中心に寄っていて，棲む環境が異なる種が混在している．そのなかには，堆積場付近（湾奥の泥底）から取り込まれたと考えられるもの（md）もあれば，別の場所から運ばれてきたと考えられるもの（たとえば rb）もある．特に，rb の比率が高い（種数比で 30-50% 以上，個体数比率で 30-40% から 60%）のは，古巴湾に発達していた岩礁から運ばれたものであろう．

古巴湾や古館山湾の津波堆積物では岩礁性の貝類化石の比率が高いが，その特徴は岩礁海岸で見られる貝類遺骸群集とは少し違っている．現世海岸での観察によれば，岩礁海岸の遺骸群集は物理的作用や生物活動による被覆，磨耗，破片化が著しいことが特徴とされる（鈴木，2000a,b）．これに反して，古巴湾や古館山湾の津波堆積物に含まれる岩礁性の貝類は，その多くが表面装飾の細部まで保存されており，一部は合弁である．これは海底から引き剝

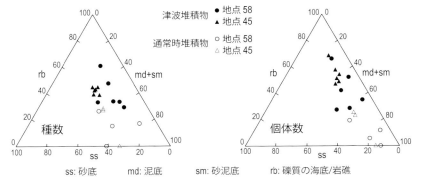

図 7.8　貝類の生息する底質から見た通常時の堆積物と津波堆積物の違い（藤原ほか，2003 を元に作成）

がされた貝類が，その後急速に埋積された結果であろう．

　この結果は，異相的な群集の新たな見方にもつながる．古生物学的な研究では，生息環境とリンクしている生没的や同相的な化石が重視され，異相的な化石は環境指標としては不適格であるとされることが多い．しかし，異相的な化石は通常とは異なる強い流れの発生を記録している場合もあり，津波堆積物の認定において重要となる．

7.2.7　深い海から運ばれた種

　古館山湾や古巴湾の津波堆積物では，大半を占めるのは主に潮間帯の岩礁起源のカサガイ類や，水深10-20mの泥底や砂泥底に棲む貝類である．堆積物と化石の主たる供給場は湾内あるいは湾周辺の比較的近い場所であったことがわかる．しかし，極わずかではあるが，内湾でのストームウェーブベースよりも深い海に棲む貝類の化石も見つかっている（藤原ほか，2003）．代表的なものはアコヤエビス，オルビニイモ，ウスオビイトカケなどである．なかでもアコヤエビスは200mより深に生息する種である．

　第3章で解説したように，津波は海面から海底まで海水全体が同じ速度で動くので，ストームの波の影響が届かない深い海底でも貝殻などを動かし得る．しかし，津波でストームウェーブベース以深から貝殻が打ち上がった確実な記録は，古館山湾と古巴湾が唯一の例と思われる．その理由として考えられるのは，図7.2に示した海底地形である．沖にある海底谷は急傾斜で，数km沖合に出れば水深が100mを優に超える．こうした地形のために津波が深い海底から貝殻などを運びやすかったと考えられる．

7.2.8　溺れ谷での津波による化石集積層の形成プロセス

　図7.9は古館山湾と古巴湾での研究を元に，津波による貝殻集積プロセスをまとめたものである．湾の内・外には底質や水深などに対応して，それぞれの場所に対応した種が分布している．沖へ続く海底谷には深海性の生物も生息している．通常はこれらの貝類が生息環境の枠を越えて混合することはほとんど起こらない．しかし，大規模な津波が来襲すると，状況が一変する．海底に潜っている貝類の一部は洗い出され，岩礁などに付着・穿孔している

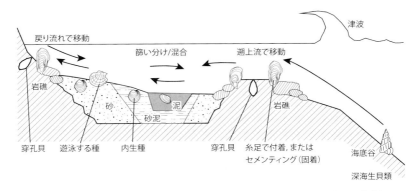

図 7.9 津波による貝化石集積層の形成プロセス（藤原ほか，2003 を元に作成）
内湾中央部では外洋と湾奥の両方から混入がある．

貝類の一部も剥ぎ取られてしまう．津波の遡上時には湾内だけでなく湾の外から（一部は海底谷から）も，陸へ向かって貝殻が運ばれる．戻り流れでは湾奥から沖へ向かって貝殻が運ばれる．湾内では強い流れで堆積物から貝殻が選択的に残留・濃集し，貝殻集積層が形成される．

7.2.9 ストームなどによる貝殻集積層との違い

化石集積層はさまざまな時代のさまざまな環境で堆積した地層から報告があり，その形態や形成要因は多様である．化石集積層の種類や形成要因については安藤・近藤（1999）による詳しいレビューがある．ここではそれらを元に，津波堆積物とほかの堆積層の違いという観点から解説する．

どうして化石集積層ができるかという一般的な理由には，大きく分けて生物学的要因と堆積学的要因がある．生物学的要因とは，群体や生物礁を作ることで生物遺骸が集積することを指す．津波堆積物に関係するのは堆積学的要因の方である．これは，堆積速度と生物遺骸の供給バランスに主に依存する．相対的に堆積速度が大きければ生物遺骸は希釈され，小さければ濃縮（condensation）が進む．この濃縮が進む速さは，原因とプロセスによってさまざまである．地質学的な時間をかけて生物遺骸が濃集してできる化石集積層もあれば，津波などによって短時間で形成される化石集積層もある．地質学的に短時間で形成される化石集積層は，イベント化石層と呼ばれる（た

とえば，Kidwell, 1991；安藤・近藤，1999）．堆積速度が相対的に減少する理由はいくつかある．津波やストームのような高エネルギーのイベントでは，基質が選択的に水流で飛ばされる「吹き分け」（winnowing）と基質から貝殻が洗い出されて分級される「洗掘」（reworking）が大きな要因とされる．

ストームによる貝化石集積層の産状や種構成，形成プロセスについての研究（たとえば，Aigner, 1982；Swift et al., 1983；Meldahl, 1993）と比較すると，先に紹介した津波堆積物との共通点としては，貝殻の摩耗が少ないこと，種の多様性が高いこと，合弁率が比較的高いことが上げられる．一方，相違点としては，津波堆積物では貝殻の集積層と泥質の層が何層も繰り返し重なるのに対して，ストーム堆積物では貝殻は基底に密集し上方へ集積密度が低下することが上げられる．

この違いは津波とストームとで波の周期が違うためと考えられる．ストームでは，主に引き潮によって海浜から海底へ貝殻が供給される（Swift et al., 1983；Snedden et al., 1988）．波や流れで海底から掘り起こされる貝殻もある．その貝殻がストーム時の波と流れで吹き分けられて集積していく（たとえば，Duke et al., 1991；Cheel and Leckie, 1993；Meldahl, 1993；Fursich and Pandey, 1999）．ストームが減衰すると吹き分け作用が弱まり，巻き上げられていた粒子の堆積が進むので，ストーム堆積物では基底部から上位へと貝殻の集積密度が下がる．一方，津波では長い周期で大波が来襲する．一つ一つの波では，ストームと同じように吹き分けによる貝殻の集積が進むであろう．波が減衰すると，浮遊していた細粒粒子が貝化石層の上に沈積する．何度も波が来襲することで貝殻集積層と貝殻が少ない細粒層が繰り返し重なる構造が形成される（図7.5）．

7.2.10 津波による生物礁の破壊と生成

大規模な津波はサンゴ礁などを破壊すること（第6章）もあれば，一方で生物にとって新たな棲息環境を作り出すこともある．古館山湾の中央付近（館山市西郷地区；図7.2 A）では，縄文時代の海で生育した化石カキ礁に津波で破壊された跡が見られる（藤原ほか，1997, 1999a）．この化石カキ礁は，かつては川沿いに200 mほども連続して露出していたが（松島・吉村，1979），

護岸工事などのため現在はその半分程度しか観察できない（図7.10）．化石カキ礁は層厚が1mほどで，縄文海進で形成された波食台（新第三系のシルト岩からなる）の上に形成されている．波食台の上面にはウチムラサキなどが穿孔している（図7.11）．

化石カキ礁の主な構成種は，大型に成長したカキツバタガキで，ほかにウミギクガイ，ヒオウギ，ヒメヨウラクなど，岩礁や生物礁などの固い底質に生息する貝類が伴う．さらに造礁性サンゴの化石も見られる．化石の特徴からは，水深20m前後の環境が推定されている（松島・吉村，1979：松島，1984, 2006）．基盤に穿孔しているウチムラサキからは8270-8010 Cal BPの値が得られ，波食台が形成された時期を示している．化石カキ礁の基底部，

図7.10　古館山湾の波食台上に形成された化石カキ礁とT3津波の痕跡（Fujiwara, 2004MS）
　A：化石カキ礁の露出状況．B：化石カキ礁中の侵食面．C：侵食面周辺の拡大．サンゴ化石が途中で折られている．

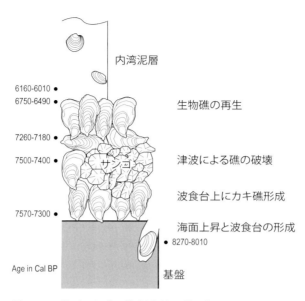

図 7.11 化石カキ礁の模式図（年代値は藤原ほか，1999a による暦年較正値）

最上部，およびそれを覆うシルト層基底部から得られた年代に基づくと，この化石カキ礁は 7500 Cal BP 頃から 6500-6200 Cal BP 頃にかけて約 1000 年間に生育したものである．

津波の痕跡は化石カキ礁の中部に見られる．化石カキ礁の下部ではカキツバタガキは合弁で垂直に近い形で立っている（棲息状態を保っている）ことが多いが，中部に認められる侵食面を境界に産状が異なり，倒れたり離弁の個体が多くなる（図 7.11）．この侵食面はサンゴ化石が切り取られて壊れた面としても追跡できる（図 7.10 B, C）．侵食面の直上ではウラカガミなど岩礁の外の泥底に生息する種も破片として多数含まれる．こうした異常が見られる層準は層厚 20 cm ほどで，その上には再び棲息状態を保ったカキの化石が見られる．

図 7.12 では，化石カキ礁を下部・中部（津波堆積物）・上部に分け，その中に見られるカキツバタガキについて合弁・離弁，あるいは殻の向きを集計した．この調査は露頭の 4 カ所でそれぞれ幅約 2 m の枠を設けて行った．合

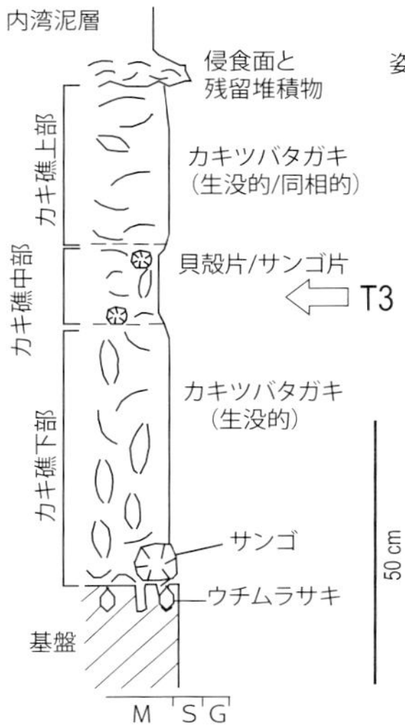

	合弁			離弁			
姿勢	垂直 ()	斜め	水平	凸面を下	凸面を上	斜め	垂直 (
カキツバタガキ（生没的/同相的）	25 (17)	14	21	146	153	82	67
貝殻片/サンゴ片	16 (9)	3	4	26	14	13	7
カキツバタガキ（生没的）	46 (35)	6	8	23	18	6	17

図 7.12 カキ化石の産状 (Fujiwara, 2004MS)

弁で垂直に立っている個体でも，殻の上下が生息姿勢とは反転するなど，生息状況から移動したと考えられる個体もあるので，それを区別するために生没的（in situ）な個体数をカッコ内に表記している．下部では生没的な個体の頻度が高いが，中部では生没的あるいは合弁の個体の頻度が低下する．カキ礁は死んだ殻を足場にして，その上に新しい世代が重なっていくので，生きた個体と死んだ個体（離弁や移動した合弁個体）が混じっているのが普通である．それを考慮しても，この自生個体の頻度低下は急激である．上部でも生没的な個体は離弁の殻のなかに散在する状態になり，頻度は低い．これはカキ礁が形成開始から時間が経って「老成」してきて，生貝の足場になる遺骸の集積が進んできたためであろう．以上のように，中部の層準で外から流入した強い流れでカキ礁が壊されるイベントが起こり，その後再びカキ礁が復活したことが読み取れる．

このイベントで倒れたと思われる離弁のカキ化石（7260-7180 Cal BP）と，イベント層直下のサンゴ化石（7500-7400 Cal BP）の年代から，カキ礁の破壊が起こったのは 7400-7200 Cal BP 頃と推定される（図 7.11）．この年代は，

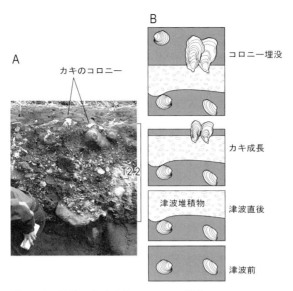

図 7.13　津波によるカキコロニーの形成
　　古巴湾の湾口部（地点 70）で T2.2 津波堆積物（7500-7400 Cal BP 頃）の最上部で見られる．

古館山湾や古巴湾に分布する T3 津波堆積物と対応している．また，同時期に房総半島南部では，地震隆起によって沼 I 段丘が離水している．相模トラフで 7400-7200 Cal BP 頃に海溝型地震が発生し，それによる津波は古館山湾では水深 20 m にもなる海底に生育していたカキ礁を破壊したのである．

　これとは逆に，津波が契機となって新しい生物群集が形成されることもある．図 7.13 A は古巴湾の湾口部（地点 70）における T2.2 津波堆積物の一部である．礫層からなる津波堆積物の最上部に，小規模なマガキのコロニーが白く見える．マガキは幼生生活を送ったあと，小礫などに付着して成長する．古巴湾では通常時には粘土層やシルト層が堆積していて，マガキが成長する「足場」が乏しい．ところが突然起こった津波によって礫などがもたらされ，それがマガキの生育する足場となったのである．

　津波とカキコロニーの関係を解説したのが図 7.13 B である．津波前には泥層が堆積していたが，そこに津波で礫などに富む「固い」底質が形成された．津波前の泥底に棲んでいた貝類は津波で掘り起こされたり，あるいは「生き

埋め」になった．固い底質の上にはマガキが付着して小規模なコロニーを作った．マガキは前の世代の殻を土台にして，次の世代が上へと付着することにより，海面上昇や堆積速度が速い環境中でもコロニーを維持していく例が知られている（リレー型戦略と呼ぶ）．しかし，古巴湾ではそれは見られず1世代で終わっている．これは，湾内での泥層の堆積速度が速く，コロニーが急速に埋もれてしまったためと考えられる．

7.3 津波堆積物中の微化石

炭酸カルシウムやケイ酸質の殻を持つ微生物は，殻が頑丈な上に棲息個体数が多いので，堆積層中に残りやすい．微生物の化石（微化石）は，サイズが小さく（通常は数mm以下），少量のコア試料などからも多数の個体が得られるため，統計学上信頼のおける数量解析が可能という利点がある．

微生物の分布を制限する原因には，物理・化学的要因（温度，塩分濃度，溶存酸素濃度，栄養分の量，堆積速度，流速，太陽光の量，など）と生物学的要因（食料，捕食，種内あるいは種間の競争）がある．これらの条件によって分布域が限定される種もあり，それらは環境指標になる．環境指標種はそれを含む堆積層がどこから運ばれてきたかや，環境変化などを復元する指標になり，津波堆積物を識別する手助けにもなる．

環境指標種だけでなく，化石の産状も重要である．津波は通常とは異なる急速かつ大量の堆積物移動を起こし，場合によっては沖合遠くから沿岸へ堆積物を運んでくることもある．貝類化石の章でも紹介したように，津波は急速な埋没イベントも起こすので，運ばれた生物遺骸などが一気に「パッキング」された状態になる．微化石の保存状態（異常に保存が良いとか）や種構成（非常に多様性が高いとか）も重要な情報となる．

一方で，微化石にはそのサイズゆえに，津波堆積物の研究で不利な点もある．まず，貝化石などの大型化石と異なり，露頭での産状から同相的，異相的等の判断が事実上できない．また，微化石は水流で移動したり，生物活動が激しい場所では上下の堆積層と容易に混合されてしまう．このような生態的特徴や化石化する過程の情報も考慮できれば，微化石の津波堆積物研究へ

の利点がさらに膨らむと思われる．また，微生物のタクサ（分類群）や個体数密度は場所によって異なり，化石になりやすさ（殻の溶解への耐性など）にも差があるので，津波堆積物に必ずしも微化石が含まれるとは限らない．津波堆積物の調査では，その場所に適したタクサを対象とするとともに，複数のタクサを組み合わせて利用することが重要である．以下では津波堆積物の研究で報告が多い有孔虫，貝形虫，珪藻について取り上げる．

7.3.1 有孔虫

　有孔虫は単細胞の原生動物で，世界中の海（一部の汽水域にも）に分布する．堆積物の表面に付着したり，あるいは堆積物の表層部に潜って生活する底生有孔虫（benthic foraminifera）と，海洋表層に生息する動物プランクトンである浮遊性有孔虫（planktonic foraminifera）に大きく分けられる．有孔虫の多くは炭酸カルシウムから構成される殻を持ち，適度な強度があるので堆積物中に多く保存されている．津波堆積物が底生有孔虫を含む例は世界各地から報告があるが，浮遊性有孔虫の報告は現状では非常に少ない（Mamo *et al.*, 2009）．

　有孔虫殻の大きさ（多くは数百 μm）と密度は堆積物の主構成物である砂粒子と近いので，水流による運搬時には砂粒子と似た挙動をすると考えられる．このため，環境指標種は起源が明らかな砂粒子（つまり自然のトレーサー）として利用できる．Pilarczyk *et al.*（2012）は，仙台平野で海岸から内陸 4.5 km まで 14 カ所の小ピットを掘削して，2011 年東北沖津波の堆積物に含まれる有孔虫殻のサイズの変化などを調べた．それによると，津波堆積物の粒径が内陸へ細粒化するのと調和して，有孔虫の殻サイズも内陸へ行くほど小さくなっていた．また，この研究では，津波堆積物中の有孔虫殻の含有密度が内陸へ行くほど減少することも報告された．

1）底生有孔虫

　現世津波堆積物，古津波堆積物とも，底生有孔虫に関していくつかの研究例がある．それらは津波によって陸上に打ち上げられたものと，海底で移動・堆積したものの両方がある．

陸上に堆積した津波堆積物

　1755年11月1日に発生したリスボン地震（M8.7）は，西ヨーロッパの広い範囲に強い揺れと地震被害を起こすとともに，ポルトガルのリスボンを中心に大きな津波被害を出した（たとえば，Gutscher, 2004）．この津波による堆積物が，南ポルトガルのアルガルヴェ（Algarve）海岸の河口から約1km内陸に入った川沿いの低地の掘削調査で見つかっている（Hindson et al., 1996）．その津波堆積物は礫混じりの砂層からなり，シルト質粘土層からなる塩性湿地の堆積物に挟まれている．津波堆積物中では上下の地層と共通する有孔虫種もあるが，それ以外に多数の種が含まれ，多様性が高い群集となっている．また，外洋水の影響下で棲息する種を含む点でも，上下の地層とは異なる．

　先に紹介した1956年のエーゲ海の地震でも，津波堆積物から有孔虫が報告されている（Dominey-Howes, 1996；Dominey-Howes et al., 2000）．その津波堆積物は標高約2mのところに分布する崩積土に挟まれており，インブリケーションを示す円礫層からなる．津波堆積物の層厚は10数cmで，上面には海草などのデブリ層が薄く覆う．検出された底生有孔虫は少ないが，Cibicides科やEponides科が主で，生息水深は内側陸棚（inner shelf）から深海底にまで及んでおり，堆積物の供給源を絞ることまではできていない．

　1960年5月23日早朝（日本時間）に南米のチリ沖で発生したチリ地震（M 9.5）による津波は，ほぼ1日かけて太平洋の反対側にある日本列島に5月24日早朝に到達した．この津波で三陸沿岸に打ち上がった有孔虫が小貫ほか（1961）によって記載されている．岩手県宮古湾および釜石湾沿岸の津波堆積物からは，*Ammonia beccarii, Buccella frigida, Buliminella elegantissima*，などの底生有孔虫が検出された．この群集組成は，秋元・長谷川（1989）に基づけば東北日本の太平洋側では20-30m以浅の環境に対応し，堆積物の主な供給源が沿岸の浅い海域にあることを示唆している．

　1993年7月12日に奥尻島沖の日本海で発生した北海道南西沖地震（M 7.8）では，大きな津波が奥尻島や渡島半島などを襲った．津波の遡上高は，奥尻島で極大値31.7mを記録したほか，せたな町周辺では5-6m前後に達した（渡辺，1998）．桃井・村田（1996）は，北海道渡島半島西部のせたな町

太櫓川河口域で調査を行い，津波堆積物から汽水性の*Miliammina fusca* を検出し，河口部からの運搬を推定した．七山・重野（2004），Nanayama and Shigeno（2006）は，北海道渡島半島南西部の大成町で採取した試料について有孔虫群集の組成を分析した．群集の主体は底生有孔虫で浮遊性種は極少ない．底生有孔虫は秋元・長谷川（1989）による区分では上部浅海帯（45 m 以浅）を主な生息域にするものが多い．それより深い海底に棲息の中心がある種も産出しているが，わずかである．

2004年12月26日に発生したインド洋大津波でインド南東岸のタミルナードゥ（Tamil Nadu）州の海岸に打ち上がった堆積物について，Nagendra *et al.*（2005）が有孔虫の分析をしている．分析試料からは15属22種にわたる底生有孔虫が得られたが，浮遊性種は1種のみであった．群集全体としては内側陸棚よりも浅い海底から運ばれてきたことを示している．

三重県鳥羽市の湿地で行われた掘削調査では，完新世の泥質堆積層に挟まるイベント堆積層のなかにストームウェーブベースより深い海底から打ち上がった有孔虫が検出され，津波堆積物を認定する根拠の一つとされた（岡橋ほか，2002）．その主体は内部浅海帯に棲息する種であるが，中部浅海帯（50-100 m）以深に生息する種や，外部浅海帯（100-150 m）以深に生息する種（*Rectobolibina raphana*）も極わずかながら検出された．

海底に堆積した津波堆積物

2004年インド洋大津波の前と後で海底の有孔虫群集がどう変わったかが，Sugawara *et al.*（2009）によって検討されている．分析試料はアンダマン海（北緯8-9度付近のタイ国西岸）で，1998年3月，2005年4月，2006年2月にボックスコアラー（500 cm^3）を用いて採取された．サンプリング地点の水深は，6-30 m の範囲にわたる．津波前の試料には見られなかった潮間帯の汽水環境に棲む膠着質の底生有孔虫が，津波後には水深20 m 以深の海底でも認められた．石灰質底生有孔虫も，2005年4月の試料では空間的分布が沖側へシフトしていた．一方で，沖合に棲む有孔虫や浮遊性有孔虫の分布は，津波の前後でほとんど変化がなかった．この場所では津波による堆積物の移動が，主に引き波で起こったことが示唆される結果となっている．

古巴湾の地層に挟まるT2津波堆積物の有孔虫化石群集の特徴について，

阿部ほか（2004）と内田ほか（2004）が報告している．層厚21 cmの葉理の発達した中粒～細粒砂層からなる津波堆積物に対して，垂直方向に層厚1 cmごとに分析した結果が図7.14である．最下部の2試料が通常時の内湾堆

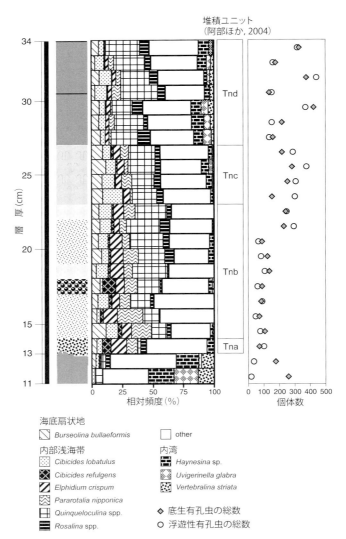

図7.14 古巴湾に分布するT2津波堆積物の有孔虫化石の分析結果
（内田ほか，2004，Uchida et al., 2010に再掲）

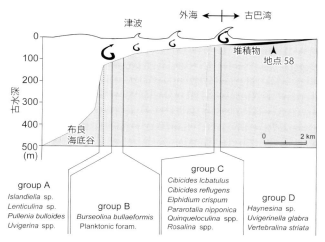

図7.15 古巴湾周辺の地形断面とT2津波堆積物に有孔虫殻が取り込まれたプロセス（内田ほか，2004）

積物，その上のTnaからTndまでが津波堆積物である．津波堆積物中の底生有孔虫化石群集の特徴の第一は，下位の内湾泥層に比べて種の多様性が高いことである．これは通常時の内湾泥底の群種に，外来の種群（たとえば，露岩底，海藻の葉上，砂底などに棲む種）が混合したことによる．単位重量当たりの有孔虫の殻数は津波堆積物の下部で比較的少なく上部で多い．これは，津波堆積物自体の粒度変化の影響のほか，水中での殻の沈降速度とも関係があるだろう．卓越する種や種構成は津波堆積物中の層準によって違いがある．津波堆積物全体が1回の流れで形成されたのであれば，全体が類似した種構成になると思われるが，そうではない．何度も大波が来襲し，その都度堆積物の主要な供給源が異なっていたことを示唆している．

　内田ほか（2004）は，T2津波堆積物に含まれる有孔虫の供給源を，古巴湾の沖から湾頭までの長軸に沿った模式的な地形断面に当てはめて，図7.15に示すAからDの4グループに分類した．グループAは漸深海帯（水深170-180～3500 m）の指標種（秋元・長谷川，1989）で，全個体数の5%以下と少ない．グループBは海底扇状地に棲む *Burseolina bullaeformis*（Nomura, 1983），および浮遊性有孔虫で，T2津波堆積物中では比較的多産する．古巴

7.3 津波堆積物中の微化石——197

湾沖の海底地形を考慮すると水深 90-130 m 付近にある傾斜変換付近から主に供給されたと推定される．殻サイズの分級が良いことも特徴で，この種群が津波で長距離を運ばれ，その間に流水中で粒子の分級が進んだことを示唆する．グループ C は外洋に面した内部浅海帯（0～20-30 m）の種で，湾口周辺の浅海から湾内へ運び込まれたと考えられ，個体数が多い．殻サイズの分級は悪く，グループ B とは逆に津波による運搬距離が短いと推定される．グループ D は内湾の種群で，湾内に侵入した津波によって取り込まれたものである．

2） 浮遊性有孔虫

陸上に残された現世津波堆積物から浮遊性有孔虫が報告された例は，アイタペ（Aitape）地震（1998 年 7 月 17 日，M 7.0）による津波の際の，パプアニューギニアでの報告が希少な例である（Davies *et al.*, 2003）．2011 年東北沖津波で仙台平野に残された津波堆積物の例でも，底生有孔虫のみが見つかり浮遊性有孔虫は見つかっていない（Pilarczyk *et al.*, 2012）．一方，古巴湾で見られる津波堆積物からは多くの浮遊性有孔虫が報告されている（阿部ほか，2004）．この研究では，津波堆積物の識別に有効と考えられる指標として P/T 比を提案している．

P/T 比

P/T 比（planktonic/total foraminifera ratio）とは，分析試料中で全有孔虫殻数に占める浮遊性有孔虫殻数の比である．海底表層の堆積物の P/T 比は，海域による差はあるが，一般には沿岸から沖合に向かって増加する．たとえば，古巴湾が属する太平洋黒潮海域の現世データでは，水深 30 m 以浅では浮遊性有孔虫種はまれにしか含まれず，P/T 比が 50% 程度になるのは水深 100 m 程度とされる（図 7.16）．浮遊性種と底生種との区別は比較的容易であることから，P/T 比は堆積場の水深を推定する良い指標となる．これを応用すると，津波堆積物に含まれる有孔虫殻の P/T 比から，堆積物がどういう深度の海底から由来したかを推定することもできる．

T2 津波堆積物の P/T 比は 40-66% にも達し，下位の内湾泥層（5-16%）に比べて顕著に高い（図 7.17）．ただし，津波堆積物は湾の内外のさまざま

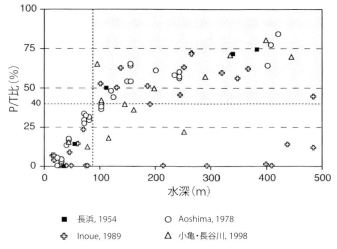

図 7.16 太平洋黒潮海域での現世堆積物における水深と P/T 比の関係（阿部ほか，2004）

な場所からもたらされた堆積物が混合しているので，P/T 比のみから津波堆積物の供給源（水深）を一義的に決めることはできない．阿部ほか（2004）はこれを補正することを試みている．T2 津波堆積物に含まれる底生有孔虫は内部浅海帯（20-30 m 以浅）の種が半数を占めており，内部浅海帯における P/T 比は 0-7% である（図 7.16）．元の堆積物が P/T 比 7% の内部浅海帯の有孔虫群集のみで 50% 希釈された結果，P/T 比 40-66% の津波堆積物になったとすると，元の堆積物の P/T 比は 60-70% 前後の高い値だったことになる．そのような高い P/T 比を持つ堆積物は，図 7.16 からは水深 100 m 以深に相当する．津波によって水深 100 m を超える海底から古巴湾へ堆積物が供給されたことが推定される．

7.3.2　貝形虫

　貝形虫（カイミジンコ；Ostracoda）は微小な甲殻類（多くの種は体長 1 mm 前後）の仲間である．外見は二枚貝類のように，左右に分かれた殻（背甲）に全身が包まれている．この殻はキチン質あるいは石灰質で，表面は装飾がなく滑らかなものから複雑な装飾のあるものまで，種によってさまざま

7.3　津波堆積物中の微化石——199

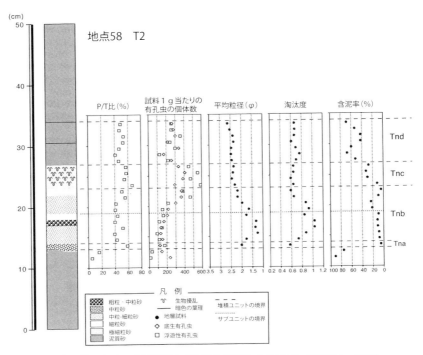

図 7.17 古巴湾における内湾泥層と T2 津波堆積物の P/T 比（阿部ほか, 2004）

である. 2枚の殻の間には付属肢などの軟体部が収められているが, 化石として残るのは通常は背甲のみである.

貝形虫は世界中に広く分布し, 淡水から海水にまで生息する. 地域ごとに固有種が多く存在し, 種によって海底の砂泥底や海藻の上など生息場が決まっている. さらに水深や海水の栄養分の状態, 溶存酸素量などにも鋭敏に反応する. 貝形虫は脱皮を繰り返して成長するため, 幼体から成体までさまざまな齢の貝形虫が共存しており, 地層にも齢の異なる殻が残される. 流水の影響を受けて殻が運ばれると, 淘汰作用によって特定のサイズの殻が集積することが考えられる. このため, 特定の齢の殻が突出していれば異地性の群集と判断される（たとえば, 入月ほか, 1998）.

一例をあげると, Brouwers（1988）はアラスカ沖の現世貝形虫群集を調べて, 成体と幼体の個体数比が 1：3-1：5 程度であれば現地性と判断できる

と述べている．津波堆積物から貝形虫を検出した例はまだ少ないが，世界各地から報告がある（Ruiz *et al.*, 2010）．

1）現世津波堆積物からの報告

現世の津波については，大津波が貝形虫群集にどういうインパクトを与えたかという観点と，津波堆積物にどのような貝形虫が含まれるかという観点の，両面の研究がある．

津波による貝形虫群集への影響

津波では大量の海水と堆積物が移動するので，海水中を漂う浮遊性生物も海底に棲む底生種も大きな影響を受ける．津波で浮遊種の貝形虫（動物プランクトン）がどのような影響を受けたかについては，2004年インド洋大津波の際のベンガル湾での研究例がある（Stephen *et al.*, 2006）．それによれば，津波前に比べて津波後には個体密度が低下したことや，分布パターンが変化したことが報告されている．一方，この津波で底生種の分布がどう変化したかを調べる目的で，インドのチェンナイ（Chennai）で研究が行われた（Altaff *et al.*, 2005）．その結果では，津波から5日目には個体密度は津波前と変わらず，津波直後から急速に群集が回復していたことが報告されている．貝形虫は移動能力が高いことが，このような急速な回復が可能となる一因であろう．

津波堆積物中の貝形虫群集

2004年インド洋大津波で打ち上がった堆積物に含まれる貝形虫について，インド洋のアンダマン諸島でHussain *et al.*（2006）が調査を行っている．この津波によって，ビーチ，エスチュアリ，マングローブ沼などさまざまな環境に，海生の貝形虫を含む堆積層が形成された．彼らの結果によれば，貝形虫の殻は概して摩耗などがなく保存が良かった．これは急速な運搬と埋積の結果と思われる．さらに，貝形虫のほとんどは水深50 m以浅に棲む種であったが，50 m以深の主に外側陸棚（outer shelf）に棲む種もわずかながら認められた．

2011年東北沖津波では，三陸沿岸の陸前高田市の海岸に打ち上がった堆積物から貝形虫が報告されている（Tanaka *et al.*, 2012）．調査地での津波の

高さは 10 m 以上とされている．この研究で分析された 21 個の堆積物試料のうち，5 試料から貝形虫が検出された．貝形虫が検出された最も内陸の地点は，海岸から 1 km 以上も離れている．定量分析に耐える数（100 個体以上）の貝形虫が得られたのは 1 試料のみであるが，内湾や藻場に棲む種が多く，その内の 18% は破損・摩耗がほとんどなく，付属肢等の軟体部が残っている個体もわずかではあるが含まれる．また，成体と幼体の個体数比は 1：3 で，Brouwers（1988）に照らせば現地性の部類に入る．さらに，合弁個体の比率が 27% あることも踏まえて，この試料については現地性の群集が運ばれてきたものと解釈されている．

さらに Tanaka et al.（2012）は，津波堆積物中の現地性貝形虫群集が海底のどこから運ばれてきたかを，日本周辺で得られている現世貝形虫のデータと比較解析することで推定した．こうした方法はモダンアナログ法（modern analogue technique）と呼ばれる．解析された試料に含まれる群集は，現在の大阪湾の水深 9 m から採取された試料と最も近似しており，少なくとも 9 m より深い海底からもたらされたと推定された．

2) 三浦半島の津波堆積物：外洋から内湾への流入イベント

三浦半島西岸に位置する完新世の溺れ谷では，ボーリングコアの解析によって，津波で内湾底に堆積したと考えられる砂層が合計 7 枚検出された（藤原ほか，1999a, b）．イベントの発生年代は 9500 Cal BP から 2800 Cal BP 頃にわたる．これらの砂層が津波堆積物と解釈された最大の理由は，三浦半島や房総半島に分布する海成段丘と年代が対応することや，化石群集の組成から地震隆起を示すと考えられる急激な海面低下が検出されたことである．

この研究と同じコアを使った貝形虫化石群集の解析が，入月ほか（1998, 1999）によって行われた．主成分分析（Q-mode クラスター分析）によって化石群集の組成から環境が復元され，単位重量当たりの個体数，成体殻の割合，齢構成，左右の殻の比率，合弁率，摩耗度から貝形虫殻の移動の程度が検討された．その結果，藤原ほか（1999a, b）が示した津波堆積物には，堆積場の状態によって 2 つのタイプがあることがわかった．一つは，閉鎖的な湾奥から湾中央部の泥底に堆積したものである．直下の通常時堆積物に比べ，

外洋に面した湾口部などさまざまな環境からもたらされた群集が混合しており，それらは保存の悪い成体が多く，単位重量当たりの個体数も多かった．湾奥から湾中央部の多様性が低い静かな泥底環境に，津波によって湾口部などに棲息していた群集が運び込まれた結果と考えられる．

　もう一つは，湾口が開いた開放的な湾中央部の泥底や，藻場のある湾口周辺の砂泥底に堆積した津波堆積物である．このような場所では，通常時から波浪や潮流の影響でさまざまな環境から貝形虫が運び込まれている．そのため津波が来襲しても，沖合の深い海に棲む種が運ばれてくるなどの特殊なことが起きない限り，貝形虫群集としては見分けがつかない．この研究では水深 50 m 以深を示唆する種は検出されず，それだけでは津波起源と特定できなかった．しかし，津波堆積物中では薄い殻を持つ貝形虫が極端に少ないという特徴が見出された．これは殻の薄い種が，高エネルギーの流れで破壊されたり，選択的に流されてしまった可能性が高い．また，成体殻が多いことや保存の悪い個体が多いことも同時に見られた．この例からも，津波堆積物の識別には，津波の発生時の地形や生物群集の分布状況を踏まえた調査が必要であることが理解される．

3) 古巴湾の古津波堆積物：深海からの流入と混合群集の形成

　先に紹介した有孔虫化石を分析した露頭（地点 58）では，T2 および T2.1 津波堆積物について貝形虫化石の分析も行われている（佐々木ほか，2007）．T2 津波堆積物（層厚 19.5 cm）と T2.1 津波堆積物（層厚 30.0 cm）から，層厚 0.5-1 cm ごとに試料を分取した．この際，試料が主要な堆積構造を跨がないように注意している．また，津波堆積物の上下の通常時堆積物（シルト層）からも分析試料を採取した．図 7.18 で左の柱状図に幅が広く書かれている部分が津波堆積物である．UM，MM，LM はそれぞれ津波堆積物の上下にある通常時の堆積物，Tna～Tnd は第 8 章で解説する津波堆積物の堆積ユニット，I～III は貝形虫の化石相を示す．津波堆積物は含泥率（mud content）の値が低く，上下層に対して粗粒な砂質堆積物であることがわかる．

　同定された貝形虫化石は全体で 59 属 124 種に上るが，図 7.18 では主要な 5 種の貝形虫化石について，全貝形虫殻数に占める個体数比の変化を示して

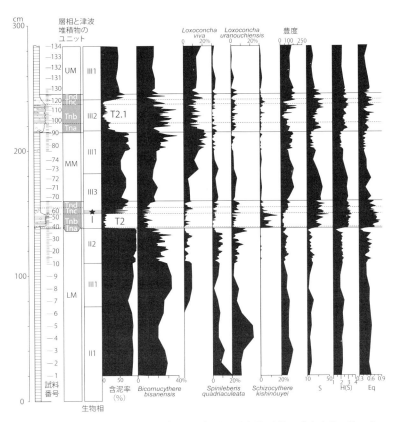

図 7.18 古巴湾中央部（地点 58）での主要貝形虫化石種の垂直変化（佐々木ほか，2007）

いる．通常時の内湾堆積物では内湾砂泥底種である 4 種（*Bicornucythere bisanensis, Spinileberis quadriaculeata, Loxoconcha viva, Loxoconcha uranouchiensis*）で全体の 30-50％ を占める．*Schizocythere kishinouyei* は上部陸棚砂底種で，主に湾の外から運び込まれたものと思われる．内湾性の 4 種と *S. kishinouyei* の含有率は，ほぼ逆相関している．より詳しく見ると，各種の相対頻度は津波堆積物中で層準によっても増減がある．

　豊度（abundance）は，各試料の乾燥重量 1 g 当たりに含まれる貝形虫化石の個体数である．この値は津波堆積物と通常時内湾堆積物で変わらないか，

むしろ津波堆積物の方が低めである．これは津波堆積物が粗粒な砂層からなり，貝形虫殻に対して希釈効果が働いたことが大きい．津波堆積物では層準による豊度の変動が大きい．S は各試料中の種数であるが，津波堆積物では下位の内湾泥層に比べて急増している．

H(S) と Eq はそれぞれ，Shannon-Wiever の情報関数でいう種多様度と均衡度である．種多様度は群集に含まれる種の数のことで，一般に種の数が多いほど群集は多様である．群集に含まれる種の数が同程度でも，特定の種だけが卓越していてほかの種は個体数が極少ない（均衡度が低い）場合は，群集の多様性は低くなる．このため，群集の多様性を評価するには種の多様度と均衡度の両方を見る必要がある．T2，T2.1 津波堆積物では，下位の内湾泥層に比べて種多様度，均衡度がともに高い．また，T2.1 津波堆積物より T2 津波堆積物の方が全体的に高い値を示す．

図 7.19 は各試料に含まれる種群を，それらが棲息する環境に読み直したもので，どういう環境から運ばれた種がどの程度混合しているかを表している．この図では T2 と T2.1 津波堆積物で種群 US が高頻度で含まれることがまず目につく．これには上述した陸棚上部砂底に優占する *S. kishinouyei* が大きく影響している．また，津波堆積物には通常時の内湾堆積物ではまったく見られない種群 MS が少数であるが含まれている．種群 MS に含まれる種は水深 80 m 以深に優占するものが主で，いずれも保存が悪く破片として産出しており，遠方から運ばれてきたことを示している．なお，T2.1 津波堆積物の種群 MS は，東シナ海東部で水深 100-210 m に棲息するとされる *Eucytherura mediocosta* が 1 個体産出したのみである．

図 7.20 は T2 津波堆積物での含泥率と種群の変化を示している．中部のユニット Tnc では含泥率が高いピーク（マッドドレイプ）が 3 つ確認でき，ユニット Tnc は少なくとも 3 枚の砂層が重なっていることになる．マッドドレイプを含む部分では種群 MB（湾中央部泥底）の比率が高く，US（河口～上部陸棚の砂底）と IN（潮間帯アマモ場および砂底）が低い．含泥率の低い砂層に当たる部分ではこれとは逆の関係が見られる．砂層中の種群は，頑丈な殻を持つものが多い種群 US や IN が津波で砂と一緒に運搬され，それが湾内の泥底に生息していた種群 MB と混合したと考えられる．一方，

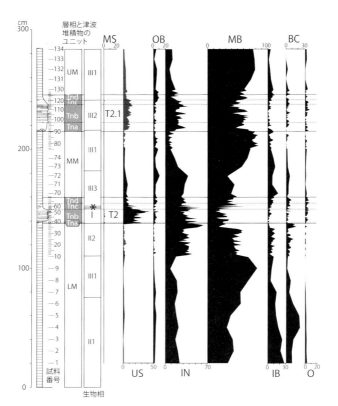

図7.19 古巴湾中央部（地点58）での貝形虫化石種群の垂直変化（佐々木ほか，2007）
種群 MS：中部陸棚以深，種群 US：河口〜上部陸棚の砂底，種群 OB：湾口部の砂泥底，種群 MB：湾中央部の泥底，種群 IB：湾奥の砂泥底，種群 BC：湾奥の沿岸の砂底，種群 IN：潮間帯のアマモ場・砂底，種群 O は生態が不明なもの．

マッドドレイプ中で卓越する種群 MB は薄い殻を持つものが多く，津波で巻き上げられて浮遊し，流れが弱まってから泥粒子とともに沈積したと考えられる．

　津波堆積物を特徴づけている種群 MS や US は，T2.1 より T2 津波堆積物で含有率が高い（図7.19）．その理由の一つは，T2 津波堆積物を形成した津波の方が T2.1 より大きく，より深い海底にまで営力を及ぼし，外洋の種を

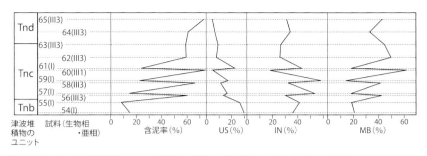

図 7.20 T2 津波堆積物での含泥率と種群の垂直変化（佐々木ほか，2007）

多く混在させた可能性がある．しかし，この違いを生じた原因は，津波の規模よりむしろ堆積場の条件の差かもしれない．貝形虫化石群集の解析結果からは，T2 津波堆積物形成時（8000-8100 Cal BP）には，湾内に外洋水の影響を受けやすい環境で周辺にアマモ場が発達していた（水深は 10 m 程度）．一方，T2.1 津波堆積物形成時（7900-8000 Cal BP）には水深 10-15 m の閉鎖的な内湾になっていた．これは海面上昇が進んだ結果，古巴湾はより深く，外洋から閉塞的な環境になったことによる．これを反映して T2.1 津波堆積物の直下の内湾泥層では MB の比率（図 7.19）や単位重量当たりの殻数（豊度：図 7.18）が，T2 のそれに比べて高い．こうした津波来襲時の生物相の違いも，津波堆積物中の化石群集の特徴を左右している．

7.3.3　珪藻

珪藻は単細胞性の藻類のグループで，その細胞壁に当たる被殻は，無色透明の珪酸質（$SiO_2 \cdot H_2O$）でできている．被殻はたいてい数十 μm 程度と微小であるが，素材と圧倒的な数のおかげで堆積物中で残存しやすく，地層に大量に含まれている．水中を浮遊するプランクトン生活を送るものと，水底の石や植物などに付着するものがあり，水域だけでなく湿ったコケや土壌の表面，さらには塩湖や，強酸性の温泉水から強アルカリ性の湖まで生息している．珪藻類は，特に潮間帯付近ではわずかな環境の違いで棲み分けをしており，これを利用した「環境指標種」が提唱されている（小杉，1988）．

珪藻化石を利用した古地震や古津波の研究については，澤井（2007，2012，

2014）が詳しくレビューしている．ここでは津波堆積物の識別に重点を置いて，既存の研究をもとに短く解説する．古地震や古津波の研究において珪藻化石の利用のされ方は，大きく2つに分けられる．一つはイベント堆積物に含まれる珪藻化石群集の特徴に基づいて，そのイベント堆積物の供給源が海であるか陸であるかを議論することである（たとえば，澤井，2012）．もう一つは，珪藻化石分析から過去の海水準変動を高精度・高確度に復元し，そこから地震に関係した地殻変動を読み出すことである（たとえば，Sawai et al., 2004；Sherrod et al., 2000）．

　イベント堆積物の形成要因には，津波以外に洪水，土砂崩れ，火山噴火，ストームなど多様な自然現象がある．イベント堆積物が海から供給されたとなれば，洪水などの陸源の現象を候補から外すことができ，津波堆積物を識別する手順が一つ進むことになる．さらに，イベント堆積物と同時に地殻変動が検出されれば，それは地震起源の現象であり，津波堆積物の認定の確実度が高まる．この場合，震源域が調査地の地下まで及んでいることも意味している．したがって，地殻変動との同時性が確認されれば，遠地から伝搬した津波ではなく，近い場所に波源があったことの証拠ともなる．地殻変動の解析への応用は，珪藻に限らず，ほかの生物化石にも言えることである．

1) 群集組成と保存状態

　淡水生種，汽水生種，海生種が混在する「混合群集」が，津波堆積物から報告されてきた珪藻群集の多くに共通する特徴の一つである．たとえば，1993年北海道南西沖地震で河口に堆積した例（桃井・村田，1996），2010年チリ地震でチリ中央部にあるピチレム（Pichilemu）地域に形成された例（Horton et al., 2011），2011年東北沖津波で仙台平野に形成された例（Szczuciński et al., 2012；Takashimizu et al., 2012），2004年インド洋大津波でタイの海岸に形成された例（Kokociński et al., 2009）などがある．しかし，こうした混合現象は台風などでも生じるので，津波に特有な現象とは言えない．混合群集の形成以外に津波に特有な現象があるかを次に検討する．

殻の破損率

　津波が起こす強い流れのなかでは，珪藻殻はほかの粒子と衝突しながら運

ばれるので，津波堆積物中の珪藻類はさまざまな程度に破損していると思われる．実際，津波堆積物の研究の初期には津波堆積物中の珪藻群集は破損度が高いと考えられていた（Dawson et al., 1996；Dawson and Smith, 1997）．また，2004 年インド洋大津波でタイの海岸に形成された堆積物（Kokociński et al., 2009）や，2011 年東北沖津波で陸上に残された堆積物（Szczuciński et al., 2012）でも，破損した個体の比率が高いことが指摘されている．しかし，津波堆積物中の珪藻殻の保存状態がほかの堆積物に比べて顕著に悪いかと言うと，そうとも言い切れない．

Sawai et al. (2012) は，2011 年東北沖津波で茨城県の水田と千葉県の舗装路に残された津波堆積物に含まれる珪藻群集の特徴を報告した．それによると，珪藻殻は全体の 20-40% が何らかの破損を受けているが，試料によっては内湾や干潟で堆積した地層よりもむしろ保存度が良いものもあった．また，2004 年インド洋大津波による津波堆積物でも，保存状態の良い珪藻群集が報告された例もある（Sawai et al., 2009）．したがって，殻の破損率だけ見ると，津波堆積物が特別とは言えない．

次に，津波堆積物中での珪藻殻の産出密度について見てみよう．2011 年東北沖津波による堆積物は，既述のように，仙台平野の内陸部では下部の砂層とそれを覆う泥層からなる．意外にもこの津波堆積物からは海生珪藻の出現が非常に少なく，特に上部の泥層では淡水生珪藻が卓越していた（Szczuciński et al., 2012；Takashimizu et al., 2012）．これらの研究では，泥層中の淡水生珪藻は，地表面付近，あるいは湖沼や水路に生息していたものが，津波で混合・再堆積したと考えている．また，津波で移動した膨大な土壌に含まれていた珪藻によって海生種が希釈されたことも考えられる（箕浦，2011）．

特定の分類群の破損

津波堆積物中に含まれる珪藻殻について，特定の種で殻が選択的に破損している例が報告されている．2011 年東北沖津波の堆積物では，海生の Thalassiosira 属などが選択的に破損していた（Sawai et al., 2012）．2010 年チリ地震でピチレム地域に形成された津波堆積物でも定性的にではあるが，種によって殻の保存度が違うことが指摘されている（Horton et al., 2011）．1998 年

パプアニューギニア地震による津波堆積物を分析したDawson（2007）は，S字形やこん棒形の被殻を持つ珪藻種が選択的に破壊されたことを報告している．特定のグループで選択的に破損が生じる理由はよくわかっていないが，運搬距離や流れの特徴（乱流の強さなど）を反映している可能性もある．

津波堆積物中での群集構成の水平変化

2011年東北沖津波で仙台平野中部の荒浜地区に形成された津波堆積物について，海岸から内陸へ至る珪藻群集の変化がTakashimizu et al.（2012）によって報告されている．調査測線は海岸から0.6 km付近の地点から始まり，2列の浜堤列を横断して内陸4.0 km付近まで延びている．測線沿いに約200 m間隔で15地点において層相が観察され，1点を除いて1回の遡上流による堆積物のみが認められた．これは仙台沿岸では第1波が顕著に大きく，後続波が相対的に小さかったこと（Goto et al., 2012）とも一致している．

14地点で行われた珪藻分析の結果，海生珪藻は最大でも2%ほどしかなく，その比率は内陸へと減少していた．海生珪藻は海岸から2.5 km付近を最後に，それ以上内陸では検出されていない．津波堆積物に含まれる珪藻の大半は，淡水生種や淡水〜汽水生種で占められ，それは津波堆積物が覆う水田土壌に含まれるのと同じ種であった．淡水〜汽水生の *Staurosira* spp. は全体の5-10%を占めているが，その比率は内陸へと次第に減少する．これとは逆に，珪藻全体の15-40%を占める淡水生の *Pinnularia* spp. は，その比率が内陸へ行くほど増加する．これは津波が水田などから土壌を取り込みつつ遡上したことで，内陸へ行くほど土壌起源の生物遺骸や物質の割合が増加したと考えられている．

津波堆積物中での群集構成の垂直変化

2004年インド洋大津波による堆積物について，珪藻群集の垂直変化を調べた結果では，遡上した津波の流速などの変化と関連すると思われる現象が報告されている（Sawai et al., 2009）．彼らはタイ南部のプラトン島で，海岸線から約500 m内陸に残された層厚約25 cmの津波堆積物を層厚1 cm間隔で採取して分析した．各試料について同定された珪藻殻についてのクラスター分析の結果，津波堆積物は珪藻群集の特徴によって5つのサブユニットに分けられた．下位のサブユニットでは，海生の2種が優占するが，中位のサ

ブユニットではこの2種が相対的に減少し，砂質海岸に生育する種が増加傾向を示した．上位のサブユニットでは，下位と中位で優占した海生種が急減し，代わりに沿岸汽水生種が多産した．こうした珪藻群集の変化はほかの地点でも確認された．珪藻群集の種直変化の理由として，津波の流速が変化するのにつれて沈降する堆積物粒子が選択され，その過程で取り込まれる珪藻種も変化したことが考えられている．

　類似の現象は，古津波堆積物でも知られている．Sawai *et al.*（2008）が宮城県南部の湖沼から報告した869年貞観津波の堆積物では，津波堆積物の下部を構成する砂層では海生種が優占し，上部の泥質層では淡水生種が優占するなどの特徴がある．藤原ほか（2013）は，浜名湖東岸の溺れ谷（六間川低地）に約3400年前に遡上した津波で形成された砂層を報告した．この砂層は谷の出口を塞ぐ浜堤から次第に細粒・薄層化しつつ，内陸へ600 mほど追跡される（図5.4）．砂層の内部はマッドドレイプを挟んで上下2層（Unit 1, 2）に分かれており，相次いで起こった2回の流れで堆積したことを示している（図5.5）．分析試料は溺れ谷の出口から250 mほど内陸の地点で採取した．この砂層に含まれる珪藻群集は，泥質干潟から淡水域までの混合群集であるが，特にUnit 1では上下の地層に比べて淡水〜汽水生種の産出頻度が高い（図7.21）．Unit 2の下部では *Paralia sulcata* や *Grammatophora oceanica* など海岸域や外洋に特徴的な種も認められた．また，Unit 2の上部では海水や汽水生種が減少して淡水生種が増えていた．Unit 1と2は，谷に浸入した津波が起こした遡上流と戻り流れによる堆積層のセットと解釈されている．このような津波堆積物中での群集組成の累積パターンは，堆積物の運搬経路や，遡上流・戻り流れの違いなどと関係すると考えられ，津波堆積物の識別に重要になる．

2）　遡上した津波の証拠としての珪藻化石群集

　珪藻化石は海水が陸に溢れたことを示す有力な指標となるが，それだけでは津波堆積物の識別を確実に行うには不十分である．イベント堆積物が示す特徴（上下の地層との関係，内陸へ薄く細粒になる形状など）と合わせて，総合的に津波堆積物か否かを判断する必要がある．

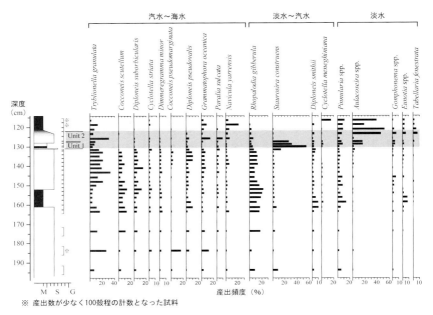

図 7.21 六間川低地で採取したコア試料の珪藻化石分析結果（藤原ほか，2013）
試料は谷の出口を塞ぐ浜堤の内陸縁から約 250 m 内陸の地点で採取．

たとえば，米国ワシントン州の太平洋沿岸の例では，植生，潮位，底質などから，沿岸の環境を陸から海へ upland（最高潮位より高位にある森林），high marsh（高位塩性湿地），low marsh（低位塩性湿地），tidal flat（干潟），subtidal area（潮下帯）に分け，そこに生育する珪藻の分布が定性的に示されている（Hemphill-Haley, 1995b）．その上で，地震性地殻変動の発生を示す海成層と陸成層の境界に残された砂層が干潟に生育する種を含むことを示し，それが津波堆積物であることの証拠の一つに用いられた（たとえば，Hemphill-Haley, 1995a, b）．これは第 5 章の図 5.8 で説明したことである．

高清水ほか（2007）は，北海道の胆振海岸での津波堆積物調査に珪藻化石を利用している．この例では，泥炭層中に海岸から内陸へと次第に薄く細粒化する砂層（層厚最大 5 cm 程度）が検出され，内陸へ 1-2 km 追跡された．この砂層中の珪藻化石は海水〜汽水域の種を最大で 50％ 以上含むが，その比率は海側から内陸へと減少する．彼らは，この砂層の形成プロセスとして，

津波が土壌などを取り込み混合しながら遡上したことを想定した．津波の発生年代は火山灰層序に基づいて，17世紀前〜中期と推定されている．

　Fujiwara *et al.*（2013）は，浜名湖西岸の小河川の氾濫原で掘削したボーリングコアを用いて，歴史津波と関連した河川地形と集落の変遷を考察した．泥質の氾濫原堆積物にはイベント性の砂層や礫層が何層か見られ，立地条件からイベントの候補は洪水，高潮，津波が考えられた．砂層のうち1枚は，上下の地層と異なり海生珪藻である *Thalassiosira* sp. が珪藻化石全体の40％以上の高頻度で含まれる．さらに，この砂層はリップル葉理を持つ細粒砂層とマッドドレイプの細互層からなり，図 4.17 に示した津波堆積物とよく似た層相を示す．^{14}C 年代測定の結果，このイベント砂層は 18-19 世紀に堆積したことがわかり，1707年宝永地震または1854年安政東海地震に伴う津波による堆積物の可能性が高いとされた．

コラム6　津波で形成された化石層

　本文でも触れたように，さまざまな種が混合した異相的な化石集積層は一般的に環境復元などには利用しにくい．しかし，見方を変えると，異相的な化石や化石集積層は津波堆積物の新たな発見の糸口なる可能性もある．津波で貝殻が集積する例を本文でいくつか示したが，こうした例は地質時代には何度も起きたと推定される．先人たちの研究でも，津波堆積物とは気がつかずに，化石集積層などを記載しているかも知れない．そのような可能性がある例をいくつか紹介したい．

　著者が津波堆積物の研究を始めるきっかけになった千葉県南部の古館山湾や古巴湾に分布する沼層は，1900年代の初めから貝化石や隆起化石サンゴ礁を材料として古環境の議論などがされてきた由緒あるフィールドである（横山，1904；Yokoyama, 1911, 1924；矢部，1922；Nomura, 1932；馬，1934）．当時の論文から化石が採取された露頭の正確な位置をたどることは難しい．しかし，古館山湾や古巴湾では化石の含有密度は通常時の堆積物よりも津波堆積物の方が圧倒的に高い（図 7.22）ので，昔の研究者が露頭で目立つ化石集積層（津波堆積物）から試料を採取したことは十分想像できる．

　巴川流域（古巴湾）に分布する完新世の海成層に，貝化石集積層が狭ま

図 7.22 貝化石が集積した津波堆積物（Fujiwara, 2004MS）
古巴湾の T2.2 津波堆積物（地点 70）．礫と貝化石が主体を占め，マトリックスは砂質である．

ることは，1950 年代初頭には知られており，成瀬・杉村（1953）はそれを「巴川貝層」と呼んだ．それによると，化石は主に中〜粗粒砂層（ときに礫層を挟む）から産し，それらは砂層中でしばしば化石集積層をなすとある．化石集積層に含まれる貝類は岩礁や泥底など種々の環境に棲むものが混合していること，また破損した個体が多いことから，多くは死後に流されて埋没したことも推定されている．具体的な露頭位置は不明だが，産状の特徴からは明らかに本文で紹介した津波堆積物を含む露頭の記載と考えられる．

沼層とそこに含まれる貝化石は，南関東のほかの溺れ谷の地層とともに，縄文海進に伴う海面変動や底生生物群集の変遷を解明するのに大きく貢献した（たとえば，浜田，1963；松島，1979，1984；Frydl, 1982）．これらの研究では，貝化石や化石集積層と津波との関連は興味の外であったが，論文に付された貝化石の同定リストを見ると，異なる環境に棲む種が同じ層準に含まれる「混合群集」が時折見られる．後に，その一部は藤原ほか（1997，1999a，2003）などによって津波堆積物であることが明らかにされた．

これと似た例が岩手県北部の太平洋岸に分布する下部白亜系宮古層群から Fujino et al.（2006）によって報告されている．宮古層群が露出する海岸は，宮澤賢治が書いた「楢ノ木大学士の野宿」（1934 年発表）という童話の舞台としても知られ，保存のよい化石を含む地層が露出する海岸は岩手県

の天然記念物に指定されており，また三陸ジオパークの一部でもある．Fujino et al. (2006) が報告した津波堆積物は，下部外浜で堆積した砂岩層に挟まる．それは層厚が最大で9.5mほどの成層した礫岩層や砂岩層かならなり，内部には多重級化構造が見られ，全体として上方細粒化する．古流向の解析からは，陸側と海側へ向かう流れが反転を繰り返したことが判明している．また，上下の地層に比べて化石の含有密度が高く保存状態がよい（しかし，異相的な産状を示す）ことや，生痕化石を含まないことも特徴である．本書で解説したように地層を見る目を養っていけば，同様な事例がさらに見つかってくるかも知れない．

第7章引用文献

阿部恒平・内田淳一・長谷川四郎・藤原　治・鎌滝孝信（2004）津波堆積物中の有孔虫組成の概要と殻サイズ分布の特徴について―房総半島南部館山周辺に分布する完新統津波堆積物を例にして．地質学論集，58，77-86．

Aigner, T. (1982) Calcareous tempestites: Storm dominated stratification in upper Musche lkalklimestones (Middle Trias, SW-Germany). Einsele, G. and Seilacher, A. (eds.) Cyclic and event stratification. Springer-Verlag, 180-198.

秋元和實・長谷川四郎（1989）日本近海における現世底生有孔虫の深度分布―古水深尺度の確立にむけて．地質学論集，32，229-240．

Altaff, K., Sugumaran, J. and Navee, S. (2005) Impact of tsunami on meiofauna of Marina beach, Chennai, India. Current Sci., 89, 34-38.

安藤寿男・近藤康生（1999）化石密集層の形成様式と堆積シーケンス―化石密集層は堆積シーケンスの中でどのように分布するか．地質学論集，54，7-28．

Aoshima, M. (1978) Depositional environment of the Plio-Pleistocene Kakegawa Group, Japan. —A comparative study of the fossil and recent foraminifera. J. Fac. Sci., Univ. Tokyo, sec. 2, 19, 401-441.

Brouwers, E. M. (1988) Sediment transport detected from the analysis of ostracod population structure: An example from the Alaskan continental shelf. De Deckker, P., Colin, J.-P., and Peypouquet, J.-P. (eds.) Ostracoda in the Earth Science, Elsevier, Amsterdam, 231-244.

Cheel, R. J. and Leckie, D. A. (1993) Hummocky cross-stratification. Sediment. Rev., 1, 103-122.

鎮西清高・近藤康生（1995）化石の産状記載と化石群集の認定．平成5・6年度文部科学省科学研究費補助金（総合研究（A））成果報告書「新生代化石底生動物群集カタログ」（代表：鎮西清高），2-3．

Davies, H. L., Davies, J. M., Perembo, R. C. B. and Lus, W. Y. (2003) The Aitape 1998 tsunami: Reconstructing the event from interviews and field mapping. Pure Appl. Geophys., 160, 1895-1922.

Dawson, S., Smith, D. E., Ruffman, A. and Shi, S. (1996) The diatom biostratigraphy of tsunami sediments: examples from recent and middle Holocene events. *Phys. Chem. Earth*, **21**, 87-92.

Dawson, S. and Smith, D. E. (1997) Holocene relative sea-level changes on the margin of a glacio-isostatically uplifted area: an example from northern Caithness, Scotland. *The Holocene*, **7**, 59-77.

Dawson, S. (2007) Diatom biostratigraphy of tsunami deposits: examples from the 1998 Papua New Guinea tsunami. *Sediment. Geol.*, **200**, 328-335.

Dominey-Howes, D. T. M. (1996) Sedimentary deposits associated with the July 9th 1956 Aegean Sea tsunami. *Phys. Chem. Earth*, **21**, 51-55.

Dominey-Howes, D. T. M., Cundy, A. and Croudace, I. (2000) High energy marine flood deposits on Astypalaea Island, Greece: possible evidence for the AD 1956 southern Aegean tsunami. *Marine Geol.*, **163**, 303-315.

Donato, S. V., Reinhardt, E. G., Boyce, J. I., Rothaus, R. and Vosmer, T. (2008) Identifying tsunami deposits using bivalve shell taphonomy. *Geology*, **36**, 199-202.

Duke, W. L., Arnott, R. W. C. and Cheel, R. J. (1991) Shelf sandstones and hummocky cross-stratification: new insight on a stormy debate. *Geology*, **19**, 625-628.

Frydl, P. M. (1982) Holocene ostracods in the southern Boso Peninsula. *Bull. Univ. Mus., Univ. Tokyo*, **20**, 61-138.

Fujino, S., Masuda, F., Tagomori, S. and Matsumoto, D. (2006) Structure and depositional processes of a gravelly tsunami deposit in a shallow marine setting: Lower Cretaceous Miyako Group, Japan. *Sediment. Geol.*, **187**, 127-138.

藤原　治・増田富士雄・酒井哲弥・布施圭介・斎藤　晃（1997）房総半島南部の完新世津波堆積物と南関東の地震隆起との関係．第四紀研究，**36**，73-86．

藤原　治・増田富士雄・酒井哲弥・入月俊明・布施圭介（1999a）房総半島と三浦半島の完新統コアに見られる津波堆積物．第四紀研究，**38**，41-58．

藤原　治・増田富士雄・酒井哲弥・入月俊明・布施圭介（1999b）過去10,000年間の相模トラフ周辺での古地震を記録した内湾堆積物．第四紀研究，**38**，489-501．

藤原　治・鎌滝孝信・布施圭介（2003）津波堆積物中の混合貝類化石群の形成プロセス―南関東における完新世の内湾の例．第四紀研究，**42**，389-412．

Fujiwara, O. (2004MS) Tsunami depositional sequence model in shallow bay sediments: An example from Holocene drowned valleys on the southern Boso Peninsula, eastern Japan. Doctoral dissertation to the University of Tsukuba, 157p.

藤原　治・澤井祐紀・宍倉正展・行谷佑一・木村治夫・楮原京子（2011）2011年東北地方太平洋沖地震津波で千葉県蓮沼海岸（九十九里海岸中部）に形成された堆積物．活断層・古地震研究，No. 11，97-106．

藤原　治・澤井祐紀・宍倉正展・行谷佑一（2012）年東北地方太平洋沖地震に伴う津波により九十九里海岸中部に形成された堆積物．第四紀研究，**51**，117-126．

藤原　治・佐藤善輝・小野映介・海津正倫（2013）陸上掘削試料による津波堆積物の解析―浜名湖東岸六間川低地にみられる3400年前の津波堆積物を例にして．地学雑誌，**122**，308-322．

Fujiwara, O., Ono, E., Yata, T., Umitsu, M., Sato, Y. and Heyvaert, V. M. A. (2013) Assessing the impact of 1498 Meio earthquake and tsunami along the Enshu-nada coast, central Japan using coastal geology. *Quatern. Intern.*, **308-309**, 4-12.

藤原　治・谷川晃一朗・佐藤慎一（2014）津波による貝殻集積層の形成―2011年東北地方太平洋沖地震津波の例を中心に．月刊地球，**36**，36-41．

Fursich, F. T. and Pandey, D. K. (1999) Genesis and environmental significance of Upper Cretaceous shell concentrations from the Cauvery basin, southern India. *Palaeogeogr., Palaeoclimatol., Palaeoecol.*, **145**, 119-139.

Goto, K., Chagué-Goff, C., Goff, J. and Jaffe, B. (2012) The future of tsunami research following the 2011 Tohoku-oki event. *Sediment. Geol.*, **282**, 1-13.

Gutscher, M.-A. (2004) What caused the great Lisbon earthquake? *Science*, **305**, 1247-1248. doi: 10.1126/science.1101351.

浜田隆士 (1963) 千葉県沼サンゴ層の諸問題. 地学研究特集号, 94-119.

Hemphill-Haley, E. (1995a) Diatom evidence for earthquake-induced subsidence and tsunami 300 yr ago in southern coastal Washington. *Geol. Soc. Am. Bull.*, **107**, 367-378.

Hemphill-Haley, E. (1995b) Intertidal diatoms from Willapa Bay, Washington: application to studies of small-scale sea-level changes. *Northwest Sci.*, **69**, 29-45.

Hindson, R. A., Andrade, C. and Dawson, A. G. (1996) Sedimentary processes associated with the tsunami generated by the 1755 Lisbon earthquake on the Algarve coast, Portugal. *Phys. Chem. Earth*, **21**, 57-63.

Horton, B. P., Sawai, Y., Hawkes, A. D. and Witter, R. C. (2011) Sedimentology and paleontology of a tsunami deposit accompanying the great Chilean earthquake of February 2010. *Marine Micropaleontol.*, **79**, 132-138.

Hussain, S. M., Krishnamurthy, R., Suresh Gandhi, M., Ilayaraja, K., Ganesan, P. and Mohan, S. P. (2006) Micropalaeontological investigations on tsunamigenic sediments of Andaman Islands. *Current Sci.*, **91**, 1655-1667.

Inoue, Y. (1989) Northwest Pacific foraminifera as paleoenvironmental indicators. *Sci. Rep. Inst. Geosci. Univ. Tsukuba, sec. B (Geol. Sci.)*, **10**, 57-162.

入月俊明・藤原 治・布施圭介・増田富士雄 (1998) 神奈川県三浦半島西岸の後氷期における古環境変遷：ボーリングコア中の貝形虫化石群集とイベント堆積物. 化石, **64**, 1-22.

入月俊明・藤原 治・布施圭介 (1999) 貝形虫化石群集のタフォノミー：三浦半島に分布する完新統を例として. 地質学論集, 54, 99-116.

海上保安庁 (1995) 野島崎 (1/50,000). 海底地形図第6363号2.

Kidwell, S. M. (1991) The stratigraphy of shell concentrations. Allison, P. A. and Briggs, D. E. G. (eds.) Taphonomy, relating the data locked in the fossil record. Topics in Geobiology, 9, Plenum Press, New York, 211-290.

小亀 出・長谷川四郎 (1998) 遠州灘・駿河湾の原生底生有孔虫群集. 東海沖海域の海洋地質学的研究及び海域活断層の評価手法に関する研究. 平成9年度研究概要報告書, 地質調査所, 189-199.

Kokociński, M., Szczuciński, W., Zgrundo, A. and Ibragimow, A. (2009) Diatom assemblages in 26 December 2004 tsunami deposits from coastal zone of Thailand as sediment provenance indicators. *Polish J. Environment. Studies*, **18**, 93-101.

小杉正人 (1988) 珪藻の環境指標種群の設定と古環境復原への応用. 第四紀研究, **27**, 1-20.

馬 廷英 (1934) 造礁珊瑚の一種 *Favia speciosa* (Dana) の生長に現はれたる気象的変化及び是より推定されたる最近地質時代に於ける日本群島各地の海水温度. 地質学雑誌, **41**, 370-373.

Mamo, B., Strotz, L. and Dominey-Howes, D. (2009) Tsunami sediments and their foraminiferal assemblages. *Earth-Sci. Rev.*, **96**, 263-278.

Martin, R. E.（1999）Taphonomy: a process approach. Cambridge Paleobiology Series, 4, Cambridge University Press, Cambridge, U. K., 508p.

松島義章（1979）南関東における縄文海進に伴う貝類群集の変遷．第四紀研究，17, 243-265.

松島義章・吉村光敏（1979）館山市西郷の平久里川における沼層の^{14}C 年代．神奈川県立博物館研究報告（自然科学），11 号, 1-9.

松島義章（1984）日本列島における後氷期の浅海性貝類群集—特に環境変遷に伴うその時間・空間的変遷．神奈川県立博物館研究報告（自然科学），15 号, 37-109.

松島義章（2006）貝が語る縄文海進—南関東，＋2℃の世界．有隣新書，219p.

Meldahl, K. H.（1993）Geographic gradients in the formation of shell concentrations: Plio-Pleistocene marine deposits, Gulf of California. *Palaeogeogr., Palaeoclimatol., Palaeoecol.,* **101**, 1-25.

Minoura, K. and Nakaya, S.（1991）Traces of tsunami preserved in inter-tidal lacustrine and marsh deposits: Some examples from northeast Japan. *J. Geol.,* **99**, 265-287.

箕浦幸治（2011）津波の水理堆積学的考察．科学，81, 1077-1082.

桃井信也・村田泰輔（1996）複数の海洋微生物を用いた津波堆積物の解析：1993 年北海道南西沖地震を例として．関東平野，4, 145-152.

長浜正穂（1954）駿河湾の原生有孔虫群．資源研彙報，no. 36, 26-31.

Nagendra, R., Kannan, B. V. K., Sajith, C., Sen, G., Reddy, A. N. and Srinivasalu, S.（2005）A record of foraminiferal assemblage in tsunami sediments along Nagappattinam coast, Tamil Nadu. *Current Sci.,* **89**, 1947-1952.

七山　太・重野聖之（2004）遡上津波堆積物概論—沿岸低地の津波堆積物に関する研究レビューから得られた堆積学的認定基準．地質学論集，58, 19-33.

Nanayama, F. and Shigeno, K.（2006）Inflow and outflow facies from the 1993 tsunami in southwest Hokkaido. *Sediment. Geol.,* **187**, 139-158.

成瀬　洋・杉村　新（1953）巴川貝層．地質学雑誌，59, 92.

Nomura, R.（1983）Cassidulinidae（Foraminifera）from the uppermost Cenozoic of Japan. *Tohoku Univ. Sci. Rep., 2nd ser.,（Geol.）,* **53**, 1-101.

Nomura, S.（1932）Mollusca from the raised beach deposits of the Kwanto Region. *Sci. Rpt. Tohoku Imp. Univ., 2nd Ser.（Geology）,* **15**, 65-141 with 1 map.

Nomura, S. and Hatai, K.（1935）Catalogue of the shell-bearing mollusca collected from the Kesen and Motoyosi Districts, northeast Honshu, Japan, immediately after the Sanriku tunami, March 3, 1933: with the description of five new species. *Saito Ho-on Kai Mus. Res. Bull.,* **5**, 1-47, pls. 1, 2.

岡橋久世・秋元和寛・三田村宗樹・広瀬孝太郎・安原盛明・吉川周作（2002）三重県鳥羽市相差の湿地堆積物に見出されるイベント堆積物—有孔虫化石を用いた津波堆積物の認定．月刊地球，24, 698-703.

小貫義男・柴田豊吉・三位秀夫（1961）III 田老—釜石地区．今野円蔵編：チリ地震津波による三陸沿岸被災地の地質学的調査報告，東北大学理学部地質学古生物学教室研究邦文報告，No. 52, 16-27.

大越健嗣・鈴木聖宏・丸山雄也・篠原　航（2014）貝殻に刻まれた地震・津波の痕跡．月刊地球，36, 42-46.

Pilarczyk, J. E., Horton, B. P., Witter, R. C., Vane, C. H., Chagué-Goff, C. and Goff, J.（2012）Sedimentary and foraminiferal evidence of the 2011 Tōhoku-oki tsunami on the Sendai coastal plain, Japan. *Sediment. Geol.,* **282**, 78-89.

Ruiz, F., Abad, M., Cáceres, L. M., Rodríguez Vidal, J., Carretero, M. I., Pozo, M. and González-Regalado, M. L. (2010) Ostracods as tsunami tracers in Holocene sequences. *Quatern. Res.*, **73**, 130-135.

斎藤宗勝・沢田信一 (1984) 津波による河口湖水界生態系の擾乱. 「1983年日本海中部地震」総合調査報告書 (弘前大学日本海中部地震研究会), 78-85.

斎藤文紀 (1989) 陸棚堆積物の区分と暴風型陸棚における堆積相. 地学雑誌, **98**, 164-179.

佐々木裕美・入月俊明・阿部恒平・内田淳一・藤原 治 (2007) 房総半島館山市巴川流域にみられる完新世津波堆積物および静穏時内湾堆積物中の貝形虫化石群集. 第四紀研究, **46**, 517-532.

Sawai, Y., Satake, K., Kamataki, T., Nasu, H., Shishikura, M., Atwater, B. F., Horton, B. P., Kelsey, H. M., Nagumo, T. and Yamaguchi, M. (2004) Transient uplift after a 17th century earthquake along the Kuril subduction zone. *Science*, **306**, 1918-1920.

澤井祐紀 (2007) 珪藻化石群集を用いた海水準変動の復元と千島海溝南部の古地震およびテクトニクス. 第四紀研究, **46**, 363-383.

Sawai, Y., Fujii, Y., Fujiwara, O., Kamataki, T., Komatsubara, J., Okamura, Y., Satake, K. and Shishikura, M. (2008) Marine incursions of the past 1500 years and evidence of tsunamis at Suijin-numa, a coastal lake facing the Japan Trench. *The Holocene*, **18**, 517-528.

Sawai, Y., Jankaew, K., Martin, M. E., Choowong, M., Charoentitirat, T. and Prendergast, A. (2009) Diatom assemblages in tsunami deposits associated with the 2004 Indian Ocean tsunami at Phra Thong Island, Thailand. *Marine Micropaleontol.*, **73**, 70-79.

澤井祐紀 (2012) 地層中に存在する古津波堆積物の調査. 地質学雑誌, **118**, 535-558.

Sawai, Y., Shishikura, M., Namegaya, Y., Fujii, Y., Miyashita, Y., Kagohara, K., Fujiwara, O. and Tanigawa, K. (2012) Diatom assemblages in tsunami deposits on a paddy field and paved roads from Ibaraki and Chiba Prefectures, Japan, generated with the 2011 Tohoku tsunami. *Diatom*, **28**, 19-26.

澤井祐紀 (2014) 古地震研究において珪藻化石分析が果たす役割. *Diatom*, **30**, 57-74.

Sherrod, B. L., Bucknam, R. C., and Leopold, E. B. (2000) Holocene relative sea level changes along the Seattle Fault at Restoration Point, Washington. *Quatern. Res.*, **54**, 384-393.

宍倉正展 (2001) 完新世最高位旧汀線高度分布からみた房総半島の地殻変動. 活断層・古地震研究報告, No. 1, 273-285.

Snedden, J. W., Nummedal, D. and Amos, A. F. (1988) Storm and fair weather combined flow on the central Texas continental shelf. *J. Sediment. Petrol.*, **58**, 580-595.

Stephen, R., Jayalakshmi, K. J., Rahman, H., Karuppuswamy, P. K. and Nair, K. K. C. (2006) Tsunami 2004 and the biological oceanography of Bay of Bengal. *Proc. Nat. Commem. In Conference on Tsunami, Madurai, India*, 21-29.

Sugawara, D., Minoura, K., Nemoto, N., Tsukawaki, S., Goto, K. and Imamura, F. (2009) Foraminiferal evidence of submarine sediment transport and deposition by backwash during the 2004 Indian Ocean tsunami. *Island Arc*, **18**, 513-525.

鈴木明彦 (2000a) 西南北海道岩礁海岸における潮間帯の生物群集と遺骸群集. 地球科学, **54**, 1-2.

鈴木明彦 (2000b) 西南北海道の露出性岩礁海岸における潮間帯の生物群集と遺骸群集 (予報). 中川町郷土資料館紀要「自然誌の研究」, **3**, 21-28.

Swift, D. J. P., Figueiredo, A. G., Freeland, G. L. and Oertel, G. F. (1983) Hummocky cross-stratification and megaripples: a geological double standard? *J. Sediment. Petrol.*, **53**, 1295-1317.

Szczuciński, W., Kokociński, M., Rzeszewski, M., Chagué-Goff, C., Cachão, M., Goto, K. and Sugawara, D. (2012) Sediment sources and sedimentation processes of 2011 Tohoku-oki tsunami deposits on the Sendai Plain, Japan -Insights from diatoms, nannoliths and grain size distribution. *Sediment. Geol.*, **282**, 40-56.

高清水康博・嵯峨山積・仁科健二・岡 孝雄・中村有吾・西村裕一 (2007) 北海道胆振海岸東部から確認された17世紀の津波堆積物. 第四紀研究, **46**, 119-130.

Takashimizu, Y., Urabe, A., Suzuki, K. and Sato, Y. (2012) Deposition by the 2011 Tohoku-oki tsunami on coastal lowland controlled by beach ridges near Sendai, Japan. *Sediment. Geol.*, **282**, 124-141. doi: 10.1016/j.sedgeo.2012.07.004.

Tanaka, G., Naruse, H., Yamashita, S. and Arai, K. (2012) Ostracodes reveal the sea-bed origin of tsunami deposits. *Geophys. Res. Lett.*, **39**, L05406, doi: 10.1029/2012GL051320.

内田淳一・阿部恒平・長谷川四郎・藤原 治・鎌滝孝信 (2004) 有孔虫殻の分級作用からみた津波堆積物の形成過程―房総半島南部館山周辺に分布する完新統津波堆積物を例に. 地質学論集, 58, 87-98.

Uchida, J., Fujiwara, O., Hasegawa, S. and Kamataki, T. (2010) Sources and depositional processes of tsunami deposits: Analysis using foraminiferal tests and hydrodynamic verification. *Island Arc*, **19**, 427-442.

渡辺偉夫 (1998) 日本被害津波総覧 (第2版), 東京大学出版会, 248p.

矢部長克 (1922) 日本洪積世気候論. 東北帝国大学理学部地質学古生物学教室研究邦文報告, 3号, 1-38.

横山又次郎 (1904) 房州沼村の第三紀化石. 地質学雑誌, **11**, 105-106.

Yokoyama, M. (1911) Climatic changes in Japan since the Pliocene Epoch. *J. Coll. Sci., Imp. Univ. Tokyo*, **32**, Art.5, 1-16.

Yokoyama, M. (1924) Mollusca from the coral-bed of Awa. *J. Coll. Sci., Imp. Univ. Tokyo*, **45**, 1-82 with 5 plates.

8
津波による堆積モデル

　ここまで津波堆積物が作るベッドフォームや，その内部に見られる堆積構造を見てきた．また，洪水などによる堆積物との違いについても解説してきた．ここでは，津波堆積物の特徴を再整理して，ほかの堆積層との違いを示す概念図（堆積モデル）としてまとめてみる．

8.1　垂直方向のモデル―津波の波形に注目する

　津波は風波に比べて非常に長い周期と波長を持つ波の集まりである（図3.1, 3.3）．このために第4章の図4.17で説明したような内部にマッドドレイプを持つ多重級化構造が形成される．これを模式的に説明したのが図8.1である．図8.1Bのような波形を持つ津波が来襲したとしよう．1-8の番号

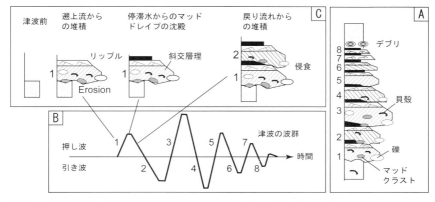

図8.1　津波波形に対応した津波堆積物の形成プロセス（藤原，2007）

で示したのは遡上と戻り流れを起こす個々の波である．ここでは津波の第1波は押し波から始まることにし，波形記録が上に振れているときは遡上，下に振れているときは戻り流れを表す．図8.1Cには第1波による遡上流と戻り流れのセットが形成する堆積層を示している．遡上流は次第に減衰する過程で級化する堆積層を形成する．流れが収まるとマッドドレイプが覆う．戻り流れの堆積層は，遡上流による堆積層を一部（場合によっては全部）侵食して覆う．戻り流れは川などの低まりがあると，それに沿って流れるので，堆積物に残る流れの向きは必ずしも遡上流と反転していないことがある．戻り流れが収まった後に，泥水が停滞した場所では，マッドドレイプが形成される．

　第4章コラム3で述べたように，マッドドレイプは一度堆積すると流されにくいので，下位層の保護層として働く．流れが強ければマッドドレイプごと下位層が侵食されることもあり，その場合は上下の堆積層が癒着した状態になり，遡上流と戻り流れの区別が難しくなる．同様のプロセスで第2波，第3波が堆積層を残した場合には，図8.1Aのような多重級化構造を持つ津波堆積物が形成される．後続波が次第に弱まっていくにつれ，上位ほど細粒で薄い堆積層が重なる．

　図8.1Aでは一番厚く粗粒な堆積層（一連の波のなかで最もエネルギーが大きな波に対応）が，一番下でなくてやや上寄りに挟まっている．津波では第1波が最大とは限らず，2波目以降に最大波が来襲することがむしろ多い．この構造は第6章で紹介した古巴湾の津波堆積物で実際に見られる（図6.10～6.15）．大きな後続波によって，先に形成された津波堆積物が削剥されてしまうこともあるので，その場合には最大波以降の減衰していく波の記録だけ（3番目以降の堆積層）が残ることになる．

　このモデルは，第6章で紹介した古巴湾や，ノルウェーの海岸の池で堆積した津波堆積物（たとえば，Bondevik *et al.*, 1997），1755年リスボン地震津波によってポルトガル南部（Dawson *et al.*, 1995）やイギリス南部（Foster *et al.*, 1991）のラグーンに流れ込んだ堆積物もうまく説明できる．ただし，図8.1Aは理想的に描いたもので，戻り流れや後続波による侵食の程度によっては，規則正しい遡上流と戻り流れのセットにはならない．あるいは仙台平野周辺

での 2011 年東北沖津波のように第 1 波が非常に大きく，後続波や戻り流れが弱い場合には，ほとんど遡上流の堆積層だけが残ることもある．このように，津波堆積物は津波の波形を記録している自然の験潮器と言える．しかし，その記録には堆積中や堆積後のさまざまな要因で変形や欠損が起こる．波形記録が不完全になるのは，実際の験潮器でもさまざまな理由で記録の欠損があったり，後年になって記録データの破損が起きるのと同じである．

8.2 海－陸方向のモデル

津波はよく知られているように，海側から内陸側へ次第に細粒化・薄層化する堆積層を残す（たとえば，Choowong et al., 2008；Fujiwara, 2008；Naruse et al., 2010；Goto et al., 2011；藤原ほか，2012）．津波堆積物の海－陸方向での断面を示した図 1.3 や図 4.3 が，津波堆積物の水平方向の変化を説明する最も基本的なモデルである．流速の大きな流れが襲う海岸や砂丘の裏側では侵食が卓越し，津波堆積物の主な供給源となる．侵食場のすぐ陸側では，津波堆積物は礫や貝殻など粗粒な物質が主である（現世津波の場合は，コンクリート片なども多い）．そこを過ぎると砂質の津波堆積物が主になり，内陸へ向かって大局的には層厚と粒径を減じていく．さらに内陸では泥質の堆積層が主体となり，遡上限界にあたる先端部は浮遊してきた植物片などの集積（デブリ層）で終わる．

このような内陸側へ薄くなるくさび形の堆積層が形成される理由について，藤原（2007）や藤原ほか（2012）は，流れのキャパシティ（Hiscott, 1994）という概念を引用して説明した．流れのキャパシティとは流れが支えて運べる粒子の全容量のことで，それは流れの速さと深さ（水流の厚さ）の両方に依存する．速くても浅い流れでは運べる物質の量は少なく，流れが深くても流速が小さければ，やはり運べる物質の量は少ない．遡上した津波の流速は地面との摩擦などのために内陸へ次第に減少し，浸水深（水流の厚さ）も海岸から内陸へ向かって減少する．このため，津波は海岸近くでは多量の物質を運びうるが，内陸へ行くにつれて流れのキャパシティが小さくなる．運びきれなくなった大きく重い粒子が順次堆積して，津波堆積物が形成される．こ

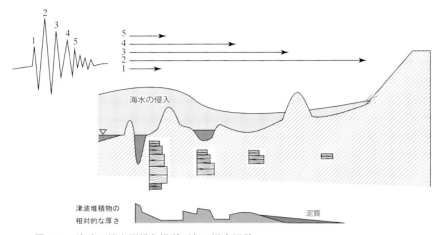

図 8.2 津波の遡上距離と場所ごとの浸水回数
　左側に示すような波形を持つ津波の場合，第 2 波の遡上距離が最も大きく，内陸奥深くまで堆積層を残す．小さな波は海岸近くにのみ堆積層を残す．したがって，一つの津波でも，場所によって堆積物に記録される波の数が異なる．

の過程で，流れの強さと粒子サイズなどに応じたベッドフォームや堆積構造が形成される．砂粒子など「大きな」粒子が運ばれなくなっても，シルトや粘土の粒子は浮遊しながらさらに内陸へ運ばれる．津波が遡上限界にまで達して流れが止まると，浮遊していた泥粒子や植物片などが沈殿する．

　上記の説明とは一見反するが，海から陸へ向かう途中で津波堆積物の層厚が局地的に厚くなる場所が見られることがある．これは，粒子濃度の高い状態から流れのキャパシティが急速に減少する場所と解釈される．たとえば，防砂林のなかなどで津波堆積物の厚い堆積が見られたのは，ここで流速が急に落ちたことも影響している．津波堆積物の厚さは，津波の大きさだけではなく，流れのキャパシティの低下度合に関係していると思われる．

　図 1.3 や図 4.3 は，1 回の遡上でできる津波堆積物の水平方向の変化を解説している（戻り流れは省略している）．第 2 波，第 3 波と押し寄せる津波を考慮したのが図 8.2 である．左上に示したような波形を持った津波が来襲した場合に，陸上にどのような津波堆積物が残されるかを概念的に説明する．この波形では 1-5 で示した 5 つの大きな波を含んでおり，第 2 波が一番大き

く最も内陸まで浸水する．最初に来襲する波は相対的に小さいので，海岸の近くにしか津波堆積物を残さないが，大きな波ほど内陸奥まで堆積物を残す．1-5のすべての波が到達する海岸近くの地点では，5回の遡上流と戻り流れが記録される．なお，ここでは戻り流れや後続波による侵食は考慮していない．内陸ほど到達する波の数は減少するので，津波堆積物を構成する遡上流・戻り流れによる堆積層の枚数も少なくなる．最大波しか届かない場所では，1回の遡上流と戻り流れのセットが記録される．これは複雑な津波による侵食，運搬，堆積作用を単純化した一つの理想形で，実際には諸条件によるバリエーションがある．具体例については，第9章のコラム7も参照されたい．

8.3　水底の津波堆積物

第6章と第7章で紹介した古巴湾の古津波堆積物の内部に見られる4つの堆積ユニット（Tna～Tnd）について，図8.3で解説する．これは藤原ほか（2003）やFujiwara and Kamataki（2007）によって，津波堆積物と津波の波形との関係を説明するために導入されたアイデアである．図8.3AはM8クラスの地震による津波を模擬したもので，周期は30-40分である（波高は任意）．一方，図8.3Cは台風に伴って発生する高潮を模擬したもので，水位上昇・低下が数時間かけて起きる．日本で観測史上最大クラスのジェーン台風（1950年）の例では，大阪湾で約2時間かけて2.5m余りの水位上昇が起きた．その脇には，風波の波形を模式的に書き加えてあるが，一つ一つの波は実際にはこの図では表現できないほどに周期が短い．図8.3BとDには，それぞれ津波堆積物とストーム堆積物の模式的な柱状図を配した．

図8.3Aには，波のサイズの継時変化をTna～Tndに区別した．津波の初期の小規模な波群（Tna），中盤の大きな波群（Tnb），津波の後半に次第に減衰しながら来襲する波群（Tnc），津波最終期の小さな波群とその後の通常状態（Tnd）である．図8.3Bは多重級化構造を持つ砂層の重なりからなるが，それぞれの波群に対応すると考えられる部分に同じ記号を付した．Tnaは相対的に細粒で，津波が直接海底を侵食して粘土礫を取り込んでいる．

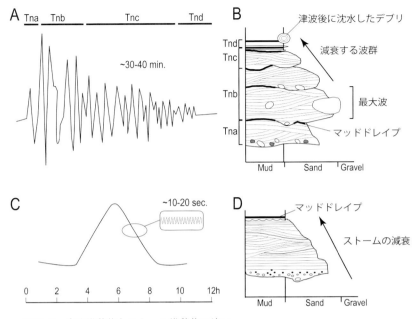

図 8.3　津波堆積物とストーム堆積物の違い
　　A：津波の模式的波形（C と時間軸は共通．振幅は任意）．Tna〜Tnd の説明は本文参照．
　　B：古巴湾で見られる津波堆積物の模式柱状図（Fujiwara and Kamataki, 2007 を元に作成）．
　　C：高潮とストーム波（風波）の模式的な波形．
　　D：ストーム堆積物（HCS 砂層）の模式柱状図（Walker et al., 1983 を元に作成）．

Tnb は最も粗粒で厚い堆積層の重なりからなる．Tnc は相対的に細粒で，上部では砂層とシルト層の細互層となる．全体として上方細粒化を示しており，上部ほど弱い流れで堆積した．最上部の Tnd は，泥質の堆積層で植物片の集積層を挟むことが多い．津波が収まった後に，浮遊していた細粒物質やデブリが沈殿したものである．つまり，Tna〜Tnd の重なりは，津波が来襲し始めてから最盛期を迎えて，終わるまでの波形を記録しているという考えである．

　一方，ストーム堆積物は，図 8.3D に示したように，ストームの減衰過程を反映して全体として上方細粒化するのが普通である．この構造がどうして

できるかは8.5.2節で述べるとして，特に古巴湾のような閉塞的で水深のある内湾におけるストーム時の堆積を考えてみる．ストームに伴う高潮では，水位の上昇速度が津波に比べて非常に小さい．この緩やかな海面上昇では，海底で大量の堆積物を動かすことはできない．高潮のときに実際に海底で堆積物を動かすのは，主に短周期の風波である．ところが，台風の風による波の周期は外洋でも10秒ほどで，古巴湾のような狭い湾ではより短い．これでは海底は常に攪拌されるので，マッドドレイプを形成する細粒の粒子が沈殿しない．このため，流れの停滞と再開を示す構造が内部にできない．図8.3Bのような内部にマッドドレイプを持つ多重級化構造を持つ砂層を作るには，高潮では流速が足りないし，風波では周期が短かすぎる．このような構造を水深のある内湾で形成できるのは津波でしかありえないと思われる．

8.4 湾内での水平変化

陸上に堆積した津波堆積物では，内陸へ向かって細粒化・薄層化することが大きな特徴であることを先に述べた．では，古巴湾のように海底に堆積した場合はどうなるであろうか．第6章ではT2.2津波堆積物が湾口から湾奥へ向かって細粒化している様子を紹介した．これをもう少し詳しく見てみよ

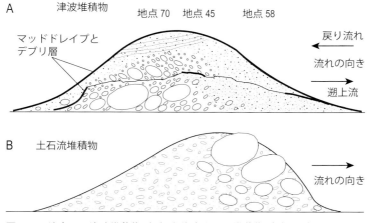

図8.4 湾内での津波堆積物（A）と海底土石流堆積物（B）の違い

う．

　図8.4Aは T2.2 津波堆積物の水平分布パターンを模式化したものである．単純化のために，1回の遡上流と戻り流れのセットだけを示している．図の右手が陸側になり，古巴湾内でのおよその露頭位置も示している．遡上流の堆積物は湾口から湾奥へと礫質，砂礫質，砂質と次第に細粒になる．津波は湾口付近では非常に流れが強く，周辺にあった大きな礫なども動かした．遡上過程で重く大きな物質が順次流れから離脱した結果，湾の奥ほど混濁流に含まれる礫の含有量やサイズは減少していった．湾内を遡上する津波の混濁流は，先端（頭部）で細粒物が多く，後ろに続く部分（体部）に粗粒物質が残留していたと考えられる．これは「頭部が軽く，後ろが重い構造」と言いかえることもできる．このことは後ほど触れる海底土石流堆積物（図8.4B）が「頭部が重く，後ろが軽い構造」を持つのとは大きく異なる．戻り流れは一般に遡上流より流速が遅いが，遡上流による堆積物を再移動させながら流れる．この流れは湾奥では礫が少ないので，砂質の津波堆積物を作り，湾口近くでは礫層を再配列させる．この際に遡上流による堆積層の一部は侵食される．また，一部の礫は砂や泥粒子とともに下流（海側）へ運ばれる．

8.5　似て非なる堆積物

　流れが作る堆積層が持つ特徴は，材料となる物質，堆積場，流れの特徴（流速，波の周期など）などによって決まる．このため，原因が違っても，結果としてよく似た堆積層が生じることがある．たとえば，リップルやデューン，あるいは逆級化は津波堆積物を特徴づける構造の一つであるが，これらは洪水や波浪で成形された地層にも一般的に見られる．このため，個々のベッドフォームや堆積構造だけを見ていては，津波堆積物か，それとも別の堆積物かを区別することは難しい．両者を区別するには，これまで述べてきたように，波の周期（さらには波形）の違いを読み取る必要がある．

　それには堆積層中で，どういう構造がどういう順番で重なっているかが重要である．そうした情報から，堆積物を作った流れが時間とともにどう変化したかを復元し，長周期で遡上と戻り流れを繰り返し，次第に減衰していく

津波の波形を読み取る．この堆積モデルの効果的な利用には，堆積場の環境を復元することが欠かせない．対象とする地層が堆積したのが潟湖なのか，氾濫原湿地なのか，溺れ谷なのか，などがわかっていることが重要である．それぞれの環境で通常時に起こっている堆積作用と比較することで，津波堆積物の識別を行いやすくなる．

ここからは津波堆積物と類似した堆積層として，海岸平野とその周辺（図4.18）で見られる以下のものを取り上げる．1) 波浪による打ち上げ堆積物，2) 浅海底の波浪堆積物，3) 潮汐堆積物，4) 洪水氾濫の堆積物，5) 土石流堆積物，6) ハイパーピクナル流堆積物．さまざまな堆積環境とそこでの堆積作用（堆積モデル）については多くの教科書があるので，ここでは逐一は取り上げないが，日本語で書かれたものとしては，たとえば以下のものがある．公文・立石編 (1998)，フリッツ・ムーア（原田訳, 1999），鈴木 (2000)，八木下 (2001)，日本地質学会フィールドジオロジー刊行委員会編 (2004)，平 (2004)，海津 (1994, 2012)，日本第四紀学会電子出版編集委員会編 (2010)．

8.5.1　波浪による打ち上げ堆積物（ウォッシュオーバー堆積物）

ウォッシュオーバー (washover) 堆積物については第4章で紹介した．ウォッシュオーバーの遡上距離はさまざまで，大規模なハリケーンが襲う海岸では数百mを超えることもある（たとえば，Donnelly et al., 2001）．ウォッシュオーバーのプロセスの解説は Donnelly et al. (2004) など，内部構造の解説は Sedgwick and Davis (2003) などがある．ウォッシュオーバー堆積物は陸側へ薄く細粒になることや，流水で形成された種々の堆積構造を持ち，津波堆積物とよく似ている．しかし，これまでの報告では，津波堆積物のように内部に流れの停滞と再開を示すマッドドレイプを挟む多重級化構造を持つものは知られていないようである．

図8.5に，波浪で海浜に打ち上がった堆積層をいくつか示した．AとBは千葉県の館山湾沿岸で撮影したもので，波で打ち上げられた砂や礫が河口にくちばし状に伸びた礫州（礫嘴）を構成している．その陸側には小規模なウォッシュオーバーファンが形成されている．Bは礫嘴の断面で，礫層が何枚も重なっている．各層は礫のインブリケーションから，海から陸側へ打ち上

図 8.5 波浪による打ち上げ堆積物の内部構造
A, B：千葉県南部の館山湾沿岸．右手が海．C, D：北海道十勝海岸．短周期で来襲する大波で形成された堆積層にはマッドドレイプが挟まらない．

げられたものである．層理や葉理は見られるが，マッドドレイプを挟まない．CとDは北海道の十勝海岸で撮影したもので，大波で海岸に打ち上がった砂層の断面である．これは波打ち際から砂丘へ続く斜面（後浜から砂丘にかけて）を見ている．やはり明瞭な葉理はあるがマッドドレイプを挟まない．

8.5.2 浅海底の波浪堆積物（HCS砂層）

嵐のときの強い波浪で海底に形成される堆積層の代表は，ハンモック状斜交層理（HCS）を持つ砂層である．HCSについては図6.14でも紹介した．HCSは淘汰のよい細粒の砂層によく認められ，世界各地の浅海堆積物から知られている．長周期で流速の大きな振動流，またはこれに弱い一方向流が重なった複合流がその成因に考えられているが，一方向流でも形成されることがある（増田，2001）．このためHCSは一般に，波浪の卓越する浅海でストームの影響を受けて形成された堆積構造とされ，下部外浜（水深6-20mまで）から内側陸棚（水深20-80mまで）を示す示相堆積構造として扱われ

てきた．HCSの波長は海底付近での振動流の軌道半径に比例しており，石垣・伊藤（2000）は数十cmから最大で7mを超えるものまでを報告している．

ハンモック状斜交層理を持つ砂層は，HCSシーケンス（図8.3D）と呼ばれる層相の垂直変化を示すのが普通である．それは，下位層を削り込む侵食面を覆う粗粒な残留性堆積物，HCS砂層，平行層理砂層，リップルを持つ砂層の順に重なり，最上部にはマッドドレイプが見られることもある．基底の侵食面と残留性堆積物は，波浪が激しく海底の堆積物に働く侵食作用の方が，巻き上げられた粒子の沈降より卓越している時期に形成される．波浪が弱まってくると堆積が卓越し，HCSを持つ砂層が堆積する．さらに流速が低下すると順次，平行層理砂層，リップルを持つ砂層が堆積する．このことは，HCSシーケンスを持つ砂層は，1回のストームが減衰する過程で形成されたことを示している．もちろん，侵食などの程度によってはHCSシーケンス全体が残るわけではない．

では，ストームによるHCS砂層が複数重なり合っているとしたらどうだろうか．HCS砂層は単層で見つかるよりも，複数のHCS砂層が侵食面を介して「癒着」していることが多い．HCS砂層が形成されない静穏時には砂層や泥層がHCS砂層を覆う．しかし，静穏時の堆積層がストームで侵食されてしまうと，新・旧のHCS砂層どうしが癒着する．このような癒着したHCS砂層は，それが津波堆積物なのか複数のストーム堆積物の集合体であるのか，判断が難しい．しかし，図8.3Bのような多重級化構造を癒着したHCS砂層で説明しようとすると，まず弱いストーム（台風）が起きる時期があり（Tna），その後に大規模な台風が多くなって（Tnb），それが過ぎると今度は次第に弱い台風が来るようになった（Tnc），ということになる．しかし，「自然は単純さを好む」ことを思えば，そのような台風規模の変化はまず考えられないであろう．

8.5.3 潮汐堆積物

潮汐による上げ潮と下げ潮は，周期的な流れの反転が起きる代表例である．この結果，潮間帯周辺では砂層と粘土層（マッドドレイプ）のリズミカルな

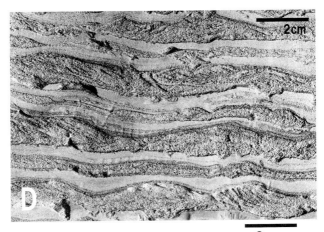

図 8.6 干潟に残された潮汐堆積物(坂倉, 2004 の図 6 D, 日本古生物学会より使用許可済み)

細互層からなる潮汐堆積物が形成される(図 8.6).この図では砂層が暗色に,粘土層が白色に見えている.砂層は潮流で運ばれて堆積したもので,内部には流れの向きを示すカレントリップルが見える.マッドドレイプは満潮あるいは干潮で流れが停滞したときに,海水に浮遊していた粘土やシルト粒子が沈殿したものである.このプロセスは,第4章コラム3に示したエントレインメント曲線と沈降曲線の関係で説明される.上げ潮と下げ潮では流向が反転するので,マッドドレイプの上下の砂層では堆積構造が示す流向が逆になる.潮汐堆積物については坂倉(2004)の優れたレビューがある.

潮汐堆積物の内部構造は津波堆積物とよく似ている.両者を見分けるには,堆積場を復元することが欠かせない.潮汐堆積物は干潟や潟湖など潮汐の影響が強い場所で形成される.したがって,海から切り離された陸や湖沼には形成されない.また,図 8.1 A や 8.3 B のように基底から上位へ規則的に細粒かつ薄い砂層が重なる「一連の堆積層」は潮汐堆積物では考えにくい.そういうサクセッションを作るには,その場所がある時急に潮汐の影響を受けるようになり,地質学的には短期間のうちに潮汐の影響が減衰してしまった,という状況を考える必要がある.そうした例としては,潟湖を海から閉塞す

る砂州が大波で一時的に切れて海水が浸入するようになり，しばらくして砂州が再形成されて閉塞が回復した，というようなことが考えられる．潮汐堆積物と津波堆積物との区別はさらに検討が必要である．また，津波は潮汐より顕著に流速が大きいので（場所にもよるが），礫など通常の潮汐では動かない大きく重い物質を含むことが期待される．

8.5.4 洪水氾濫の堆積物

　洪水による堆積物は多様であり，津波堆積物と識別が難しいものの一つである．そのなかでも「これは津波ではなくて洪水である」と判定できそうなものがあるので，ここで取り上げる．それは河川氾濫原で見られる逆級化構造を持つ洪水堆積物である（図8.7）．この識別は，津波堆積物調査の主対象となる河川下流部の沖積低地では役に立つと思われる．

　氾濫原とは，洪水時に河道から水が氾濫する範囲で，後背湿地や自然堤防からなる微高地などが発達する．氾濫原の地層は，主に洪水で河道から溢れた濁水に浮遊していた粘土粒子などが沈殿したものである．図8.7Aでは明色の粘土層から始まり，シルト層や砂質シルト層を経て暗色の砂層へと逆級化する洪水堆積物が3枚重なっている（1枚1枚の洪水堆積物を逆三角形で示した）．逆級化する1枚の堆積層が1回の洪水に当たる．図8.7Bにはそれを模式的に描いた．

　この逆級化構造の成因を氾濫原の地形を考慮して説明する（伊勢屋，1982；増田・伊勢屋，1985）．図8.7Cは氾濫原の断面図で，中央に河道があり，その両側は自然堤防で高くなっている．降雨で河川の水位が上がると，ある時点で濁水が自然堤防を越えて氾濫原に溢れるようになる．溢れる濁水が少なく，浮遊粒子の粒径や含有率が小さいうちは，氾濫原には主に粘土層が堆積する．次第に水位が上昇する（あるいは一部が破堤する）と，溢れる濁水の量・流速や含まれる浮遊粒子の濃度や粒径が上がる．その結果，粘土層→シルト層→砂層と逆級化する堆積層が形成される．洪水のピークが過ぎて水位が下がると，堆積場が離水して急に堆積が終わる．

　ここでもう一度，図8.1，図8.3で紹介した1回の遡上流または戻り流れでできる津波堆積物を見てみよう．洪水による逆級化構造とは異なり，津波

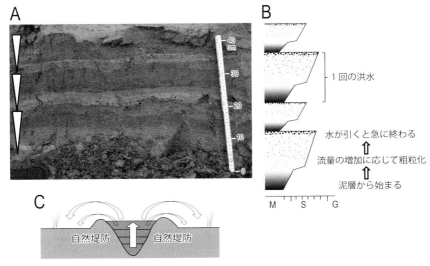

図 8.7 河川氾濫原における洪水堆積物
　A：典型的な河川氾濫の堆積層（袋井市豊里遺跡，2014 年 8 月 28 日）．
　B：さまざまな規模の洪水の繰り返しでできた氾濫原の地層の模式柱状図．
　C：河川氾濫原の断面図と氾濫堆積物の形成過程．

　堆積物の基底は強い流れによる侵食面であることが多く，砂層から始まる．砂層は逆級化や級化を示し，流れの減衰に対応して上部では級化し，最後はマッドドレイプで覆われる．ここで見られる逆級化構造は，粒子同士や粒子と流れの相互作用で作られる．これは，強い流れから堆積した砂層や礫層には共通に見られる構造である．逆級化構造ができるメカニズムは一つではなく，完全にはわかっていないが，たとえば Lowe（1982）によるトラクションカーペットが有名である．これは生活のなかでもよく経験する現象と似ている．ミックスナッツの缶詰にはさまざまな大きさのナッツが入っているが，缶を振ってやると大きなナッツが上に浮いてくる．これと同じように，逆級化構造ができるときには大きな粒子が「浮き上がって」いるのである．
　ここで述べた1回の遡上流または戻り流れでできる津波堆積物と洪水堆積物との見かけ上の違いは，基底が粘土やシルト層で始まるか，砂層から始まるか，また，上面が粗粒層で終わるか，級化して終わるかである．この違い

は，コラム3に示した粒径と沈降速度の関係（砂粒子は流れから堆積するが，シルト粒子より細粒なものは停滞した濁り水からしか沈殿しない）からも理解できる．繰り返し発生した洪水の堆積層が重なってできた氾濫原の地層を模式的に示したのが図8.7Bである．洪水の規模は毎回異なるので，氾濫原の地層は厚さや粒径の異なる洪水堆積物の不規則な集合である．一方，津波堆積物は，一連の波の集合体であり，津波堆積物を構成する砂層の層厚や粒径には，津波の波形に対応した規則的な変化が期待される（図8.1，図8.3）．

なお，河川氾濫原を流れる河道で形成される堆積層については，鈴木（2000）の詳細な観察がある．それは上流から下流へ向かう流水で形成された特徴を持つ．こうした地層からは，津波堆積物は海水の遡上を示す堆積構造や化石など含むことで区別されるだろう．

8.5.5 土石流堆積物

低平な地形が広がる沖積低地であっても，段丘崖に面した場所や，溺れ谷跡では，後背地からもたらされた土石流堆積物が分布することがある．土石流は重力に引かれて起こる現象なので，原則として高所から低所へ向かって流れる．したがって遡上流による構造を持たないことで津波堆積物とは区別される．崩れ落ちた反対側の谷壁斜面を土石流が駆け上がることはあり，その場合遡上しているように見えるだろうが，そういった特殊な例に出会うことはほとんどないだろうし，もしあっても，詳細な地形や地層の調査によって津波とは見分けがつく可能性が高い．また，重力に引かれて流下する土石流堆積物では，流れの頭部に大きな岩塊などが集積する特徴がある．これは図8.4Aに示した溺れ谷を遡上する津波堆積物では頭部が「軽い」のと逆のパターンである．

土石流堆積物の内部構造と形成機構については古くから研究があり（たとえば，Lowe, 1976；Middleton and Hampton, 1976；Sohn, 2000），その成果については成瀬ほか（2001）に簡潔にまとめられている．それによれば，津波堆積物との違いとして，土石流堆積物は内部に葉理などトラクションによる構造を持たないことが上げられる．その理由は次のように説明される．土石流は層流状態で移動し，流れが減衰するにつれて上部に栓流が発達する．栓流

とは流れのせん断応力が降伏応力を下回った状態のことで，栓流の内部では堆積物は変形せず，そのままの形で移動する．流れ全体に栓流が広がると土石流は「フリーズ」して堆積すると考えられている．また，土石流のなかでは大きな粒子は主に粒子同士の衝突による分散圧で支えられており（Lowe, 1976など），それによる逆級化構造を持つこともある．

8.5.6 ハイパーピクナル流堆積物

ハイパーピクナル流（hyperpycnal flow；Kneller, 1995；Mulder et al., 2001, 2003）とは，洪水時に河口から砕屑物粒子を大量に含む淡水が海に流れ込むことで発生する混濁流である．ハイパーピクナル流からできる堆積層については，齋藤ほか（2005）が詳しくレビューしている．ここではそれに沿って解説する．

ハイパーピクナル流堆積物は，河口デルタの堆積物において，内部に平行葉理やクライミングリップル葉理を持つ砂層（葉理部）と塊状のシルト層（塊状部）がリズミカルに繰り返し重なる構造を持つのが特徴である（齋藤ほか，2005の図7）．これは流れの強さが周期的に増減を繰り返したためにできる構造で，一見すると津波堆積物と非常によく似ている．ハイパーピクナル流は，数日から1週間以上も濁った大量の水が川を流れ続ける現象である（たとえば，Mulder and Alexander, 2001）．この間に降雨状況や流域の地形などの影響を受けて，流速や流量，砕屑物の運搬量が変化する．こうした外的要因だけでなく，流れ自体が起こす内部波によって，流速の周期的な変化が生じることがある（Nemec, 1995）．さらに，浅い海域であれば，堆積過程で波浪の影響を大きく受ける．その結果，ハイパーピクナル流はいくつかのピークを持って増減を繰り返し，長期間にわたり流量や流速が周期的に変化しながら次第に減衰していくことになる（たとえば，Mulder et al., 2001）．ハイパーピクナル流の発生頻度は，河川規模や気候条件などにもよるが，100年に1回かそれ以上であることが理論と観察の両面から示されている（たとえば，Mulder and Syvitski, 1995；Johnson et al., 2001）．これは大規模な津波と同程度かさらに高頻度なイベントである．したがってハイパーピクナル流からの堆積層は地層記録にかなりの頻度で保存されていると考えられる．ハイパ

―ピクナル流堆積物も津波堆積物も研究はまだ始まったばかりであり，両者の違いを具体的に議論することはまだできておらず，今後の研究課題である．

第8章引用文献

Bondevik, S., Svendsen, J. I. and Mangerud, J.（1997）Tsunami sedimentary facies deposited by the Storegga tsunami in shallow marine basins and coastal lakes, western Norway. *Sedimentol.*, **44**, 1115-1131.

Choowong, M., Murakoshi, N., Hisada, K., Charusiri, P., Charoentitirat, T., Chutakositkanon, V., Jankaew, K., Kanjanapayont, P. and Phantuwongraj, S.（2008）2004 tsunami Inflow and outflow at Phuket, Thailand. *Marine Geol.*, **248**, 179-192.

Dawson, A. G., Hindson, R., Andrade, C., Freitas, C., Parish, R. and Bateman, M.（1995）Tsunami sedimentation associated with the Lisbon earthquake of 1 November AD 1755: Boca do Rio, Algarve, Portugal. *The Holocene*, **5**, 209-215.

Donnelly, J. P., Bryant S. S., Butler, J., Dowling, J., Fan, L., Hausmann, N., Newby, P., Shuman, B., Stern, J., Westover, K. and Webb, T. III（2001）700 yr sedimentary record of intense hurricane landfalls in southern New England. *Geol. Soc. Am. Bull.*, **113**, 714-727.

Donnelly, C., Kraus, N. C. and Larson, M.（2004）Coastal overwash: Part 1, Overview of processes. ERDC/CHL CHETN-XIV-13, US Army Corps of Engineers. http://chl.erdc.usace.army.mil/library/publications/chetn/pdf/chetn-xiv-13.pdf#：2013.7.27引用

Foster, I. D. L., Albon, A. J., Bardell, K. M., Fletcher, J. L., Jardine, T. C., Mothers, R. J., Pritchard, M. A. and Turner, S. E.（1991）High energy coastal sedimentary deposits; an evaluation of depositional processes in southwest England. *Earth Surface Processes and Landforms*, **16**, 341-356.

ウィリアム・J・フリッツ，ジョニー・N・ムーア著，原田憲一訳（1999）層序学と堆積学の基礎．愛智出版，386p.

藤原　治・鎌滝孝信・田村　亨（2003）内湾における津波堆積物の粒度分布と津波波形との関連―房総半島南端の完新統の例．第四紀研究，**42**，67-81．

藤原　治（2007）地震津波堆積物：最近20年間の主な進展と残された課題．第四紀研究，**46**，451-462．

Fujiwara, O. and Kamataki, T.（2007）Identification of tsunami deposits considering the tsunami waveform: an example of subaqueous tsunami deposits in Holocene shallow bay on southern Boso Peninsula, central Japan. *Sediment. Geol.*, **200**, 295-313.

Fujiwara, O.（2008）Bedforms and sedimentary structures characterizing the tsunami deposits. Shiki, T., Tsuji, Y., Yamazaki, T. and Minoura, K.（eds.）Tsunamiites – Features and Implications, Elsevier, 51-62.

藤原　治・澤井祐紀・宍倉正展・行谷佑一（2012）2011年東北地方太平洋沖地震に伴う津波により九十九里海岸中部に形成された堆積物．第四紀研究，**51**，117-126．

Goto, K., Chagué-Goff, C., Fujino, S., Goff, J., Jaffe, B., Nishimura, Y., Richmond, B., Sugawara, D., Szczuciński, W., Tappin, D. R., Witter, R. and Yulianto, E.（2011）New insights of tsunami hazard from the 2011 Tohoku-oki event. *Marine Geol.*, **290**, 46-50.

Hiscott, R. N. (1994) Loss of capacity, not competence, as the fundamental process governing deposition from turbidity currents. *J. Sediment. Res.*, **A64**, 209-214.
伊勢屋ふじこ（1982）茨城県，桜川における逆グレーディングをした洪水堆積物の成因．地理学評論，**55**，597-613.
石垣朝子・伊藤　慎（2000）ハンモック状ベッドフォームのサイズ分布―千葉県北東部，下部白亜系銚子層群を例として．地質学雑誌，**106**，472-481.
Johnson, K. S., Paull, C. K., Barry, J. P. and Chavez, F. P. (2001) A decadal record of underflows from a coastal river into the deep sea. *Geology*, **29**, 1019-1022.
Kneller, B. (1995) Beyond the turbidite paradigm: physical models for deposition of turbidites and their implications for reservoir prediction. Hartley, A. J. and Prosser, D. J. (eds.) Characterization of Deep Marine Clastic Systems. *Geol. Soc. London, Spec. Pub.*, **94**, 31-49.
公文富士夫・立石雅昭編（1998）新版 砕屑物の研究法．地学双書29，地学団体研究会，399p.
Lowe, D. R. (1976) Grain flow and grain flow deposits. *J. Sediment. Petrol.*, **46**, 188-199.
Lowe, D. R. (1982) Sediment gravity flows: II Depositional models with special reference to the deposits of high-density turbidity currents. *J. Sediment. Petrol.*, **52**, 279-297.
増田富士雄・伊勢屋ふじこ（1985）"逆グレーディング構造"：自然堤防帯における氾濫原洪水堆積物の示相堆積構造．堆積学研究会報，22/23，108-116.
増田富士雄編（2001）波浪堆積構造．堆積構造入門シリーズ（1），堆積学研究会，176p.
Middleton, G. V. and Hampton, M. A. (1976) Subaqueous sediment transport and deposition by sediment gravity flows. Stanley, D. J. and Swift, D. J. P. (eds.) Marine sediment transport and environmental management, Wiley, New York, 197-218.
Mulder, T. and Syvitski, J. P. M. (1995) Turbidity currents generated at river mouths during exceptional discharges to the world oceans. *J. Geol.*, **103**, 285-299.
Mulder, T. and Alexander, J. (2001) The physical character of subaqueous sedimentary density flows and their deposits. *Sedimentol.*, **48**, 269-299.
Mulder, T., Migeon, S., Savoye, B. and Faugères, J. C. (2001) Inversely graded turbidite sequences in the deep Mediterranean: A record of deposits from flood-generated turbidity currents? *Geo-Marine Lett.*, **21**, 86-93.
Mulder, T., Syvitski, J. P. M., Migeon, S., Fauge`res, J.-C. and Savoye, B. (2003) Marine hyperpycnal flows: initiation, behavior and related deposits. A review. *Marine Petrol. Geol.*, **20**, 861-882.
成瀬　元・田村　亨・増田富士雄（2001）高密度タービダイト：堆積過程と堆積構造．成瀬　元・田村　亨・久保雄介・増田富士雄編：重力流堆積物とその構造．堆積構造入門シリーズ（2），堆積学研究会，21-109.
Naruse, H., Fujino, S., Suphawajruksakul, A. and Jarupongsakul, T. (2010) Features and formation processes of multiple deposition layers from the 2004 Indian Ocean tsunami at Ban Nam Kem, southern Thailand. *Island Arc*, **19**, 399-411.
Nemec, W. (1995) The dynamics of deltaic suspension plumes. Oti, M. N. and Postma, G. (eds.) Geology of Deltas, A. A. Balkema, 31-93.
日本地質学会フィールドジオロジー刊行委員会編（2004）堆積物と堆積岩．共立出版，171p.
日本第四紀学会電子出版編集委員会編（2010）デジタルブック最新第四紀学．日本第四紀学会.

齋藤　有・田村　亨・増田富士雄（2005）タービダイト・パラダイムの革新的要素としてのハイパーピクナル流とその堆積物の特徴．地学雑誌，**114**，687-704.

坂倉範彦（2004）潮汐環境の堆積物：日本の干潟の理解へ向けて．化石，No. 76，48-62.

Sedgwick, P. E. and Davis, R. A.（2003）Stratigraphy of washover deposits in Florida: implications for recognition in the stratigraphic record. *Marine Geol.*, **200**, 31-48.

Sohn, Y. K.（2000）Depositional processes of submarine debris flows in the Miocene fan deltas, Pohang Basin, SE Korea with reference to flow transformation. *J. Sediment. Res.*, **70**, 491-503.

鈴木一久（2000）洪水氾濫の堆積学：礫質河川野洲川における交互砂州堆積物の形成史と堆積機構．地団研専報，**48**，69p.

平　朝彦（2004）地質学2 地層の解読．岩波書店，441p.

海津正倫（1994）沖積低地の古環境学．古今書院，272p.

海津正倫編（2012）沖積低地の地形環境学．古今書院，188p.

Walker, R. G., Duke, W. L. and Leckie, D. A.（1983）Hummocky stratification: Significance of its variable bedding sequences: Discussion and reply. *Geol. Soc. Amer. Bull.*, **94**, 1245-1251.

八木下晃司（2001）岩相解析および堆積構造．古今書院，222p.

9
津波の規模の復元

　津波堆積物の研究は，それを地層中から認定しただけで終わりではない．有史以前にまで遡って海溝型地震や津波の発生時期を解明したり，さらには過去に起きた地震や津波の規模の解明へと発展している．これには，堆積物から津波の規模（遡上範囲など）を復元する方法の構築が課題となっている．

9.1　津波の高さなどの定義

　津波の規模を表す指標に，津波の高さと遡上範囲がある．津波の高さには「波高（wave height）」，「浸水高（inundation height）」，「遡上高（run up height）」の3種類の定義がある．これは語感が似ているが意味が異なるので，ここでは気象庁の用語を元に，東北地方太平洋沖地震津波合同調査グループが整理したものを図9.1に示す．

津波波高：検潮所や沖合の波高計で計測された津波の高さで，津波で海面が

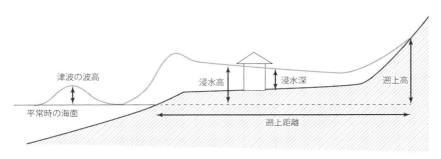

　図9.1　津波の高さの定義（東北地方太平洋沖地震津波合同調査グループが気象庁の用語を元に整理したもの）

図 9.2 道路のトンネルに残されたウォーターマーク（water mark）（九十九里海岸南部，2011 年 6 月撮影）
右手で指さしているところの標高が浸水高，道路面からの高さが浸水深を示す．

盛り上がった高さを表している．気象庁発表の津波観測記録はこの値が用いられる．

浸水高：陸上での津波の高さを表す．ウォーターマーク（water mark：構造物に残った水の跡）などで測定されることが多い（図 9.2）．観測点の地面を基準とした値は浸水深と呼ばれる．

遡上高：津波が陸上を遡上して最高点に達した高さ．津波直後の調査では，津波の先端に残されたデブリ層（図 4.7）などを使って調べることが多い．

津波の高さは，津波が到達した時の海面水位を基準として定義するのが一般的である．これは潮汐による水位変動を除いて，津波による正味の海面上昇を論じるためである．現地調査では T.P.（Tokyo Peil：東京湾平均海面）などを基準に津波の高さを測量し，後で津波到達時刻での潮汐を補正して津波波高，浸水高，遡上高を計算する．これを潮位補正という．

遡上範囲は津波で浸水した範囲と同義であるが，津波が最も内陸奥深く侵入した距離という意味では，遡上限界という用語を使う．遡上範囲は空中写真や衛星画像からもある程度推定できるが，正確を期すためには現地調査が

9.1 津波の高さなどの定義──241

必要である．谷地形の場所などでは津波が低いところに沿って浸水するので，ある地域全体で見ると，遡上高が一番高い地点と遡上距離が一番長い地点は一致しないこともある．

　検潮所は数が限られているし，津波で破壊されてしまうこともあるので，津波の高さなどの分布を広範囲にわたって詳しく知るには，津波の痕跡を調査することが重要になる．こうしたデータは，被害状況の把握だけでなく，津波を起こした地震がどういうものであったか（どのような断層がどれくらいずれ動いたか）を復元するのにも使われる．

9.2　古津波の規模を推定する

　上記の津波規模の指標のうち，古津波堆積物から推定できるのは，遡上高と遡上範囲（遡上距離）である．ここではその例を見てみよう．津波波高や浸水深を堆積物から直接に求める方法はまだ得られておらず，研究中のテーマである．

9.2.1　遡上範囲の推定と地震・津波規模の復元

　津波堆積物から津波の遡上範囲を推定し，さらに津波を起こした地震の断層モデルを構築するまでの作業の流れを図9.3に模式的に示した．遡上範囲の推定でまず行うのは，①のように津波が起きた当時の海岸線位置の復元である．過去と現在では地形が異なるので，遡上距離の計測は津波が起きた当時の海岸線を基準に行う必要がある（詳細は後述）．海岸線の復元は，地層の年代測定，遺跡の分布と年代のほか，古絵図なども使って行う．

　次に，②のように海岸から内陸方向に設けた測線に沿って，コア試料や発掘ピットを使って津波堆積物を追跡し，遡上の先端を探索していく．いくつもの測線で調査を行うことで，平野内での遡上範囲が復元される．堆積物から遡上範囲が復元されると，③のように津波遡上計算を行って，その遡上範囲を説明できる津波を起こす断層モデルを探索する．計算に使う地形データは，津波が発生したときの海岸線位置を考慮し，さらに防波堤などの人工物を削除したものを用いる．この段階では断層の位置，角度，長さ，幅，すべ

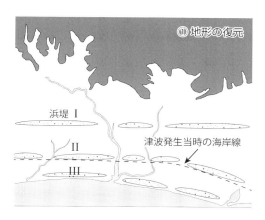

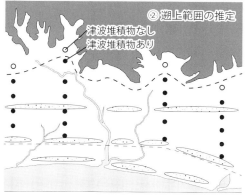

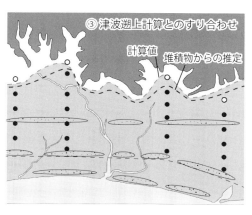

図 9.3 津波堆積物から津波規模を推定する手順（藤原, 2013 の第 2 図を改変）

9.2 古津波の規模を推定する——243

り量を変えながら，津波堆積物から復元された遡上範囲を最もよく説明できる断層を絞り込んでいく．

①と②はフィールド調査（地形学や地質学）を主とする部分，③は地震学や地球物理学と連携する部分である．津波の遡上範囲や高さは海底や海岸の地形によって大きく変わるので，地形条件の異なる調査地を増やしていくことで，より正確な津波の規模や断層モデルの復元ができるようになる．このような方法で行われた研究としては，国内では北海道における連動型地震の解明（Nanayama et al., 2003）や，仙台平野における869年貞観津波の遡上範囲や断層モデルの研究（佐竹ほか，2008；行谷ほか，2010；Sawai et al., 2012）がある．

1) 千島海溝における連動型地震

北海道東方の千島海溝で起きた連動型地震による津波堆積物が，北海道東部の湿地などの地層から見つかっている．それが示す津波の遡上距離は，歴史上知られているM8クラスの津波に比べて数倍も大きい．このような連動型地震は500年程度の間隔で繰り返しているとされ，最近では17世紀前半に発生したと考えられている（中央防災会議，2006）．北海道東部では人工改変されていない自然状態の広い湿地が広がり，津波堆積物の内陸への広がりから津波の遡上範囲を推定するのに適していた．また，北海道には活火山がいくつも分布し，噴火時期が特定されている火山灰層が何層も分布することも，津波堆積物の年代推定と平面的な分布の追跡に適していた．上述の巨大津波の発生時期が17世紀前半と推定されたのは，この津波堆積物の直上を樽前火山から噴出したTa-b火山灰（1667年）やTa-a火山灰（1739年）が覆うことによる．

多数の地点での掘削調査によると，17世紀前半の巨大津波が残した砂層は，海岸から4km近く内陸まで入り込んでいた．また，海成段丘上に打ち上がった堆積物（図4.19）の分布から，海岸での津波は最も高かった場所では15mを超えたと考えられる（平川ほか，2000，2005）．

17世紀前半の津波堆積物が示す津波の遡上範囲や高さを説明するには，歴史上知られる地震の震源が単独で破壊するのでは無理で，複数の震源が同

時に破壊する必要があり，その規模はM_w8.4程度と推定された（Nanayama et al., 2003；佐竹・七山，2004）．この地震規模は北海道東部沿岸では歴史上最大規模で，人命や家屋に大きな損害を与えた1952年十勝沖地震（M_w8.1）よりもかなり大きいことになる．

2）869年貞観津波

貞観地震は平安時代前期に東北地方の太平洋沖で起きた巨大地震である．平安時代に編纂された歴史書である『日本三代実録』によれば，仙台平野では貞観十一年五月二十六日（ユリウス暦869年7月9日）の夜に大津波が来襲し，当時の国府の一つであった多賀城（現宮城県多賀城市）の城下では津波による溺死者1000人など，大きな被害があったとされる．『日本三代実録』でいう城下が多賀城のことを指すと指摘したのは吉田（1906）で，これが貞観津波を科学的（歴史的）に考察した最初の仕事である（これについては渡辺，2011が解説している）．歴史研究によれば，奥州から北関東までの広い範囲で津波があったことは知られていたが，それが具体的にどのような津波であったかは，津波堆積物の調査が進むまでわからなかった．

津波が起きた当時の海岸線の位置の推定は，貞観津波堆積物のすぐ上位に重なる915年に十和田カルデラから噴出した十和田a火山灰の分布などに基づいている．火山灰は陸には降り積もるが，浅い海であった場所では波で洗われて明瞭な火山灰層が残らない．十和田a火山灰が分布する海側の限界点が，当時の海と陸の境界にほぼ相当すると考えて旧海岸線が復元された．こうして復元された海岸線は，現在の海岸線よりも約1 kmも内陸にあったことが判明した（澤井ほか，2008など）．十和田a火山灰と貞観津波堆積物をセットで海岸から内陸へ追跡することで，貞観津波の浸水範囲が徐々に解明され，津波は場所によっては当時の海岸線から内陸に3-4 kmも遡上したことが明らかにされた（たとえば，宍倉ほか，2007；Sawai et al., 2008；澤井ほか，2008）．Sawai et al.（2012）では，目視で確認できる砂質の津波堆積物の分布範囲を基に貞観津波の遡上範囲が平面的に復元されたが，それには延べ400地点もの掘削地点のデータが使われている．

津波遡上計算と津波堆積物の分布を比較していくと，明治三陸地震のよう

にプレート境界のうち海溝付近の浅い部分のみがすべる場合や，昭和三陸地震のように海溝の外側（太平洋側）で発生する正断層による地震（アウターライズ地震）では大きな津波を起こせても，津波堆積物の分布を説明するには遡上距離が足りなかった．津波堆積物の分布を説明する断層モデルは，佐竹ほか（2008）と行谷ほか（2010）で検討され，地震の規模としては少なくとも $M_w 8.4$ と推定されていた．この結果は Sawai *et al.*（2012）によって再検討が行われ，貞観地震のモデルとしては長さ 200 km，幅 100 km の断層面が平均して 7 m すべり，マグニチュードは $M_w 8.4$ と求められた（震源域は図 3.6 におおよその範囲を示している）．この値は 2011 年の地震（$M_w 9.0$）に比べるとかなり小さいが，それでも宮城県沖で想定されていた海溝型地震（地震調査研究推進本部，2009）の規模が M 7.8-8.1 程度であったのに比べれば相当大きい．貞観津波については，その後の見直しで規模が少なくとも $M_w 8.6$ に引き上げられた（第 10 章参照）が，さらに三陸海岸での津波堆積物の調査が進んでそこでの津波の高さなどが判明してくれば，地震の規模はより大きく評価されるかもしれない．

9.2.2 地形の復元が必要なわけ

　古津波が起きた時代と現在とでは，海岸の地形が異なり，時代が古くなるほどこの違いは大きくなる．このため，津波堆積物から津波の遡上距離を復元するには，津波が発生した当時の海岸線を基準にする必要がある．この問題については藤原（2013）でも紹介したが，もう少し詳しく解説する．

1）　海岸の前進

　図 9.4 は図 9.3 に示した低地を海—陸方向で横切る断面である．波浪が卓越する海岸低地には浜堤や砂丘が作る高まりと，その間の低湿地（堤間湿地）が繰り返し分布することが多い．こうした低地は浜堤列平野と呼ばれる．浜堤列は堆積物で海が埋め立てられて平野が広がる過程でできたもので，かつての海岸線の位置を示しており，内陸側のものほど古く海側へ順次新しくなる．各砂丘や浜堤が示す海岸線の年代は，地層の年代測定結果，遺跡の時代と分布，あるいは古絵図などを手掛かりに推定する．

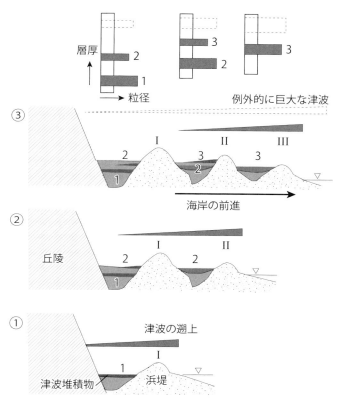

図 9.4 浜堤列平野の地形発達と津波堆積物の保存との関係（藤原，2013 の第 3 図）

　この海岸が広がる速さは相当大きくて，日本の沖積平野では海面が現在よりも数 m 高かったとされる約 7000 年前以降，場所によっては数 km も平野が海側へ広がっている．海岸線が海側へ広がる速さは一定ではなく，森林伐採などで山地が荒廃して河川から流出する土砂が増えた時期（およそ中世から 20 世紀の初めまで）には海岸が大きく前進した地域が多い．逆に，山地で植林が進み，さらに砂防ダムや貯水ダムが流域に多数建設されて以降は，河川からの土砂供給が激減したため，海浜が痩せてしまった地域もある（たとえば，太田，2012）．

　では，このような海岸の前進を考慮しないとどういう問題があるかを具体

的に解説しよう．図9.4には地形の発達と関連して，津波堆積物が保存される様子を示した．①から③へ時代が新しくなる．①は海岸が内陸に入り込んでいる時代で，まだ平野が狭く浜堤が1列しかない．右から左へ薄くなるくさびは，遡上過程での津波の浸水深やエネルギーの減少を示している．津波堆積物の厚さや粒径の変化と読み替えることもできる．津波は狭い平野を満たして丘陵の麓まで浸水し，津波堆積物1を形成した．②は浜堤が2列になった時代である．前回と同じ規模の津波が起こった（くさびの幅は①と同じ）とすると，浜堤ⅠとⅡは冠水するが津波は丘陵までは届かない．津波堆積物2は内陸へ薄くなりつつ浜堤Ⅰのすぐ陸側まで形成された．③は浜堤が3列に増えた時代である．海岸が遠のいているため，同程度の規模の津波であれば，浜堤Ⅰの麓までしか浸水せず，津波堆積物3は浜堤ⅠとⅡの間の低地までしか残らない．なお，津波堆積物は沿岸の海底にも形成されるが，波浪などの作用で急速に崩されてしまうことが多く，地層には残りにくい．

　図9.4の上段には，3つの堤間湿地で得られる柱状図を描いた．一番内陸側の堤間湿地では，海岸が内陸に入り込んでいた古い時代の津波堆積物1，2だけが見られ，一番新しい津波堆積物は認められない．真ん中の堤間湿地では新しい方の2つだけが認められる．一番海側の堤間湿地では，この地点が陸地になって以降に堆積した新しい津波堆積物3だけが認められる．このように，平野が広がるにつれて，津波が届いた範囲にだけ津波堆積物が保存されるので，時代が若い津波堆積物ほど分布が海側にシフトする．個々の堤間湿地で見ると，新しい（上位の）津波堆積物ほど薄く細粒になるのが一般的である．これも，時代とともに平野（つまり自然の防波堤）が広がり，調査地点がより内陸に位置するようになった結果である．

　津波の規模が時代によって顕著には変わらないならば，新しい時代ほど津波堆積物の分布は海側に寄り，同じ地点で見ると新しい津波堆積物ほど薄く細粒になる．このことを理解していれば，内陸奥深い地点から古い時代の津波堆積物が見つかったとしても，それは当時の海岸が内陸に入り込んでいたからで，必ずしも遡上距離が大きい訳ではないことが判断されるだろう．もし仮に，津波発生時の海岸から計測しても通常より極端に遡上距離の大きな津波堆積物が見つかったなら，その場合に初めて超巨大な津波が発生してい

たと言える．その例を図9.4③の上部と柱状図に点線で描いた．

2) 海岸砂丘の成長

　海岸は時間とともに水平方向に移動するだけでなく，垂直方向にも変化がある．平地が狭い海岸では，内陸への遡上の様子を追跡できない代わりに浜堤や砂丘などで閉塞された湖沼に流入した津波堆積物の研究が行われる．その場合は，砂丘などの成長が津波規模の推定に影響を与える．図9.5は湖沼を海から隔てる海岸砂丘の成長を模式的に示している．この図では，高い砂丘がいきなりできるのではなくて，風や大波の作用で砂が運ばれて次第に高くなっていく．①は砂丘の形成初期でまだ低い状態である．この時期には比較的小さな津波や高潮であっても砂丘を乗り越えて陸側に堆積層を残しやすい．②になると砂丘が高くなった分，相対的に大きな津波や高潮しか越えられなくなる．③のように砂丘が高くなると，巨大な津波でなければ越えられなくなる．砂丘を越流する流れが速く深いほど，砂丘を侵食する量が多くなって，陸側に堆積する砂層も厚くなる．同じ規模の津波でも，砂丘が低い時代には厚い津波堆積物ができやすく，砂丘が高くなると津波堆積物は形成されにくくなり，形成されても薄くなる．

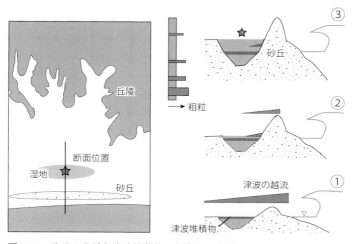

図9.5　砂丘の成長と津波堆積物の保存との関係

図 9.5 の柱状図では，上位ほど津波堆積物が薄く細粒になること以外に，挟在する頻度が低くなることを示している．これは砂丘が高くなるにつれて，相対的に大きな津波しか堆積層を残せなくなることを示している．大規模な津波ほど一般には発生頻度が低いので，砂丘の成長と共に津波堆積物が形成される頻度も低下して見える．

3) 津波規模のバリエーション

　津波の規模は地震ごとにばらつきがあるのが普通である．次に，このような津波規模の大小を推定することを考えてみよう．津波堆積物から個々の津波の大きさを直接求めることは困難であるが，津波の相対的な大小を推定することはできる．

　その例として，北海道の十勝海岸で「500 年間隔地震」に関する平川 (2013) の考察がある．十勝海岸では広い自然の湿地が残されており，そこに過去 6500 年以上にわたって堆積した多数の津波堆積物が残されている．海岸から内陸へ向かう側線に沿って，多数の地点で掘削調査や露頭調査によって津波堆積物を追跡することが行われた．この追跡作業には，降下年代が明らかな火山灰や年代測定値も援用された．この研究の要点を図 9.6 に示した．これは海岸から内陸へ向かって，得られた柱状図を並べたものである．白抜きのボックスや線で示した 1-7 が津波による砂層，A-C は火山灰層である．実際にはより多くの津波堆積物や火山灰層が報告されているが，ここでは簡略化している．海岸近くでは泥炭層中に津波堆積物が 7 層認められる．津波堆積物は火山灰層 A と B の間には 3 枚，火山灰層 B と C の間には 2 枚，火山灰層 C の下位にも 2 枚が認められる．個々の津波堆積物は内陸へ薄く細粒になっていく．

　重要な点は，津波堆積物のなかには内陸奥深くまで連続するものと，途中で消えてしまうものがあることである．上から 4 番目の津波堆積物は，海岸から 3 番目の柱状図まで認められるが，それより内陸では認められない．上から 3 番目と 6 番目の津波堆積物は海岸から 4 番目の柱状図までで消えてしまう．内陸へ行くほど確認できる津波堆積物の枚数は少なくなり，最も内陸側の柱状図で認められるのは，上から 2 番目の津波堆積物だけになる．時代

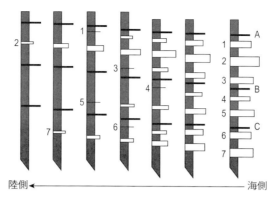

図 9.6 津波堆積物が示す津波の遡上範囲のバリエーション（平川，2013 を元に作成）

とともに海岸の位置や海岸を縁取る砂丘・浜堤の高さが変わり得るので単純な比較はできないが，この図からは上から 2 番目の津波が最も遡上距離が大きかったと考えることができる．各津波堆積物が示す遡上距離の比較から，津波の規模はバリエーションがあることが推定される．

上記のような地形発達を考慮した遡上距離の推定には，農耕や市街地化などの影響が少ない広い低地が必要である．このため上述した北海道や仙台平野以外では事例が少ない．南海トラフの沿岸では，志摩半島（藤野，2013；藤野ほか，2008）や浜名湖東岸（藤原ほか，2013）で古津波堆積物から遡上距離を調査した例があるが，それらは小規模な谷地形に沿った調査である．今後は平野部での面的な調査も望まれる．

9.2.3 遡上高の推定

津波の高さは海底や海岸の地形の影響で局地的な変化が大きいので，津波の規模を復元するには，遡上距離を使った方が適している．しかし，平地が狭い海岸では，遡上距離の復元はできない．津波が規模にかかわらず内陸の縁（丘陵の麓など）に達してしまって（言わば「飽和」していて），遡上距離の比較ができないからである．このような海岸では，地形や堆積物を使って遡上高を復元することが試みられてきた．

一つの例は，段丘に駆け上がった津波痕跡の調査である．北海道東部の太平洋岸では，後期更新世以降の段丘がよく発達している．その高さは場所によって異なるが，5m程度から数十mを超えるところもある（小池・町田，

　図9.7　砂丘に残された津波の遡上痕（茨城県神栖市，2011年3月12日）
　　上：砂丘の鞍部を津波が通過した跡．津波は写真手前にある海から，奥へと越流した．
　　下：遡上した津波が砂丘の陸側斜面を流下した跡．

2001).また,場所によっては高さの異なる段丘が何段も分布し,海岸に雛壇のような地形を作っていることもある.こうした海岸に津波が来襲すると,津波が段丘崖を超えたところでは段丘の上に津波堆積物が残る.段丘崖の方が津波より高ければ,段丘上には津波堆積物は残らない.こうして,津波堆積物が覆ううちで一番高い段丘の高さを測れば,津波の最大高をおよそ知ることができる.これは正確には津波の最大高ではなく,少なくともこの高さまでは砂などを動かす強さの波が打ちあがったという意味である.こうした方法で,平川ほか(2000, 2005)は完新世の津波堆積物を使って海岸での津波の高さを推定した.それによれば,「500年間隔地震」の最終イベントである17世紀の超巨大津波の高さは,最大で15 m以上もあったと推定されている.

現世津波の例では,海岸砂丘などに残されたデブリ層や流水の痕跡も遡上高の推定に利用できる.図9.7は2011年東北沖津波の際に九十九里海岸の砂丘で見られた遡上の痕跡である.ここでは津波は砂丘の高い部分は越えられなかったが,鞍部を越えて内陸へ流れ込んだ.上段の写真では,津波が流れた部分では,津波前に砂丘表面にあった風紋や足跡が消されて滑らかになっている.その上位には流れから飛び散った水滴の跡が点々とついている.水面の高さ(遡上高)は,滑らかな部分と水滴の跡がある部分の境界である.下段の写真のように,砂丘表面を海水が流れたさまざまな構造も見られる.このような流れの痕跡は,雨や風ですぐに失われてしまうが,条件によっては古津波堆積物にも利用できる機会があるかもしれない.

さらに,地殻変動が活発な場所で数百年,数千年の時間を扱う古津波堆積物の研究では,地殻変動による隆起や沈降による海岸の標高変化が無視できない量になる.遡上高などの正確な復元にはその補正が必要になる.

9.2.4 流速や浸水深の推定

遡上した津波の流速や浸水深は,津波が物体や構造物に及ぼす力に関係するので,堆積学だけでなく,防潮堤や津波対策用の建造物の安全性評価のためにも重要な情報である.もし津波堆積物から流速や浸水深が推定できるならば,古津波堆積物から過去の津波を復元し,さらに将来の防災計画への貢

献に期待が持てる．

1) 流速の推定

　津波による遡上流の流速を計測した例は少ないが，2004年インド洋大津波や2011年東北沖津波では，ビデオ映像などから推定された例がある．仙台空港付近を遡上する2011年東北沖津波を撮影したビデオ映像の解析によって，Goto et al.（2011）は海岸から1.1-2.1 kmの間の平均流速を4 m/s（～14 km/h）と計算した．Foytong et al.（2013）はビデオ映像の解析により東北地方太平洋岸の10カ所から2011年東北沖津波が起こした遡上流の速さを示しており，それによれば大きなもので6 m/s，小さいものでも1.5 m/sの値が推定されている．宮古市で撮影された連続写真の解析からは，リアス式の湾に波頭が侵入してくる速さが32 m/s（115 km/h）にも達したことが判明している（大石，2011）．戻り流れについては，やはり2011年東北沖津波の例であるが，気仙沼湾で約11 m/sの値が報告された（Fritz et al., 2012）．

　このような流速を堆積物から復元できるであろうか？　陸上での流速は，海岸からの距離，地形，地面との摩擦力などによって大きく変わるので，津波堆積物から津波の流速を求めることは難しい．すでに紹介したように，津波石は単体の物体として扱えるので，それを動かすのに必要な流速を計算することが比較的容易である（たとえば，今村・後藤，2007；Goto and Imamura, 2007；後藤，2012）．一方，砂粒子など細粒粒子の集合体からなる津波堆積物については，より複雑なプロセスが絡むために，計算によって流速を求めることは難しい．現世津波堆積物の粒径や層厚を計測し，その地点で推定された流速との関係を求める試みも行われている（Jaffe and Gelfenbuam, 2007；Jaffe et al., 2012）が，必ずしもうまくいっているとは言えない．一つには第4章で紹介したように，津波堆積物の層厚は微地形やベッドフォームなどの影響で短距離の間に大きく変化することが上げられる．

　津波堆積物から流速を復元できる可能性がある方法の一つは，ベッドフォームを使うことである．水槽や水路を使った実験からは，リップルやデューンのサイズや形態は流れの速さ，深さ，堆積物の粒径等と関係があることが知られている．ほかの条件が一定であれば，流速が大きくなるにつれて安定

的に形成されるベッドフォームは，リップル，デューン，プレーンベッドの順に変わっていく．このことは，デューンやリップルを作るような砂質堆積物については，堆積構造と構成粒子のサイズがわかれば，定性的（あるいは相対的）にではあるものの，それを形成した流れの速さを推定できることを示している．ただし，これはあくまでも定性的な推定であって，流速の絶対値を求めることはできない．

　第6章で述べたように，2011年東北沖津波は仙台空港付近に多数のデューンやアンチデューンと考えられるベッドフォームを残した（Fujiwara and Tanigawa, 2014）．これらは中粒〜細粒砂から形成されているので，水路実験の結果（たとえば，Southard and Boguchwal, 1990）と比較すると，アンチデューンを形成した流れは少なくとも1.8 m/s程度はあったと推定される．しかし，これはビデオ映像から推定された値よりもずいぶん小さい．流速が速いうちは砂粒子などの小さく軽い粒子は流されてしまい，堆積はほとんど起こらない．つまり流速が一番大きかった時期には，粒子の移動が卓越して津波堆積物が残っていない．砂粒子が堆積してベッドフォームとして残るようになるのは，ある程度流速が低下してからである．このため，砂層など細粒物からなる津波堆積物から得られる流速は，ある意味で下限値であると言わざるを得ない．

　また，流速の推定には移動した物質の形状や密度も考慮する必要がある．たとえば，2011年東北沖津波では，図4.21のように道路のアスファルト舗装が捲れているのがよく見られた．これは，水流がアスファルトの下に潜り込んでそれを浮かせてしまい，破砕することなく下流側へ押し流したものである．路肩を壊してアスファルトの下に浸入する水流の衝撃力だけでなく，重いアスファルトを浮遊させて運ぶ力も関係していると思われる．古津波堆積物でも，平たい大きな粘土礫が含まれることがあり（平川・原口，2001），これと同じような状況が発生したことを思わせる．

2）浸水深の推定

　津波堆積物の層厚から津波の浸水深がわかるかという議論が以前からある．もしそれが可能であれば，古津波堆積物の遡上先端をボーリングなどによっ

て内陸へ追いかけ，遡上距離を求めるという大変な作業をしなくても，津波規模を効率的に復元できるだろう．しかし，日本や世界の事例を整理すると，浸水深が数 m 以上あっても，堆積物の層厚は数 cm からせいぜい数十 cm である（たとえば，首藤，2007）．2004 年インド洋大津波で浸水深が 25 m，流速が 10 m/s 以上と推定されるインドネシアのバンダアチェの近くでさえ，堆積物の層厚はせいぜい 80 cm であった（Moore et al., 2006）．2011 年東北沖津波の例では，著者の経験では浸水深が 2 m 近い地点でも，残された砂層の厚さは数 cm ということもあった（宍倉ほか，2012）．

　ところが，2011 年東北沖津波で仙台平野に堆積した津波堆積物について，画期的な成果が Goto et al. (2014) によって報告された．この研究では平野のほぼ全域から集められた約 1300 地点の津波堆積物の層厚データが使われている（津波直後に行政組織によって仙台平野と石巻平野の津波浸水域のほぼ全域で集められた約 1270 点と，論文の著者ら自身のデータ）．GIS システムを使って平野を一定の大きさのマス目（50 m 四方と 100 m 四方）に区切り，津波の浸水深（ここでは流れの深さ：flow depth）と津波堆積物の層厚との関係が処理された．その結果，浸水深と津波堆積物の層厚はいずれも内陸側へ減少すること，また，層厚は浸水深のおよそ 2% に当たることが明らかになった．

　この 2% という値は，十分な堆積物供給があった場合に，津波の流れに浮遊して運ばれる堆積物粒子の飽和濃度（より正確には飽和濃度が取り得る最頻値）に相当する．これは第 8 章で解説した流れのキャパシティと近い概念である．層厚と浸水深の間にこのような「シンプルな」結果が得られたのは，仙台平野では地形が非常に平坦で，砂浜（砂丘を含む）などから十分な堆積物供給があり，津波の遡上プロセスも比較的単純だった（第 1 波が最大で，これでほとんどの堆積が起きた．また，戻り流れが弱く，津波堆積物の再移動が少なかった）ためと，論文の著者たちは述べている．この研究は非常に示唆に富んでいるが，「2% ルール」がほかの地域でも当てはまる訳ではない．地形や堆積物供給の条件などが地域ごとに異なるからである．

　この研究は，平野を面的に覆うほどの大量のデータがあればこそできたものである．一般的には観察地点が少ないので，このような処理はできないだろう．たとえば，津波堆積物の層厚は局地的な地形・人工物（たとえば，

Hori *et al.*, 2007；Richmond *et al.*, 2012）やベッドフォームの影響（Fujiwara and Tanigawa, 2014）によってわずかな距離でも大きく変わるので，観察ポイントが少ないと誤った結果につながる．直感的には，ほかの条件が同じなら津波堆積物が厚いほど相対的に津波が大きかったと思えてしまう．しかし，上記の海岸の地形発達による見かけの津波規模の違いや，津波堆積物の層厚が諸条件によって大きく変化することを考えると，そう単純にはいかないことがわかる．

コラム7　津波堆積物の層厚は津波規模を表すか？
――元禄と大正の関東地震による津波堆積物の例

　津波堆積物の層厚が必ずしも津波の規模の大小を反映していないという問題について，図5.3に示した関東地震の例を使って再度検討しよう．この図では1本のコアの下部に厚い元禄津波堆積物が，上部に薄い大正津波堆積物が見られる．2つの津波堆積物は多重級化構造を構成する砂層の枚数も大きく異なる．元禄津波堆積物を構成する砂層は少なくとも7枚あり，遡上と戻り流れが何度も繰り返したことを記録している．一方，大正津波堆積物は，1回の遡上流と戻り流れを記録した砂層のみからなる．これだけ見ると，元禄津波が大正津波に比べて非常に大きかったと直感する．確かに，試料を採取した地域では元禄津波の最大高（遡上高）は5.6 m，大正津波のそれは1.8 mと推定されている（羽鳥，1976）．これは地震隆起による海岸の標高の変化を補正した値である．

　しかし，2つの津波堆積物の間の層厚や記録された波の回数の違いは，津波の規模だけを反映しているわけではない．正確な議論のためには津波が起きたときの地形と海岸線の位置を考慮する必要がある．試料の採取地点（図5.2 A）は，元禄地震による隆起で浅い海から陸になった（元禄段丘）．元禄津波は離水したての標高の低い海浜に来襲した．そこには波を弱める砂丘もなかった．このため，津波は障害なく何度も海浜に遡上でき，多数の砂層の累積からなる津波堆積物を残したと考えられる．歴史記録によると，元禄地震の際には東京湾には4回から7回の大波が押し寄せたとされる（羽鳥，2006）．すべての遡上と戻り流れが堆積層として保存されれば，元禄津波堆積物の内部には8枚から14枚の砂層の累積が期待される．後続

波による侵食などを考えると，7枚の砂層を持つ元禄津波堆積物は，津波の状況をかなりよく記録していると言える．

一方，大正津波が来襲したときには，海岸の地形は現在と似た状況になっていて，元禄段丘の海側を縁取る砂丘も発達しつつあった．このため砂丘を乗り越えた相対的に大きい波だけが内陸へ遡上した．掘削地点は大正津波の遡上限界に近いので，ここには最も大きな波だけが到達して堆積物を残したと考えられる．このように，元禄と大正の関東津波による堆積物に見られる層厚などの違いは，波の大小よりむしろ海岸の地形発達の影響が大きい．

第9章引用文献

中央防災会議事務局（2006）中央防災会議「日本海溝・千島海溝周辺海溝型地震に関する専門調査会」日本海溝・千島海溝周辺海溝型地震の被害想定について．79p. http://www.bousai.go.jp/kaigirep/chuobou/senmon/nihonkaiko_chisimajishin/pdf/houkokusiryou1.pdf

Foytong, P., Ruangrassamee, A., Shoji, G., Hiraki, Y. and Ezura, Y.（2013）Analysis of tsunami flow velocities during the March 2011 Tohoku, Japan, Tsunami. *Earthquake Spectra*, **29**, S161-S181. doi: 10.1193/1.4000128.

Fritz, H. M., Phillips, D. A., Okayasu, A., Shimozono, T., Liu, H., Mohammed, F., Skanavis, V., Synolakis, C. E. and Takahashi, T.（2012）The 2011 Japan tsunami current velocity measurements from survivor videos at Kesennuma Bay using LiDAR. *Geophys. Res. Lett.*, **39**, L00G23. doi: 10.1029/2011GL050686.

藤野滋弘，（2013）東南海地域における約4,000年間の津波記録と南海トラフにおける古地震研究の今後の課題．日本地球惑星科学連合2013年大会講演要旨，MIS25-08．

藤野滋弘・小松原純子・宍倉正展・木村治夫・行谷佑一（2008）志摩半島におけるハンドコアラーを用いた古津波堆積物調査報告．活断層・古地震研究報告，No.8，255-265．

藤原　治（2013）地形・地質記録から見た南海トラフの巨大地震・津波（東海地域の例）．GSJニュース，**2**，197-200．

藤原　治・佐藤善輝・小野映介・海津正倫（2013）陸上掘削試料による津波堆積物の解析―浜名湖東岸六間川低地にみられる3400年前の津波堆積物を例にして．地学雑誌，**122**，308-322．

Fujiwara, O. and Tanigawa, K.（2014）Bedforms record the flow conditions of the 2011 Tohoku-oki tsunami on the Sendai Plain, northeast Japan. *Marine Geol.*, **358**, 79-88.

後藤和久（2012）津波石研究の課題と展望II―2009年以降の研究を中心に津波石研究の意義を再考する．堆積学研究，**71**，129-139．

Goto, K. and Imamura, F.（2007）Numerical model for sediment transport by tsunamis. *The Quatern. Res.*（*Daiyonki-kenkyu*）, **46**, 463-475.

Goto, K., Chagué-Goff, C., Fujino, S., Goff, J., Jaffe, B., Nishimura, Y., Richmond, B., Sugawara, D., Szczuciński, W., Tappin, D. R., Witter, R. C. and Yulianto, E.（2011）New insights of tsunami hazard from the 2011 Tohoku-oki event. *Marine Geol.* **290**, 46-50.

Goto, K., Hashimoto, K., Sugawaran D., Yanagisawa, H. and Abe, T. (2014) Spatial thickness variability of the 2011 Tohoku-oki tsunami deposits along the coastline of Sendai Bay. *Marine Geol.*, **358**, 38-48.

羽鳥徳太郎(1976)南房総における元禄16年(1703年)津波の供養碑—元禄津波の推定波高と大正地震津波との比較.震研彙報,**51**,63-81.

羽鳥徳太郎(2006)東京湾・浦賀水道沿岸の元禄関東(1703),安政東海(1854)津波とその他の津波の遡上状況.歴史地震,**21**,37-45.

平川一臣・中村有吾・越後智雄(2000)十勝地方太平洋沿岸地域の巨大古津波.月刊地球,号外**31**,92-98.

平川一臣・原口 強(2001)十勝平野太平洋岸の津波堆積物.活断層研究,**20**,i-ii.

平川一臣・中村有吾・西村裕一(2005)北海道太平洋岸の完新世巨大津波—2003十勝沖地震津波との比較を含めて—.月刊地球,号外**49**,173-180.

平川一臣(2013)津波堆積物を,歩いて,観て,考える.小泉武栄・赤坂憲雄編:自然景観の成り立ちを探る.玉川大学出版部,124-171.

Hori, K., Kuzumoto, R., Hirouchi, D., Umitsu, M., Janjirawuttikul, N. and Patanakanog, B. (2007) Horizontal and vertical variation of 2004 Indian tsunami deposits: An example of two transects along the western coast of Thailand. *Marine Geol.*, **239**, 163-172.

今村文彦・後藤和久(2007)過去の災害を復元し将来を予測するためのアプローチ—津波研究を事例に.第四紀研究,**46**,491-498.

Jaffe, B. E. and Gelfenbuam, G. (2007) A simple model for calculating tsunami flow speed from tsunami deposits. *Sediment. Geol.*, **200**, 347-361.

Jaffe, B. E., Goto, K., Sugawara, D., Richmond, B. M., Fujino, S. and Nishimura, Y. (2012) Flow speed estimated by inverse modeling of sandy tsunami deposits: results from the 11 March 2011 tsunami on the coastal plain near the Sendai Airport, Honshu, Japan. *Sediment. Geol.*, **282**, 90-109.

地震調査研究推進本部(2009)三陸沖から房総沖にかけての地震活動の長期評価(一部改訂).http://www.jishin.go.jp/main/chousa/09mar_sanriku/sanriku_boso_2_hyoka.pdf

小池一之・町田 洋編(2001)日本の海成段丘アトラス.東京大学出版会,105p.

Moore, A., Nishimura, Y., Gelfenbaum, G., Kamataki, T. and Triyono, R. (2006) Sedimentary deposits of the 26 December 2004 tsunami on the northwest coast of Aceh, Indonesia. *Earth Planets Space*, **58**, 253-258.

行谷佑一・佐竹健治・山木 滋(2010)宮城県石巻・仙台平野および福島県請戸川河口低地における869年貞観津波の数値シミュレーション.活断層・古地震研究報告,No. 10,1-21.

Nanayama, F., Satake, K., Furukawa, R., Shimokawa, K., Atwater, B. F., Shigeno, K. and Yamaki, S. (2003) Unusually large earthquakes inferred from tsunami deposits along the Kuril trench. *Nature*, **424**, 660-663.

大石雅之(2011)宮古市重茂半島川代の津波コマ撮り写真と姉吉の最大遡上高.日本地質学会Webサイト http://www.geosociety.jp/hazard/content0054.html

太田猛彦(2012)森林飽和—国土の変貌を考える.NHKブックス,254p.

Richmond, B., Szczuciński, W., Chagué-Goff, C., Goto, K., Sugawara, D., Witter, R., Tappin, D. R., Jaffe, B., Fujino, S., Nishimura, Y. and Goff, J. (2012) Erosion, deposition and landscape change on the Sendai coastal plain, Japan, resulting from the March 11, 2011 Tohoku-oki tsunami. *Sediment. Geol.*, **282**, 27-39.

佐竹健治・七山　太（2004）北海道太平洋岸の津波浸水履歴図．数値地質図 EQ-1，産業技術総合研究所地質調査総合センター．

佐竹健治・行谷佑一・山木　滋（2008）石巻・仙台平野における869年貞観津波の数値シミュレーション．活断層・古地震研究報告，No. 8，71-89.

澤井祐紀・宍倉正展・小松原純子（2008）ハンドコアラーを用いた宮城県仙台平野（仙台市・名取市・岩沼市・亘理町・山元町）における古津波痕跡調査．活断層・古地震研究報告，No. 8，17-70.

Sawai, Y., Fujii, Y., Fujiwara, O., Kamataki, T., Komatsubara, J., Okamura, Y., Satake, K. and Shishikura, M.（2008）Marine incursions of the past 1500 years and evidence of tsunamis at Suijin-numa, a coastal lake facing the Japan Trench. *The Holocene*, **18**, 517-528.

Sawai, Y., Namegaya, Y., Okamura,Y., Satake, K. and Shishikura, M.（2012）Challenges of anticipating the 2011 Tohoku earthquake and tsunami using coastal geology. *Geophys. Res. Lett.*, **39**, L21309, doi: 10.1029/2012GL053692.

宍倉正展・澤井祐紀・岡村行信・小松原純子・Than Tin Aung・石山達也・藤原　治・藤野滋弘（2007）石巻平野における津波堆積物の分布と年代．活断層・古地震研究報告，No. 7，31-46.

宍倉正展・藤原　治・澤井祐紀・行谷佑一・谷川晃一朗（2012）2011年東北地方太平洋沖地震による津波堆積物の仙台・石巻平野における分布限界．活断層・古地震研究報告，No. 12，45-61.

首藤伸夫（2007）津波による地形変化の実例と流体力学的説明の現状．第四紀研究，**46**，509-516.

Southard, J. B. and Boguchwal, L. A.（1990）Bed configurations in steady unidirectional water flows. Part 2. Synthesis of flume data. *J. Sediment. Petrol.*, **60**, 658-679.

渡辺史生（2011）吉田東伍著『貞観十一年 陸奥府城の震動洪溢』．阿賀野市立吉田東伍記念博物館研究概報，No. 1，16p.

吉田東伍（1906）貞観十一年 陸奥府城の震動洪溢．歴史地理，**8**，1-8.

10
津波堆積物研究の今後

　これまで述べてきたように，津波堆積物の研究は2004年インド洋大津波と2011年東北沖津波を経験して，長足の進歩をしている．その状況は後藤（2012）や後藤ほか（2012）に示されたように，2004年インド洋大津波後に津波堆積物に関する論文の出版数が急増していることからもうかがい知ることができる．しかし，津波堆積物の研究自体が始まってから30年足らずの若い研究分野であり，研究者も多くはない．地球科学として，また，防災研究として，津波堆積物研究の課題と展望を述べてこの本を閉じることにしたい．

10.1　分布と年代に関するデータの整備

　第2章の研究史でも述べたが，今後は地球科学の研究対象としてだけでなく，津波堆積物を使って津波の履歴や規模を推定し，地域のリスク管理などに生かしていくことがますます重要になるだろう．

　まず必要となるのは，津波堆積物の分布と年代に関するデータの整備である．これは，津波の繰り返しの間隔や，次の地震・津波がどの程度差し迫っているかを検討し，各地のリスクを評価することに役立つ情報である．後藤ほか（2012）は2011年時点での日本周辺で津波堆積物が報告された地点を地図に示している．これは防災と関連した第四紀より若い時代（大半は完新世以降）の津波堆積物である．これと類似した図が，南海トラフと駿河トラフの沿岸についてKomatsubara and Fujiwara（2007）によって作成されている．その後，データを更新した分布図が相模トラフ周辺（藤原，2012）や東海地域沿岸（北村・小林，2014）について示された．より古い時代まで遡

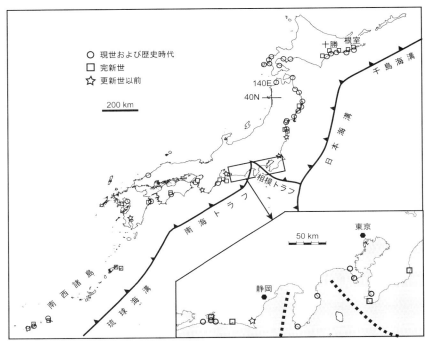

図 10.1 日本列島沿岸で報告された津波堆積物の可能性がある堆積層の分布
(Fujiwara, 2007)

った図も藤原(2004)やFujiwara(2007)が示している(図10.1).

これらの図ではデータが空白な場所も多いが,その理由は当該地域が未調査であることもあれば,調査を行ったが成果が得られていない,あるいはデータが未公表の場合もある.また,図に含まれるデータの品質には大きなばらつきがある.原因となった地震がわかっているものや,堆積学的な特徴が記載されているものはまだ少ない.津波堆積物であると判断した根拠が(今の知識から見ると)不十分なものや,その後の研究で否定的なデータが示されたものもある.それも考慮して,次のことが指摘できる.

まず,データの分布には空間的に非常に偏りがある.北海道太平洋岸,三陸海岸,南海トラフ沿岸などではデータ量が多いが,逆に日本海沿岸,九州・沖縄沿岸では少ない.これは津波堆積物の調査に適した沿岸湖沼や沖積

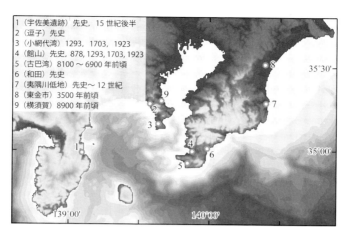

図 10.2 A　相模トラフ周辺で報告された津波堆積物の可能性がある堆積層の分布（藤原, 2012）

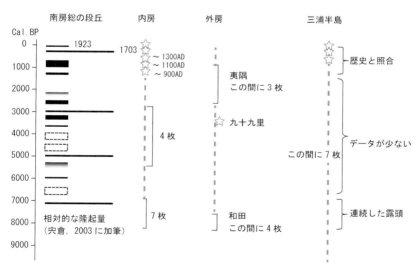

図 10.2 B　房総半島南部に分布する離水海岸地形と津波堆積物（およびその可能性がある堆積層）との関係（藤原, 2012）

　歴史時代には 5 層のイベント堆積物が見られる．上の 2 層は 1923 年大正関東地震と 1703 年元禄地震による津波堆積物．その下のイベント堆積物は 1293 年永仁地震に相当する可能性がある．1100 AD 頃のイベント堆積物は対応する地震が歴史記録になく，ストーム堆積物の可能性が高い．900 AD 頃のイベント堆積物は，時代的には 878 年（元慶二年）相模・武蔵地震と近い．

10.1　分布と年代に関するデータの整備——263

低地がよく発達する地域や，将来の海溝型地震のリスクが高い地域が優先的に調査されてきたことによると思われる．

　図 10.2 A は相模湾周辺で津波堆積物（またはその可能性があるイベント堆積物）が報告された地点（藤原, 2012）であるが，まだ数が少ない．データの分布は時代的にも偏っている．図 10.2 B を見ると，津波堆積物（またはその可能性があるもの）は，10 世紀以降と縄文海進時のものは見つかってきているものの，その間の数千年間はデータが得られていない．これは縄文海進時には津波堆積物の保存ポテンシャルが高い溺れ谷が形成されたことや，房総半島南部では大きな隆起速度のために，溺れ谷の地層を古巴湾や古館山湾の「連続露頭」で観察できるという利点があったためである．完新世中・後期のデータが少ないのは，継続する隆起によって離水した地層が侵食されてしまったことや，津波堆積物の保存ポテンシャルの高い場所が減ったことによる．歴史時代の津波堆積物の報告が少ないのは，人工改変の影響も大きいだろう．

　津波堆積物の調査を巡るこうした状況は，2015 年夏の時点でも大きくは変わっていない．2011 年東北沖地震を受けて，各地で津波堆積物の調査が自治体や国によって行われたので，その成果を反映した分布図や第 2 章で紹介したようなデータベースの拡充が今後行われるだろう．その際には，異なる研究者間でのクロスチェックなどによるデータの品質保証を確保する対策も必要である．

10.1.1　調査地点の確保

　侵食を逃れて保存された津波堆積物を検出するには，隆起が相対的に少ない沖積低地で，地下に埋もれている地層をボーリングなどで採取することが多い．しかし，こうした場所では人工擾乱が激しく，津波堆積物の調査が可能な場所は限られている．古絵図等を用いて，かつて池や沼であった場所など，後年の削剥を受けていない場所を探していくことになる．また，第 5 章で紹介したように段丘を刻む小谷の地層など，これまであまり調査対象としてこなかった場所も改めて調べる必要がある．

　この際に気をつけるべきことは，第 4 章でも紹介したように，津波堆積物

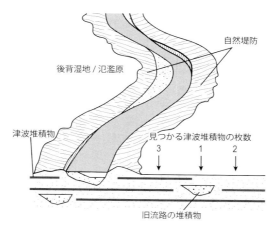

図 10.3 沖積低地の掘削調査で見つかる津波堆積物の数

は一面には形成されないし,厚さの変化も大きいことである.古津波堆積物の場合はなおさらである.調査候補となる場所が見つかっても,1地点や2地点の掘削調査ではすべての津波堆積物を検出することは難しい.このためには多数の調査ポイントが必要である.

たとえば図10.3を見てみよう.沖積低地とその地下に保存された津波堆積物を模式的に示している.河川流路には相対的に粗粒な堆積物が分布しており,河川流路に沿って自然堤防が見られる.自然状態では河川流路は洪水の際に移動することがあるので,低地の地下には放棄された旧流路や自然堤防が埋もれている.流路のなかや自然堤防の高い部分では津波堆積物は残りにくいので,地下では津波堆積物は太線で示したように分布が断続的になる.さらに,後年の侵食のためにこの分布パターンは実際にはより複雑である.図10.3から明らかなように,調査をする場所によって見つかる津波堆積物の枚数は異なる.このことだけを考えても,正確な津波の履歴を知るためには面的な調査が必要なことは明らかであろう.

10.2 津波堆積物の識別

　津波堆積物をほかのイベント堆積物，たとえば，洪水や台風の大波による堆積物といかにして識別するかについて，本書では繰り返し述べてきた．しかし，何か一つで津波堆積物を区別できる「魔法の杖」のような指標は今のところない．津波堆積物の識別問題自体が，今日でも津波堆積物研究の重要テーマである．さまざまな指標を組み合わせて，「津波でなければ説明できない」ことを消去法的に絞っているのが現状である．

　堆積場の復元を前提として，「この特徴が見られたら津波堆積物と考えてまず間違いない」という堆積モデル（内部にマッドドレイプを持つ多重級化構造）も解説した．調査している場所が津波発生時にどういう環境であったかを復元して，その条件下で起こる通常時の堆積プロセスを理解した上で，津波でしか作り得ない特徴が堆積物から読めれば，識別は可能である．それが，津波の長い波長（周期）を記録した「多重級化モデル」とでも言うべきものであった．

　このような堆積環境の復元を前提とした研究では，「地層を見る目」を養うことが最も重要である．自然界にはさまざまな場所と原因でできた地層があるので，それらを実際に自分の目で見て，どういう場所にはどんな地層ができるかを体験することが欠かせない．津波堆積物に限らず，地層の観察では限られたサイズの露頭やコア試料を使わざるを得ないことが多い．実際の地層は空間的（プラス時間的）な広がりを持っているが，それをわれわれは露頭やコア試料などの限られた窓から覗いていることになる．

　観察するスケールによって見えてくるベッドフォームなどが異なる例として，第4章で2011年東北沖津波による堆積物を衛星画像と現地調査とで比較した．空中写真や衛星画像で見るようなスケールでは，波長が数m〜数十mにもなるようなデューンなどが目立つが，陸上を踏査したときに目立つのは，より小さなリップルなどである．大きなベッドフォームなどの形状や配列は，津波の流れの情報をよりよく記録していると思われるが（たとえば，Fujiwara and Tanigawa, 2014），こうした大型の構造は現地調査ではかえって見落としがちである．著者は，衛星画像と現地調査結果を比べて，自分

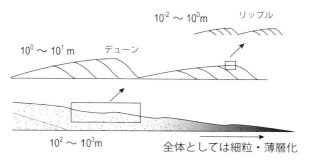

図 10.4　空間スケールによる津波堆積物の見かけの違い

自身が「木を見て森を見ず」の状態になっていたことを反省した.

　図 10.4 では，空間サイズによる津波堆積物の見え方の違いを模式的に示した．図の最下段では陸側へ薄くなるくさび形の津波堆積物の断面を示した．これは $10^2 \sim 10^3$ m のスケールで観察できる特徴である．四角で囲った部分を拡大したのが中段の図で，これは $10^0 \sim 10^1$ m のスケールである．露頭で見られるのはせいぜいこのサイズである．さらに拡大した最上段では $10^{-2} \sim 10^0$ m のスケールとなり，コア試料等ではこのサイズの構造しか観察できない．一続きの津波堆積物であっても，どの部分を観察するかによって特徴が大きく異なる．露頭やコア試料で見ているものが，堆積物全体のどの部分に当たるかを想像しながら調査することで，地層からさらに多くの情報を引き出すことができるだろう．

10.3　最大クラスの地震・津波

　2011 年東北沖地震・津波を教訓として，中央防災会議（2011）によって地震・津波の想定に「最大クラスの地震・津波」の考え方が示された．これにより，比較的豊富な歴史記録がある過去数百年間の地震・津波を重視する従来の方法を改め，今後は津波堆積物や海岸地形などの科学的知見に基づく調査も重視することとされた．これを受け，自治体や電力事業者などの地震・津波対策にも津波堆積物の調査が盛り込まれるようになった．これは大きな変化であり，科学的にも歓迎すべきことである．

南海トラフについては2011年に最大クラスの地震・津波の想定が発表され（南海トラフの巨大地震モデル検討会，2011），それに基づく津波の高さや浸水想定も行われた（南海トラフの巨大地震モデル検討会，2012a, b）．それは従来の想定を大きく超える巨大なものであったために，社会の注目を引いた．ただし，これをどう捉えるかは注意が必要である．最大クラスの地震・津波は，理論的（あるいは地球物理学的）に考え得る最大値を示したもので，津波堆積物などの状況証拠による検証は行われていない．このようなものが実際に起きたことがあるかどうか，また将来に本当に起こるかはわからない．そのことは南海トラフの巨大地震モデル検討会（2012a）でもきちんと断っている．

　最大クラスの地震・津波を想定し，最悪の状況を考えておくことも重要ではある．しかし，闇雲に巨大な地震・津波を考えるだけでは具体的な対策が不可能になる，あるいは過剰な対策が取られると，かえって社会や環境にとって負担になってしまうこともある．やはり，「敵を正しく知る」こともまた重要である．実際にわれわれが備えるべき現実的な地震・津波のサイズはどういうものかを，地質学的に明らかにしていくことが今後とも必要と思われる．

　ここで「現実的」の定義が必要である．沿岸の地形と地質の調査で古地震・津波の履歴がある程度詳しく解読可能なのは，縄文海進最盛期以降の時代（過去約7000年間）である．これより古い時代には海面が現在より低いので，当時の地層は海岸平野の地下では分布が狭い．また，縄文海進に伴って削剥されてしまった地層も多い．それでも過去7000年間に起きた最大規模の地震・津波の情報は，今後起きうる「現実的な」最大クラスの地震・津波について必要な情報をもたらすと思われる．では，こうした目的のために，どのような研究が考えられるだろうか．

10.3.1　津波規模の新たな復元方法

　古津波堆積物から津波の規模を復元することの難しさについては第5章や第9章で解説した．人工擾乱が少ない広い低湿地で，津波堆積物の遡上限界を追跡して津波の規模を復元できる例は非常に少ない．引き続き，さまざま

な地形や地層を利用しつつ津波の遡上先端の追跡を続けるとしても，これに変わるアイデアも必要である．

その一つは津波石の研究で，津波石を動かした流れを流体力学的に解析して，津波の規模に迫ろうという研究が，後藤（2012）などに解説されている（第6章，第9章）．しかし，津波石にしても，その分布や数には限りがある．ここでは，より一般的に見られる砂質の津波堆積物を使う方法を考える．

1）化石データからのアプローチ

津波と風波の違いとして，津波では海面から海底までの水が同じように動くことを第3章で説明した．このために津波では深い海の生物が打ち上がる可能性を第7章で紹介した．これをさらに発展させて，深い海の生物をトレーサーとして，それを動かした津波の規模を復元できないだろうか．たとえば，津波が大きいほど，より深い海から生物を運ぶことができるなら，これは重要である．これは理論的にはありうることを，首藤（2007）が解説している．それによると，津波で海底の粒子が動き始める条件と，その粒子が水平方向にどのくらい動くか，の両方を考える必要がある．

前者は以下の2つの式で与えられる．

$$u^{*2} = 0.034(\sigma/\rho - 1)gd (= fu^2) \tag{10.1}$$

$$u = (gh)^{1/2}\eta/h \tag{10.2}$$

u^*：摩擦速度，σ/ρ：砂粒子の比重，g：重力加速度，d：砂の粒径，f：摩擦係数（0.0025-0.01），u：水平流速，η：水位上昇量，h：水深

これらの式から粒径1 mmの砂粒子が動き始める流速に相当する水位上昇量（波高に相当）を求めると，水深1000 mの海域において2.3-4.8 m，水深100 mで0.72-1.5 m，水深10 mでは0.23-0.48 mとなる．ほとんどの有孔虫殻は粒径1 mm以下であり，動き始めるのに必要な津波の水位上昇量はより小さくて済む．

図7.15の古巴湾の例で，水深90-130 m付近で取り込まれた有孔虫グループを考えてみよう．平均水深を110 mとし，有孔虫殻を直径150 μmのカルサイトで近似すると，海底で移動し始めるのに必要な水位上昇量は0.31-0.62

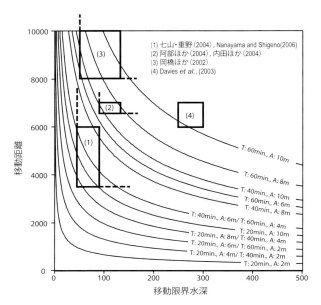

図 10.5 津波で粒子（径 1 mm）が移動し始める地点の水深（横軸）と 1 回の押し波で粒子が水平移動する距離（縦軸）との関係（内田ほか，2007；Uchida *et al.*, 2010）
　それぞれの曲線は，ある周期（T）と振幅（A）を持つ津波について描かれている．

m である（内田ほか，2007）．この程度の水位上昇は通常の津波で起こりうるので，古巴湾の有孔虫化石群集は津波で説明しうるだろう．

一方，首藤（2007）はある周期と振幅を持つ津波で粒子が水平移動する距離を概算する式を考案した（振幅の半分が波高に相当する）．それによると，粒径 1 mm の砂粒子の場合，周期 20 分の波で水平移動距離が 1000 m を満たす条件は，水深 1000 m では振幅 9.6 m，100 m では振幅 3.0 m，水深 10 m では振幅 0.96 m となる．ごく簡単に言うと，ある周期の津波が粒子を一定距離移動させるとき，水深が深い場所ほど大きな振幅が必要である．

以上の関係を元に，横軸に粒子が移動し始める地点の水深，縦軸に 1 回の押し波で粒子が水平移動する距離をとって書き換えたものが図 10.5 である（内田ほか，2007；Uchida *et al.*, 2010）．たとえば，上から 3 本目の曲線は，周期 T が 40 分，振幅 A が 10 m の波を示している．この曲線上で，水深 100

mの海底で取り込まれた粒子は，1回の押し波で約6000 m陸方向へ運ばれ得る．

しかし，この図10.5は，深い海の有孔虫殻が沖合から海岸まで長距離を運ばれるのは難しいことも示している．この図には世界各地から報告された津波堆積物に深い海の有孔虫を含む例について，その有孔虫が示す水深と移動距離の推定範囲を四角で示している．これは調査地周辺の海底地形図から，津波堆積物中の有孔虫が示唆する水深の場所がどこにあるかを調べ，そこから調査地点までの距離（移動距離）を取ったものである．

たとえば，(2)の四角は水深100 m程度の場所で取り込まれた有孔虫殻を含む古巴湾の例である．図7.15を見ると，古巴湾沖で水深100 mの場所は，津波堆積物が見つかった地点（地点58）からは約7000 m離れている．図10.5中の曲線と対応させると，周期が40分の場合，この水深で10 mの振幅が必要である．しかし，このような巨大な津波は現実的には考えにくい．有孔虫殻の移動に必要な振幅は，石英粒子で計算したこの図よりいくらか小さくなることを考慮しても，図にプロットしたデータからは，現実離れした巨大津波が必要になってしまうものが大半である．

この問題は，モデルが非常に単純化してあることに一因がある．図10.5では傾斜が一様な海底で，1回の押し波で海から陸へ動く距離を示している．実際の津波では，繰り返し波が来襲することを想定すると，より小規模な津波でも図に示したデータを説明できるかもしれない．また，戻り流れで有孔虫殻が沖合に移動することも考えられるので，実際の移動パターンはもっと複雑になる．また，流体力学的説明に使った摩擦係数などのパラメータに仮定が多いことも問題を複雑にしている．

もう一つは，有孔虫の同定エラーや，生息水深の推定値にかなり幅があることが上げられる．津波が起きたときに沖合にどういう生物群集が分布していたかという情報が必要である．特に，古巴湾のような沖合に海底谷があるような場合は，海底谷中に特殊な群集が分布しているかもしれない．さらに，津波の挙動には海底地形の影響なども考慮する必要がある．こうした点を改良していけば，このアイデア自体は，有孔虫殻だけでなく，分布場所がわかっているほかの生物や鉱物などにも応用できると思われる．

10.3.2 見逃してきた古津波堆積物の再発見

ここで言う「見逃した」には2つの意味がある.一つは薄すぎる,あるいは細粒すぎて目視できなかったものである.もう一つは,これまでその気で見ていなかったので見逃していたものである.本書で述べたなかでは,前者は津波が残した化学成分の痕跡や水田を覆った粘土質の津波堆積物,後者はデブリ層や化石集積層などである.

1) 遡上限界を示す津波堆積物

これまでの多くの研究では,目視でわかる砂層などを追跡し,その内陸側の分布限界を遡上限界と仮定している.しかし,実際の津波の水はさらに内陸へ入り込んでおり,遡上限界を示すのは,浮遊してきて流れの先端に集積したデブリ層(図4.7),塩水をかぶって枯死した植物の帯,あるいは塩水が蒸発した痕跡である.しかし,このような薄い堆積物が地層に保存されることは期待できないので,目視で確認できる古津波堆積物のみから推定した遡上距離は,津波の実際の遡上距離より過小評価になる.2011年東北沖津波の際の仙台平野の例では,目視で認識できる砂質津波堆積物が形成される内陸側の限界は,実際の津波遡上距離の6-7割程度までというデータもある(Goto et al., 2011;Abe et al., 2012;宍倉ほか,2012など).Goto et al. (2011)は目視で認識できる砂層の層厚を0.5 cmと仮定している.

このような遡上距離の過小評価は,地震や津波の規模を過小評価することにつながる.上述の869年貞観地震や17世紀前半に北海道沖で起きた連動型地震の規模は,論文の著者らも断っているように,津波堆積物の分布を説明するのに必要な最低限の地震規模を示している.これらの津波では,目視でわかる砂層を残さない程度に減衰した水流が,さらに内陸奥深くまで入り込んでいた可能性があり,それらを含めれば,実際の地震の規模はより大きくなると考えられる.

869年貞観地震についてはこの見直しがNamegaya and Satake (2014) によって行われた.彼らは2011年東北沖津波について,仙台平野や石巻平野で目視による砂層の内陸側先端に当たる場所で,浸水深と流速がどの程度になるかを数値計算によって求めた.それによると浸水深1 m,流速0.6 m/s

という値が得られた．この結果をSawai et al.（2012）などによる貞観地震の津波堆積物の分布に当てはめて再計算すると，復元される地震の規模はより大きくなり，少なくともM_w8.6と推定された．

もう一つ，どのくらいの規模の津波であれば地層に残るのか，という問題がある．ここでも地層中から目視で確認できる砂質の津波堆積物の最低限度を層厚で0.5 cmと仮定すると，興味深いデータが得られている．Abe et al.（2012）は遡上距離が異なる多数の津波について，実際の遡上距離と目視できる津波堆積物の先端が示す遡上距離を比較した．その結果，遡上距離が2.5 km未満の津波では津波堆積物の先端は遡上距離の90％以上に達し，両者はよく対応していた．しかし遡上距離が2.5 km以上になると，津波堆積物の先端は実際の遡上限界に比べて海寄りに留まり，57-76％にしか達しなかった．なぜ津波の規模によって砂質堆積物の内陸側先端と実際の津波の遡上距離に差が出るのかはわかっておらず，今後の研究が待たれる．

2）研究資源の拡大

これまで津波堆積物として認定されたものは，沿岸低地の粘土層や泥炭層中に挟まる砂や礫などの粗粒堆積層が主で，泥質津波堆積物やデブリ層を積極的に検出することは行われてこなかった．本書で紹介したように，地層の見方を変えることで，これまで見逃していた津波堆積物が見つかってくると期待される．

たとえば，沿岸低地の粘土層やシルト層あるいは泥炭層を主体とする地層に時折，色などの異なる粘土層や植物片，あるいはマッドボールが集積したイベント堆積層が認められることがある．こうした堆積層に対して従来は「洪水粘土」あるいは「洪水堆積物」などと漠然とした解釈を下してきた．しかし，図4.2 D, E，図4.7などの例を見れば，これらの一部は津波起源かもしれない．粘土層やデブリ層なども津波堆積物研究の対象となれば，調査対象とする地層を湿地以外にも広げていくことにつながり，研究資源を増やすことができる．このことはまた，津波の本当の遡上限界を示している泥質津波堆積物の先端や，あるいはデブリ層の発見にもつながる．

それでも残る問題は，そのイベント堆積層が洪水起源か，津波起源かをい

かに区別するかである．それには微化石だけでなく，第5章で述べた化学分析なども有効であろう．また，最近では海洋生物に特有な有機化合物といった生物指標（バイオマーカー）を利用して，堆積層中から津波堆積物を検出しようという試みも行われるようなっている（Shinozaki et al., 2015）．

10.4 より正確な震源や地震規模の復元へ向けて

　過去に起きた地震の震源域の位置や広がりまでも推定しようとすると，津波堆積物だけでなく，地震に関連した地殻変動の検出が必要である．地震に伴う海岸の隆起・沈降の量やその分布を津波堆積物とセットで知ることで，震源域の位置や広がりについて重要な情報が得られる．

　そのような研究はまだ例は少ないが，南米のチリ地震の震源域を対象とした Cisternas et al.（2005）や，北米のカスケード沈み込み帯沿岸での Atwater（1987）などの一連の研究がある．国内でも北海道東部（Sawai et al., 2004），常磐海岸北部（Sawai et al., 2012）などの研究が行われている．たとえば，Sawai et al.（2004）は北海道東部の湿地で 17 世紀初期に堆積した津波堆積物の上下での環境変化を調べた．それによると津波（地震）前には海岸はゆっくりと沈降していたが，地震直後には隆起せず，少し遅れて海岸の隆起が生じていた．これは千島海溝で通常起こる地震（M 8 クラス）とは異なり，巨大地震の後にプレート境界の深い部分がゆっくり変形する余効変動が起きたと解釈された．南海トラフなどでも，こうした地殻変動と津波堆積物を組み合わせた研究が必要である．

　津波堆積物とともに地殻変動を検出することは，遠方からきた津波と近くで起きた津波を区別する上でも重要である．たとえば，1960 年チリ津波のように太平洋の反対側から伝搬してきた津波が過去に日本列島を襲っていても，それらを南海トラフや日本海溝で起きた津波と区別することは，津波堆積物のみからは不可能である．これは特に，歴史記録との照合ができない古い時代の津波堆積物では深刻な問題となる．地殻変動を伴う津波堆積物は，図 3.1 に示すように，震源域が近くにあることを意味している．

第 10 章引用文献

阿部恒平・内田淳一・長谷川四郎・藤原　治・鎌滝孝信（2004）津波堆積物中の有孔虫組成の概要と殻サイズ分布の特徴について―房総半島南部館山周辺に分布する完新統津波堆積物を例にして．地質学論集，**58**, 77-86.

Atwater, B. F.（1987）Evidence for great Holocene earthquakes along the outer coast of Washington State. *Science*, **236**, 942-944.

Abe, T., Goto, K. and Sugawara, D.（2012）Relationship between the maximum extent of tsunami sand and the inundation limit of the 2011 Tohoku-oki tsunami on the Sendai Plain, Japan. *Sediment. Geol.*, doi: 10.1016/j.sedgeo.2012.05.004.

中央防災会議東北地方太平洋沖地震を教訓とした地震・津波対策に関する専門調査会（2011）東北地方太平洋沖地震を教訓とした地震・津波対策に関する専門調査会報告．http://www.bousai.go.jp/kaigirep/chousakai/tohokukyokun/pdf/houkoku.pdf.

Cisternas, M., Atwater, B. F., Torrejon, F., Sawai, Y., Machuca, G., Lagos, M., Eipert, A., Youlton, C., Salgado, I., Kamataki, T., Shishikura, M., Rajendran, C. P., Malik, J. K., Rizal, Y. and Husni, M.（2005）Predecessors of the giant 1960 Chile earthquake. *Nature*, **437**, 404-407.

Davies, H. L., Davies, J. M., Perembo, R. C. B. and Lus, W. Y.（2003）The Aitape 1998 tsunami: Reconstructing the event from interviews and field mapping. *Pure Appl. Geophys.*, **160**, 1895-1922.

藤原　治（2004）津波堆積物の堆積学的・古生物学的特徴．地質学論集，**58**, 35-44.

Fujiwara, O.（2007）Major contribution of tsunami deposit studies to Quaternary research. *The Quatern. Res.（Daiyonki-kenkyu）*, **46**, 293-302.

藤原　治（2012）津波堆積物から見た関東地震の再来間隔．地震予知連絡会会報，**88**, 531-535.

Fujiwara, O. and Tanigawa, K.（2014）Bedforms record the flow conditions of the 2011 Tohoku-oki tsunami on the Sendai Plain, northeast Japan. *Marine Geol.*, **358**, 79-88.

Goto, K., Chaguė-Goff, C., Fujino, S., Goff, J., Jaffe, B. E., Nishimura, Y., Richmond, B., Sugawara, D., Szczuciński, W., Tappin, D. R., Witter, R. and Yulianto, E.（2011）New insights of tsunami hazard from the 2011 Tohoku-oki event. *Marine Geol.*, **290**, 46-50.

後藤和久（2012）津波石研究の課題と展望 II―2009 年以降の研究を中心に津波石研究の意義を再考する―．堆積学研究，**71**, 129-139.

後藤和久・西村裕一・菅原大介・藤野滋弘（2012）日本の津波堆積物研究．地質学雑誌，**118**, 431-436.

北村晃寿・小林小夏（2014）静岡平野・伊豆半島南部の中・後期完新世の古津波と古地震の地質学的記録．地学雑誌，**123**, 813-834.

Komatsubara, J. and Fujiwara, O.（2007）Overview of Holocene tsunami deposits along the Nankai, Suruga, and Sagami Troughs, southwest Japan. *Pure Appl. Geophys.*, **164**, 493-507.

Namegaya, Y. and Satake, K.（2014）Reexamination of the A.D. 869 Jogan earthquake size from tsunami deposit distribution, simulated flow depth, and velocity. *Geophys. Res. Lett.*, **47**, 2297-2303, doi: 10.1002/2013GL058678.

七山　太・重野聖之（2004）遡上津波堆積物概論―沿岸低地の津波堆積物に関する研究レビューから得られた堆積学的認定基準．地質学論集，**58**, 19-33.

Nanayama, F. and Shigeno, K. (2006) Inflow and outflow facies from the 1993 tsunami in southwest Hokkaido. *Sediment. Geol.*, **187**, 139-158.

南海トラフの巨大地震モデル検討会 (2011) 南海トラフの巨大地震モデル検討会中間とりまとめ. http://www.bousai.go.jp/jishin/nankai/model/pdf/chukan_matome.

南海トラフの巨大地震モデル検討会 (2012a) 南海トラフの巨大地震による震度分布・津波高について (第一次報告). http://www.bousai.go.jp/jishin/nankai/model/pdf/1st_report.pdf

南海トラフの巨大地震モデル検討会 (2012b) 南海トラフの巨大地震モデル検討会 (第二次報告) 津波断層モデル編―津波断層モデルと津波高・浸水域等について―. http://www.bousai.go.jp/jishin/nankai/model/pdf/20120829_2nd_report01.pdf

岡橋久世・秋元和實・三田村宗樹・広瀬孝太郎・安原盛明・吉川周作 (2002) 三重県鳥羽市相差の湿地堆積物に見出されるイベント堆積物―有孔虫化石を用いた津波堆積物の認定. 月刊地球, **24**, 698-703.

Sawai, Y., Satake, K., Kamataki, T., Nasu, H., Shishikura, M., Atwater, B. F., Horton, B. P., Kelsey, H. M., Nagumo, T. and Yamaguchi, M. (2004) Transient uplift after a 17th-century earthquake along the Kuril subduction zone. *Science*, **306**, 1918-1920.

Sawai, Y., Namegaya, Y., Okamura,Y., Satake, K. and Shishikura, M. (2012) Challenges of anticipating the 2011 Tohoku earthquake and tsunami using coastal geology. *Geophys. Res. Lett.*, **39**, L21309, doi: 10.1029/2012GL053692.

Shinozaki, T., Fujino, S., Ikehara, M., Sawai, Y., Tamura, T., Goto, K., Sugawara, D. and Abe, T. (2015) Marine biomarkers deposited on coastal land by the 2011 Tohoku-oki tsunami. *Natural Hazards*, **77**, 445-460, doi: 10.1007/s11069-015-1598-9.

宍倉正展 (2003) 変動地形からみた相模トラフにおけるプレート間地震サイクル. 震研彙報, **78**, 245-254.

宍倉正展・藤原 治・澤井祐紀・行谷佑一・谷川晃一朗 (2012) 2011年東北地方太平洋沖地震による津波堆積物の仙台・石巻平野における分布限界. 活断層・古地震研究, No.12, 45-61.

首藤伸夫 (2007) 津波による地形変化の実例と流体力学的説明の現状. 第四紀研究, **46**, 509-516.

内田淳一・阿部恒平・長谷川四郎・藤原 治・鎌滝孝信 (2004) 有孔虫殻の分級作用からみた津波堆積物の形成過程―房総半島南部館山周辺に分布する完新統津波堆積物を例に. 地質学論集, **58**, 87-98.

内田淳一・阿部恒平・長谷川四郎・藤原 治 (2007) 有孔虫殻にもとづく遡上型津波堆積物の供給源の推定とその流体力学的検証. 第四紀研究, **46**, 533-540.

Uchida, J., Fujiwara, O., Hasegawa, S. and Kamataki, T. (2010) Sources and depositional processes of tsunami deposits: Analysis using foraminiferal tests and hydrodynamic verification. *Island Arc*, **19**, 427-442.

推薦図書

　津波堆積物の研究をする上で参考になりそうな図書として，日本語で書かれたものを中心に，現在購入可能な書籍を紹介する．地質学に限らず，古地震や古津波の研究と関連する分野をできるだけ広くカバーするようにした．

藤原　治・池原　研・七山　太 編（2004）地震イベント堆積物－深海底から陸上までのコネクション．地質学論集，**58**，169p.
　日本における地層中の地震と津波の痕跡（陸上の液状化痕，沿岸および海底の津波堆積物，深海底の地震性タービダイト）などに関する論文集．津波防災に関する論文も含む．2004年時点でのまとめ．

保坂直紀（2015）津波と波浪の物理．ブルーバックス，講談社，222p.
　海面（水面）にできる波の物理的特長を平易に解説．津波と風波の違いなどを理解するには便利．

石橋克彦（2014）南海トラフ巨大地震－歴史・科学・社会（叢書 震災と社会）．岩波書店，192p.
　歴史記録から過去の地震や津波をどのように復元しているのか，また，その社会的意義についても解説．地質学的研究と比較することで，古地震・古津波研究の意義について理解がさらに深まる．

公文富士夫・立石雅昭 編（1998）新版 砕屑物の研究法．地学団体研究会，399p.
　各種の堆積物（岩）について野外調査，記載，分析，研究の方法について解説．堆積物（岩）を対象に形成過程の復元や古環境解析をする上での意味を理解するのに適している．

松島義章（2006）貝が語る縄文海進－南関東，＋2℃の世界．有隣新書，219p.
　縄文海進で形成された溺れ谷とその堆積物，生物相について詳細に解説．なぜ溺れ谷が津波堆積物の研究対象として好適であるかを理解する助けになる．

日本第四紀学会50周年電子出版編集委員会 編（2009）デジタルブック最新第四紀学（DVD形式）．
　古津波堆積物研究の背景となる，第四紀の海面変動やそれに伴う海岸平野の地形発達，地質年代学などについて多くの情報が得られる．

小笠原憲四郎・近藤康生 編（1999）タフォノミーと堆積過程－化石層からの情報解読．地質学論集，**54**，195p.
　地層中に見られるさまざまな化石集積層について，その形成プロセスや解釈の仕方，環境解析を行う上での意義などを解説した論文集．化石集積層の一部には津波起源のものもあると思われるが，ここに掲載された論文は，それを識別するヒントにもなると思われる．

Ricci Lucchi, F.（1995）Sedimentographica. A photograph atlas of sedimentary structures, Second edition, Columbia University Press, New York, 255p.
　さまざまなベッドフォームと堆積構造の写真集とでも言うべき教科書．ベッドフォームや堆積構造の特徴や形成過程なども詳しく解説．

寒川　旭（2007）地震の日本史－大地は何を語るのか．中公新書，268p.
　遺跡などに見られる液状化痕などを使った「地震考古学」の集大成．地学的な目で地層を見ることで過去の地震（強い揺れの記録）を復元してきたように，過去の津波と災害を復元する「津波考古学」もできるのではないかと思えてくる．

佐竹健治・堀　宗朗 編（2012）東日本大震災の科学．東京大学出版会，243p.
　2011年東北沖地震と津波の科学的解説，およびこの地震と津波による社会的インパクトがまとめられている．津波堆積物の研究が何に役立っていくのかを考える一助になる．

Shiki, T., Tsuji, Y., Minoura, K. and Yamazaki, T. eds.（2008）Tsunamiites—Features and Implications. Elsevier, 432p.
　世界各地から報告された津波堆積物に関するレビューであり，2007年時点での津波堆積物研究の総まとめ．海岸から深海底までの堆積物を対象．2004年インド洋大津波の堆積物についても解説．

平 朝彦（2004）地質学 2 地層の解読．岩波書店，441p.
　陸上から深海底まで，さまざまな地層について堆積過程，堆積環境，構成物，変形と地質構造などを多数のイラストと写真で網羅的に解説．さまざまな堆積構造に関する解説は，津波堆積物の理解にも役立つ．

海津正倫（1994）沖積低地の古環境学．古今書院，270p.
　沖積低地の成り立ちや，地層と地形の特徴を解説．沖積低地で津波堆積物調査を行う場所探しや，通常時の沖積低地での堆積作用などの理解に役立つ．次の続編とあわせて読むとさらに理解が深まる．
海津正倫 編（2012）沖積低地の地形環境学．古今書院，179p.

ウィリアム・J・フリッツ，ジョニー・N・ムーア 著，原田憲一 訳（1999）層序学と堆積学の基礎．愛智出版，386p.
　豊富な写真と図を用いて，さまざまなベッドフォームや堆積構造と，その形成条件などを紹介．水流，風，潮汐，波浪，土石流などによる堆積物の運搬と，堆積構造やベッドフォームの形成についての解説は，津波堆積物の研究に役立つ．

八木下晃司（2001）岩相解析および堆積構造．古今書院，222p.
　堆積岩の岩相の解読，そして堆積環境の推定に関する解説が豊富．堆積構造やその重なりが作る地層（堆積シーケンス）からどのような情報が読み取れるのか，などを知るのに適している．

矢田俊文（2009）中世の巨大地震．吉川弘文館，203p.
　古文書の解読からわかった歴史時代の地震や津波の規模や被害などを紹介．古文書と地層記録では，津波についてわかること・わからないことがそれぞれ異なることに注意しつつ読むと，古津波研究の幅が広がる．

東北地方太平洋沖地震津波合同調査グループの HP：http://www.coastal.jp/ttjt/
　2011 年東北地方太平洋沖地震津波に関する調査および情報集約のためのサイト．津波の高さに関する緊急調査の結果，津波の観測結果に関するさまざまな情報，写真アーカイブ，緊急時の現地調査マニュアルなどが閲覧できる．

索引

ア行

安政東海地震　20, 144, 162, 213
アンチデューン　57, 61, 255
一方向流　230
イベント堆積物　7, 94, 102, 160, 263, 266
インド洋大津波（2004年）　i, 16, 21, 36, 72, 116, 141, 195, 208, 254, 256, 261
インブリケーション　75, 100, 110, 113, 153, 229
ウェーブベース　37
ウェーブリップル葉理　102
ウォーターマーク　241
ウォッシュオーバー堆積物　112, 229
ウォッシュオーバーファン　58, 229
宇佐美遺跡　160
打ち上げ堆積物　229
内側陸棚　194
雲仙普賢岳　131
液状化痕　13, 80
エントレインメント曲線　87, 232
円摩度　102, 108
溺れ谷　19, 93, 104, 120, 148, 176, 202, 229, 235, 264

カ行

貝殻集積層　147, 178, 180
貝形虫　150, 199
海溝型地震　9, 13, 22, 29, 240, 264
海成段丘　19, 75, 202, 244
海底谷　177, 271
海底地すべり　29, 130, 158
海洋リザーバー効果　156
火砕流　29, 69, 135
火山灰層序　82
火山噴火　131
カスケード沈み込み帯　18, 21, 119, 274

潟湖　108, 119, 229, 232
活断層　10
蒲生干潟　46, 147, 172
カレントリップル　4, 7, 61, 64, 84, 155, 232
　　──葉理　85, 100
環境指標種　192, 207
完新世　18, 19, 202
関東地震　12, 19, 95, 114, 123, 150, 160, 257
関東大震災　12
鬼界アカホヤ火山灰（K-Ah）　134, 156
逆級化　69, 133, 154, 228
　　──構造　63, 137, 233, 236
級化　69, 100, 133, 154
均衡度　205
空中写真　92
九十九里浜　3, 50, 70, 148
屈折　35
クライミングリップル　164
　　──葉理　137, 236
クラカタウ　131, 133, 144
珪藻　207
　　──化石　136, 160, 211
慶長地震　109
現世津波堆積物　3, 5
検潮器　14
検潮所　14, 242
験潮所　14
験潮場　14
元禄関東地震　95, 162, 257
元禄津波　162
　　──堆積物　114, 123, 153, 257
洪水　7, 92
　　──堆積物　9, 81, 108, 233, 273
後背湿地　20, 233
古館山湾　150, 176, 187
古津波堆積物　3, 5, 72, 79, 80, 94, 130
古巴湾　149, 176, 203, 213, 222, 225, 269

500 年間隔地震　19, 113, 250, 253
古流向　84, 103, 137, 155
混合群集　208, 211, 214
コンボリュート葉理　137

サ行

最大クラスの地震・津波　24, 267
再来間隔　13, 19, 22
相模トラフ　10, 19, 95, 150, 160, 177, 261
相模湾　19, 264
砂丘　6, 20, 50, 73, 246, 249
砂州　20, 47, 159
差別侵食　124, 155
ジオスライサー　20, 95, 98, 104
地震考古学　13, 80
地震性地殻変動　117, 212
地震隆起　98, 120, 202
自然堤防　233, 265
斜交層理　54, 62, 86, 101, 155
周期　33, 112, 221, 228, 266
十三湖　17, 111, 171
種多様度　205
貞観地震（869 年）　20, 245, 272
貞観津波（869 年）　8, 22, 24, 83, 113, 245
縄文海進　91, 93, 123, 148, 176, 264, 268
昭和三陸地震　246
昭和三陸津波　16, 171
震源域　ii, 274
浸水高　240
浸水深　1, 41, 54, 56, 59, 241, 248, 255
スウェール　58, 62, 156
ストーム　145, 186, 227, 231
　　――ウェーブベース　174, 185, 195
　　――堆積物　226
スマトラ島沖地震（2004 年）　36
駿河トラフ　10, 261
生痕化石　99, 115, 151, 215
生物指標　274
生物擾乱　95, 179, 183
洗掘　46, 49, 63, 187
穿孔貝　152
浅水効果　36
仙台平野　1, 22, 40, 49, 50, 147, 251, 256, 272
掃流　161

遡上距離　39, 112, 242, 246, 251, 273
遡上限界　53, 224, 241, 268, 272
遡上高　44, 59, 113, 240, 242, 251
遡上範囲　ii, 19, 22, 241, 242
遡上流　5, 56, 70, 103, 108, 153, 211, 222, 228
外側陸棚　201
ソフト X 線写真　62, 124, 126

タ行

大正関東地震　12, 95, 123, 162, 257
堆積構造　9, 54, 94, 114, 153, 221, 228
台風　7, 32, 38, 92, 112, 225
大量絶滅事件　163
多角形リップル　66
高潮　35, 37, 92, 109, 225
多賀城　83, 245
多重級化構造　69, 86, 109, 114, 138, 153, 164, 215, 221, 225, 266
タフォノミー　170
断層モデル　242
地殻変動　117, 208, 212, 253, 274
地形分類図　92
千島海溝　10, 244, 274
チチュルブクレーター　163
中央防災会議　24, 267
沖積層　124
沖積低地　233, 235, 262, 264
沖積平野　247
潮間帯　100, 117, 141, 207, 231
潮汐　35, 231
　　――堆積物　121, 231
チリ地震　119, 194, 208, 274
チリ津波　16, 274
沈降曲線　87, 232
津波　i, 7, 29
　　――石　2, 23, 79, 130, 141, 254, 269
　　――浸水履歴図　19, 21
　　――遡上計算　19, 21, 242, 245
　　――堆積物　i, 1
　　――波源域　31
低角斜交層理　63, 137
堤間湿地　50, 73, 92, 94, 98, 246
底生有孔虫　123, 193, 198
泥炭層　9, 18, 94, 212, 250, 273

索引――281

デブリ　2, 132, 226
　——層　53, 223, 241, 272, 273
デューン　4, 56, 61, 149, 155, 228, 254
東海地震　20, 24
淘汰度　102, 108
東南海地震　20
東北沖地震（2011年）　i, 3, 16, 23, 38, 119, 264
東北沖津波（2011年）　1, 3, 7, 46, 55, 143, 172, 208, 254, 256, 261
東北地方太平洋沖地震（2011年）→東北沖地震（2011年）
十勝沖地震　17, 245
土石流　29, 69, 161
　——堆積物　161, 235
トラフ　58
　——型斜交層理　86, 102
トレンチ調査　10
十和田a火山灰　8, 83, 245

ナ行

流れのキャパシティ　77, 223, 256
南海地震　20, 24
南海トラフ　10, 13, 19, 22, 24, 159, 251, 261, 268, 274
日本海溝　10, 274
日本海中部地震（1983年）　16, 17, 111, 171
日本三代実録　83, 245
日本書紀　13
沼層　149, 152, 176, 213
沼面　98, 123
粘土礫　49, 64, 101, 225, 255

ハ行

バイオマーカー　274
ハイパーピクナル流堆積物　236
剝ぎ取り試料　95, 125, 136
白亜紀　163
白鳳地震　13, 20
波高　36, 54, 240
波食台　144, 188
波食棚　31, 153
波長　4, 33, 112, 221, 266
浜名湖　20, 159, 211, 251

波力　22, 41
バルハン　64
　——リップル　64
波浪堆積物　230
反射　35
阪神・淡路大震災　12, 43
ハンモック状斜交層理　156, 181, 230
氾濫原　229, 233
東日本大震災　38
微化石　192
干潟　232
兵庫県南部地震　12
浜堤　50, 73, 91, 246
　——列平野　50, 91, 246
ファブリック　103
ファンデルタ　61
風波　33, 37, 221, 225, 269
風紋　66, 253
複合流　156, 230
浮遊性有孔虫　164, 193, 198
フレームストラクチャー　117, 160
プレーンベッド　137, 255
分岐断層　31
平行葉理　63, 86, 137
ベッドフォーム　54, 94, 114, 221, 228, 254, 257, 266
宝永地震　13, 213
房総半島　19, 120
北海道駒ヶ岳　131
北海道南西沖地震　18, 72, 194, 208
ボーリングコア　19, 108, 126

マ行

マッドクラスト　49, 64, 102, 110
マッドドレイプ　62, 70, 86, 109, 114, 157, 221, 231, 266
マッドボール　48
三浦半島　19, 202
明応地震　20, 159
明治三陸地震　39, 245
戻り流れ　43, 59, 63, 70, 108, 153, 211, 222, 228

ヤ行

八重山津波　144

有孔虫　121, 150, 193, 269
余効変動　274
横尾貝塚　135

ラ行

ラバウル火山　131
離水海岸地形　19, 263
リスボン地震　194, 222
リップル　4, 54, 84, 228, 231, 254
　──葉理　102, 121, 138, 213
琉球海溝　140
流速　41, 54, 56, 142, 254
粒度　54
　──表　95

歴史地震　22
歴史津波　18, 108, 144
連動型地震　244, 272

アルファベット

^{14}C 年代測定　18, 83, 123, 154, 161, 213
HCS 砂層　230
HCS シーケンス　231
off-fault paleoseismology　11
on-fault paleoseismology　10
P/T 比　198
Storegga Slide　158
Ta-b 火山灰　76, 83, 244
Us-b 火山灰　76

著者略歴

藤原　治（ふじわら・おさむ）
　1967 年　岡山県に生まれる
　1992 年　東北大学大学院理学研究科博士前期課程修了
　2004 年　博士（理学）（筑波大学）
　　核燃料サイクル開発機構副主任研究員，
　　産業技術総合研究所活断層・地震研究センター主任研究員等を経て
　現　在　産業技術総合研究所地質調査総合センター研究企画室長
　主要著書　『きちんとわかる巨大地震』（共著，白日社，2006 年）

津波堆積物の科学

2015 年 11 月 2 日　初　版

［検印廃止］

著　者　藤原　治

発行所　一般財団法人　東京大学出版会

　　　　代表者　古田元夫

　　　　153-0041 東京都目黒区駒場 4-5-29
　　　　電話 03-6407-1069　FAX 03-6407-1991
　　　　振替 00160-6-59964

印刷所　株式会社三秀舎

製本所　牧製本印刷株式会社

© 2015 Osamu Fujiwara
ISBN 978-4-13-060761-2　Printed in Japan

JCOPY 〈（社）出版者著作権管理機構 委託出版物〉
本書の無断複写は著作権法上での例外を除き禁じられています．複写される
場合は，そのつど事前に，（社）出版者著作権管理機構（電話 03-3513-6969，
FAX 03-3513-6979，e-mail : info@jcopy.or.jp）の許諾を得てください．

佐竹健治・堀 宗朗 編
東日本大震災の科学 　　　　　　　　　　　　　　4/6 判 272 頁 / 2400 円

宇佐美龍夫・石井 寿・今村隆正・武村雅之・松浦律子
日本被害地震総覧 599-2012 　　　　　　　　　　　B5 判 724 頁 / 28000 円

渡辺偉夫
日本被害津波総覧［第 2 版］ 　　　　　　　　　　B5 判 248 頁 / 12000 円

若松加寿江
日本の液状化履歴マップ 745-2008 　B5 判 90 頁＋DVD 1 枚 / 20000 円
DVD＋解説書

井田喜明・谷口宏充 編
火山爆発に迫る 　　　　　　　　　　　　　　　　A5 判 240 頁 / 4500 円
噴火メカニズムの解明と火山災害の軽減

ここに表示された価格は本体価格です．ご購入の際には消費税が加算されますのでご諒承ください．